注册消防工程师资格考试辅导用书（2019年版）

考点同步精练：消防安全技术综合能力

主编：王厚军
主审：蒋慧灵

中国石化出版社

图书在版编目（CIP）数据

考点同步精练．消防安全技术综合能力／王厚军主编．—北京：中国石化出版社，2019.8
注册消防工程师资格考试辅导用书：2019 年版
ISBN 978-7-5114-5478-2

Ⅰ．①考… Ⅱ．①王… Ⅲ．①消防-安全技术-资格考试-习题集 Ⅳ．①TU998.1-44

中国版本图书馆 CIP 数据核字（2019）第 151916 号

中国石化出版社出版发行
地址：北京市朝阳区吉市口路 9 号
邮编：100020 电话：(010)59964577
发行部电话：(010)59964526
http://www.sinopec-press.com
E-mail：press@sinopec.com
北京科信印刷有限公司印刷
全国各地新华书店经销
*
787×1092 毫米 16 开本 16.5 印张 361 千字
2019 年 8 月第 1 版 2019 年 8 月第 1 次印刷
定价：72.00 元

编 委 会

前 言

Preface

注册消防工程师资格考试自2015年首考以来，不断受到全国考生的追捧，但记忆不牢、练习不精、模拟简单造成了考生整体通过率较低。为了解决这三大难题，帮助考生快速通关，为国家更快更好地培养消防专业人才，特组织了部分消防机构、科研院所、企业专家和教师，根据2019年最新法律、法规、规范及标准，共同编写了"注册消防工程师资格考试辅导用书（2019年版）"。该书共分三册，包括《考点巧记》《考点同步精练》《考前预测试卷》。

《考点同步精练》主要解决考生练习不精的问题，分《考点同步精练：消防安全技术实务》《考点同步精练：消防安全技术综合能力》《考点同步精练：消防安全案例分析》三科分别编写，题目量大，代表性强，图文并茂，努力做到消防考试的重点、难点内容全覆盖，包括以下内容：消防基础知识；建筑防火；建筑消防设施；其他建筑、场所防火；消防安全评估；消防法及相关法律法规与消防职业道德；建筑防火检查；消防设施安装、检测与维护管理；消防安全评估方法与技术；消防安全管理；建筑防火案例分析；消防设施应用案例分析；消防安全管理案例分析。全书按考试大纲及真题难度进行编写，并突出了建筑防火和消防设施两部分重点内容，虽是考前练习题，但亦是考前模拟题。

在《考点同步精练》编写中，主要依据并参考了《建筑设计防火规范》（GB 50016—2014）（2018年版）等最新消防技术规范、图集，以及由中国消防协会组织编写的《注册消防工程师资格考试辅导教材》的部分内容，在此一并表示衷心的感谢！

《考点同步精练》由焦伟、杨鹏乾、郝志丹、张志鸿、张新正、吕金涛、王小醒、耿鹏、刘颖、王森、李丽、王树芬、任晓燕等13人共同编写完成，王厚军对全书进行了统稿、补充，中国人民警察大学（原中国人民武装警察部队学院）蒋慧灵教授对该书进行了审核。本书部分插图由黑龙江东城建筑设计有限公司隋迎春绘制。

由于编写时间仓促和水平有限，书中难免存在错误和不足之处，敬请读者批评指正或提出宝贵建议，以便修订再版时补充完善。

王厚军老师团队

2019年7月8日于北京

目　录

Contents

第一章 消防法及相关法律法规与消防职业道德

第一节 消防法及相关法律法规

一、单项选择题（每题的备选项中，只有1个最符合题意）

1. 根据《中华人民共和国消防法》的规定，消防工作贯彻（ ）的方针，按照政府统一领导、部门依法监管、单位全面负责、公民积极参与的原则，实行消防安全责任制，建立健全社会化的消防工作网络。

A. 安全第一、预防为主　　B. 预防为主、防消结合

C. 综合治理、群防群治　　D. 消防为主、防消结合

2. 根据《中华人民共和国消防法》，下列属于消防安全重点单位特有的消防安全职责是（ ）。

A. 确定消防安全管理人　　B. 落实消防安全责任制

C. 组织防火检查　　D. 组织消防演练

3. 已经确定消防安全管理人的单位，下列选项中不属于消防安全管理人应履行的消防安全职责是（ ）。

A. 拟订年度消防工作计划，组织实施日常消防安全管理工作

B. 组织防火检查，督促落实火灾隐患整改，及时处理涉及消防安全的重大问题

C. 组织制订消防安全制度和保障消防安全的操作规程并检查督促其落实

D. 拟订消防安全工作的资金投入和组织保障方案

4. 根据《中华人民共和国消防法》，下列关于消防产品管理的说法中，错误的是（ ）。

A. 消防产品必须符合国家标准；没有国家标准的，必须符合行业标准

B. 依法实行强制性产品认证的消防产品，由具有法定资质的认证机构按照国家标准、行业标准的强制性要求认证合格后，方可生产、销售、使用

C. 新研制的尚未制定国家标准、行业标准的消防产品，应当按照国务院产品质量监督部门会同国务院应急管理部门规定的办法，经技术鉴定符合消防安全要求的，方可生产、销售、使用

D. 经强制性产品认证合格或者技术鉴定合格的消防产品，国务院质量监督部门应当予以公布

5. 根据《中华人民共和国消防法》，（ ）地方人民政府应当按照国家规定建立国

家综合性消防救援队、专职消防队，并按照国家标准配备消防装备，承担火灾扑救工作。

A. 市级以上　　B. 县级以上　　C. 乡镇以上　　D. 设区的市级以上

6. 注册消防工程师小张说，下列单位均应当建立单位专职消防队，承担本单位的火灾扑救工作。根据《中华人民共和国消防法》，关于小张所说的单位中，错误的是(　　)。

A. 大型核设施单位、大型发电厂、民用机场、主要港口

B. 生产、储存易燃易爆危险品的大型企业

C. 储备可燃的重要物资的中型及以上仓库、基地

D. 距离国家综合性消防救援队较远、被列为全国重点文物保护单位的古建筑群的管理单位

7. 某新建体育馆，消防验收不合格，建设方擅自投入使用，根据《中华人民共和国消防法》，当地住房和城乡建设主管部门应对其责令停止使用或者停产停业，并处以(　　)罚款。

A. 一万元以上五万元以下　　B. 一万元以上十万以下

C. 五万元以上十万元以下　　D. 三万元以上三十万元以下

8. 某建设单位为降低成工，要求设计单位对高度为16m的中庭采用K＝80的快速响应喷头，住房和城乡建设主管部门对其进行的下列处罚中，正确的是（　　）。

A. 责令改正或者停止施工，并处一万元以上十万元以下罚款

B. 责令停止施工、停止使用或者停产停业，并处三万元以上三十万元以下罚款

C. 责令改正，处五千元以上五万元以下罚款

D. 处警告或者五百元以下罚款；情节严重的，处五日以下拘留

9. 储存、经营烟花爆竹店铺设置在地上5层住宅楼的首层，店铺大门临街。当地消防救援机构的下列处理方案中，正确的是（　　）。

A. 处警告或者五百元以下罚款；情节严重的，处五日以下拘留

B. 责令停产停业，并处五千元以上五万元以下罚款

C. 逾期不改正的，责令停止使用，可以并处一千元以上五千元以下罚款

D. 责令改正，并处一万元以上十万元以下罚款

10. 《中华人民共和国消防法》规定，人员密集场所发生火灾，该场所的现场工作人员不履行组织、引导在场人员疏散的义务，情节严重，尚不构成犯罪的，处（　　）拘留。

A. 三日以上七日以下　　B. 五日以上十日以下

C. 十日以上十五日以下　　D. 十日以上二十日以下

11. 某私人会所于元旦当天开业，未经消防安全检查，擅自投入使用，根据《中华人民共和国消防法》，消防救援机构应对其责令停止使用或者停产停业，并处以（　　）罚款。

A. 一万元以上五万元以下　　B. 一万元以上十万以下

C. 五万元以上十万元以下　　D. 三万元以上三十万元以下

12. 王某在二级加油站加油时抽烟，加油站工作人员当场制止，但王某态度恶劣，不予理睬，情节严重。根据《中华人民共和国消防法》，应对王某予以处罚。下列处罚决定

中，正确的是（ ）。

A. 处五千元以上五万元以下罚款

B. 处十日以上十五日以下拘留，可以并处五百元以下罚款

C. 处五日以下拘留

D. 处五百元以上二千元以下罚款

13. 某地上5层宾馆的地下KTV包间，服务员进行烟火表演时，不慎点燃沙发，引发火灾，KTV经理（该单位负责人）阻止报警，组织内部员工进行灭火，火势蔓延迅速，整栋大楼开始起火，经群众报警，消防队员及时赶到，火势得到控制，未造成人员伤亡。KTV经理的行为虽未构成犯罪，但仍属于较重情节。根据《中华人民共和国消防法》，下列对KTV经理的处罚决定，正确的是（ ）。

A. 处七日拘留，并处五百元罚款　　B. 处十二日拘留，并处四百元罚款

C. 处五百元罚款　　D. 处警告，并处四百元罚款

14. 某医院的门诊楼，在每层走廊及楼梯间，摆放有若干四氯化碳灭火器，根据《中华人民共和国消防法》，下列关于当地消防救援机构对该楼内灭火器设置情况的处罚意见中，错误的是（ ）。

A. 责令改正，并处五千元以上五万元以下罚款

B. 逾期不改正的，处五千元以上五万元以下罚款，并对其直接负责的主管人员和其他直接责任人员处五百元以上二千元以下罚款

C. 情节严重的，责令停产停业

D. 消防救援机构除依法对使用者予以处罚外，应当将发现不合格的消防产品和国家明令淘汰的消防产品的情况通报产品质量监督部门、工商行政管理部门

15. 某企业拟在县经济开发区建造一座临时物资仓库，需要进行消防设计。根据《中华人民共和国消防法》，该建设工程消防设计应实行（ ）制度。

A. 审核　　B. 备案抽查　　C. 备案　　D. 审查验收

16. 根据《中华人民共和国建筑法》，建筑工程开工前，建设单位应当按照国家有关规定向工程所在地（ ）申请领取施工许可证。

A. 市级以上人民政府　　B. 市级以上人民政府建设行政主管部门

C. 县级以上人民政府　　D. 县级以上人民政府建设行政主管部门

17. 根据《中华人民共和国建筑法》，下列说法中，正确的是（ ）。

A. 建筑工程开工前，所有建设单位应当按照国家有关规定向工程所在县级以上人民政府建设行政主管部门申请领取施工许可证

B. 按照国务院规定的权限和程序批准开工报告的建筑工程，不再领取施工许可证

C. 建设行政主管部门应当自收到申请之日起十日内，对符合条件的申请颁发施工许可证

D. 国务院建设行政主管部门确定的限额以下的中小型工程，可以不申请领取施工许可证

18. 根据《中华人民共和国行政处罚法》，行政机关做出下列行政处罚时，不适用于听证程序的是（　　）。

A. 责令停产停业

B. 较大数额罚款

C. 对法人或者其他组织处以较少罚款或警告的行政处罚

D. 吊销许可证或者执照

19. 建设单位应当将大型的人员密集场所和其他特殊建设工程的消防设计文件报送住房和城乡建设主管部门审查。下列场所中，不属于大型人员密集场所的是（　）。

A. 建筑面积 $12000m^2$ 的商场

B. 建筑面积 $1200m^2$ 的劳动密集型企业的员工集体宿舍

C. 建筑面积 $18000m^2$ 的体育场馆

D. 建筑面积 $800m^2$ 的歌舞厅

20. 县级以上地方各级人民政府应当组织有关部门制定本行政区域内（　　）应急救援预案，建立应急救援体系。

A. 生产安全事故　　B. 重大生产安全事故

C. 特别重大生产安全事故　　D. 较大安全生产事故

21. 下列属于二级注册消防工程师执业范围的是（　）。

A. 100m 以上公共建筑、大型的人员密集场所、大型的危险化学品单位外的火灾高危单位消防安全评估

B. 250m 以上高层公共建筑、大型的危险化学品单位外的消防安全管理

C. 火灾事故技术分析

D. 单体建筑面积 $40000m^2$ 以下建筑的消防设施检测与维护

22. 某一大型新建商场，依法取得了当地市级住房和城乡建设部门出具的消防设计审查合格意见书。该商场在建设过程中需对原设计进行修改变更，建设单位的下列做法中，正确的是（　）。

A. 向当地县级住房和城乡建设部门重新申请消防设计审查

B. 将设计变更向当地县级住房和城乡建设部门备案审查

C. 向当地市级住房和城乡建设部门重新申请消防设计审查

D. 将设计变更向当地市级住房和城乡建设部门备案审查

23. 为督促消防技术服务机构持续符合资质条件，保证服务质量，《社会消防技术服务管理规定》规定资质证书有效期为（　　）年。

A. 2　　B. 3　　C. 4　　D. 5

24. 某林区护林员在巡查时，私自带有一盒火柴，无意中将其遗落在灌木林地中，正逢夏季中午时分，在强烈的太阳光照射下，火柴自燃，继而火势蔓延，导致 5 公顷灌木林地发生火灾。根据《中华人民共和国刑法》，对该名护林员应以（　　）立案追诉。

A. 重大责任事故罪　　B. 消防责任事故罪

C. 失火罪　　　　D. 重大劳动安全事故罪

25. 根据《中华人民共和国刑法》，在生产、作业中违反有关安全管理的规定，因而发生重大伤亡事故或造成其他严重后果的行为，涉嫌下列（　　）情形的，应予以立案追诉。

A. 重伤2人以上的

B. 造成直接经济损失30万元以上的非矿山事故

C. 造成直接经济损失50万元以上的矿山事故

D. 死亡1人以上的

26. 某幼儿园长期将安全出口上锁并用宣传板遮挡，当地消防救援机构检查时发现并通知园方整改，园长接到整改通知书后，因忙着迎接新生入园，未及时进行整改工作。开学后，新生增多，食堂工作人员在燃气灶口不够使用的情况下，用热得快烧水，引发火灾，疏散过程中，因安全出口上锁，导致多名幼儿死亡。根据《中华人民共和国刑法》，对该园长应以（　　）追究刑事责任。

A. 重大责任事故罪　　　　B. 消防责任事故罪

C. 失火罪　　　　D. 工程重大安全事故罪

27. 强令违章冒险作业罪是指强令他人违章冒险作业，因而发生重大伤亡事故或者造成其他严重后果的行为。对造成这种后果的直接领导，情节特别恶劣的，（　　）。

A. 处3年以下有期徒刑或者拘役　　　　B. 处3年以上7年以下有期徒刑

C. 处5年以上有期徒刑　　　　D. 处7年以上有期徒刑

28. 举办大型群众性活动违反安全管理规定，因而发生重大伤亡事故或者造成其他严重后果的，对直接负责的主管人员和其他直接责任人员，（　　）。

A. 处3年以下有期徒刑或者拘役　　　　B. 处3年以上7年以下有期徒刑

C. 处5年以下有期徒刑或者拘役　　　　D. 处5年以上10年以下有期徒刑

29. 工程重大安全事故罪是指建设单位、设计单位、施工单位、工程监理单位违反国家规定，降低工程质量标准，造成重大安全事故的行为。对（　　），处5年以下有期徒刑或者拘役，并处罚金。

A. 消防安全负责人　　　　B. 直接责任人员

C. 消防安全管理人　　　　D. 建设单位法人

30. 根据《机关、团体、企业、事业单位消防安全管理规定》（公安部令第61号），下列描述中，错误的是（　　）。

A. 公众聚集场所在营业期间的防火巡查应当至少每二小时一次；营业结束时应当对营业现场进行检查，消除遗留火种

B. 机关、团体、事业单位应当至少每半年进行一次防火检查，其他单位应当至少每季度进行一次防火检查

C. 消防安全重点单位应当按照灭火和应急疏散预案，至少每半年进行一次演练，其他单位应当至少每年组织一次演练

D. 消防安全重点单位应当进行每日防火巡查，并确定巡查的人员、内容、部位和频次

31. 根据《机关、团体、企业、事业单位消防安全管理规定》（公安部令第61号）规定，下列（　　）应当接受消防安全专门培训，并应当持证上岗。

A. 单位的消防安全管理人　　B. 消防控制室的操作人员

C. 专职消防管理人员　　D. 单位的消防安全责任人

32. 根据《火灾事故调查规定》（公安部令第108号），下列关于管辖分工根据具体情形的分类中，错误的是(　　)。

A. 地域管辖　　B. 区域管辖　　C. 指定管辖　　D. 特殊管辖

33. 一级注册消防工程师考试成绩施行（　　）年为一个周期的（　　）管理办法。

A. 2，滚动　　B. 2，过期作废　　C. 3，滚动　　D. 3，过期作废

34. 根据《注册消防工程师管理规定》（公安部令第143号），未经注册擅自以注册消防工程师名义执业，或者被依法注销注册后继续执业的，责令停止违法活动，处（　　）罚款。

A. 一万元以上三万元以下　　B. 一万元以上五万元以下

C. 三万元以上五万元以下　　D. 三万元以上十万元以下

35. 根据《专业技术人员考试违纪违规行为处理规定》（人社部令第31号），应试人员在考试过程中有下列（　　）情况，给予其当次全部科目考试成绩无效的处理，并将其违纪违规行为记入专业技术人员资格考试诚信档案库，记录期限为五年。

A. 将试卷、答题卡、答题纸带出考场的

B. 抄袭、协助他人抄袭试题答案或者与考试内容相关资料的

C. 故意损坏试卷、答题纸、答题卡、电子化系统设施的

D. 代替他人或者让他人代替自己参加考试的

36. 注册消防工程师每年接受继续教育的时间累计不少于（　　）学时。其中消防技术标准不少于（　　）学时。

A. 40，10　　B. 40，20　　C. 20，10　　D. 20，12

二、多项选择题（每题的备选项中有2个或2个以上符合题意。错选、漏选不得分；少选，所选的每个选项得0.5分）

1. 下列不属于消防安全责任人消防安全职责的有（　　）。

A. 组织实施防火检查和火灾隐患整改工作

B. 拟订年度消防工作计划，组织实施日常消防安全管理工作

C. 根据消防法规的规定建立专职消防队、义务消防队

D. 组织制定符合本单位实际的灭火和应急疏散预案，并实施演练

E. 为本单位的消防安全提供必要的经费和组织保障

2. 根据《注册消防工程师制度暂行规定》，下列属于注册消防工程师权利的有（　　）。

A. 使用注册消防工程师称谓

B. 对违反相关法律、法规和技术标准的行为提出劝告，并向本级别注册审批部门或者上级主管部门报告

C. 接受继续教育

D. 获得与执业责任相应的劳动报酬

E. 不断更新知识，提高消防安全技术能力

3.《中华人民共和国消防法》规定，任何单位和个人都有（　　）的义务。

A. 维护消防安全、保护消防设施　　　　B. 扑救火灾

C. 消除火灾隐患　　　　D. 预防火灾、报告火警

E. 参加消防演练

4. 消防救援机构统一组织和指挥火灾现场扑救，应当优先保障遇险人员的生命安全。火灾现场总指挥根据扑救火灾的需要，有权决定相关事项，下列说法中，正确的有（　　）。

A. 截断电力、可燃气体和可燃液体的输送，禁止用火用电

B. 划定警戒区，实行全市交通管制

C. 利用邻近建筑物和有关设施

D. 为了抢救人员和重要物资，防止火势蔓延，拆除或者破损毗邻火灾现场的建筑物、构筑物或者设施等

E. 调动供水、供电、供气、通信、医疗救护、交通运输、环境保护等有关单位协助灭火救援

5. 根据《中华人民共和国消防法》，有下列（　　）行为，责令改正或者停止施工，并处一万元以上十万元以下罚款。

A. 建设单位要求建筑设计单位或者建筑施工企业降低消防技术标准设计、施工的

B. 建筑设计单位不按照消防技术标准强制性要求进行消防设计的

C. 依法应当经公安机关消防机构进行消防设计审核的建设工程，未经依法审核或者审核不合格，擅自施工的

D. 建设工程投入使用后经公安机关消防机构依法抽查不合格，不停止使用的

E. 工程监理单位与建设单位或者建筑施工企业串通，弄虚作假，降低消防施工质量的

6. 根据《中华人民共和国行政许可法》，下列属于行政许可的基本原则有（　　）。

A. 权利保障原则　　　　B. 合法原则

C. 公开、公平、公正原则　　　　D. 信赖保护原则

E. 监督原则

7. 根据《消防监督检查规定》（公安部令第120号），消防监督检查形式包括(　　)。

A. 对公众聚集场所在投入使用、营业时的消防安全检查

B. 对单位履行法定消防安全职责情况的监督抽查

C. 对举报投诉的消防安全违法行为的核查

D. 对大型群众性活动举办后的消防安全检查

E. 根据需要进行的其他消防监督检查

8. 根据《中华人民共和国城乡规划法》，对城乡规划的制定所作的规定有（　　）。

A. 明确规划的实施范围　　B. 明确规划制定和实施的原则

C. 明确规划编制的主体和审批程序　　D. 扩大社会公众参与

E. 增加规划的透明度

9.《中华人民共和国产品质量法》规定，（　　）是产品质量的责任主体。

A. 设计者　　B. 监督者　　C. 生产者　　D. 销售者

E. 购买者

10. 根据《社会消防技术服务管理规定》(公安部令第136号)，下列属于消防安全技术职业活动的内容的有（　　）。

A. 消防技术咨询与消防安全评估　　B. 消防安全管理与技术培训

C. 消防设施检测与维护　　D. 消防安全监测与检查

E. 消防安全设计审查

11. 根据《中华人民共和国消防法》，下列场所中，属于公共聚集场所的有（　　）。

A. 影剧院　　B. 歌舞厅　　C. 医院门诊楼　　D. 商场

E. 劳动密集型企业的生产加工车间

12. 根据《机关、团体、企业、事业单位消防安全管理规定》（公安部令第61号），单位的下列（　　）人员必须接受消防安全专门培训。

A. 消防安全责任人、消防安全管理人

B. 所有主要领导

C. 专职消防管理人员

D. 兼职消防管理人员

E. 特种作业人员

13. 根据《注册消防工程师管理规定》（公安部令第143号），下列属于二级注册消防工程师执业范围的是（　　）。

A. 建筑高度120m商业综合体的消防安全评估

B. 建筑高度200m办公楼的消防安全管理

C. 单体建筑面积50000m^2体育场馆的消防设施检测与维护

D. 大型的危险化学品企业的消防安全管理

E. 建筑高度100m综合楼的消防安全监测与检查

14. 根据《中华人民共和国消防法》，（　　）是消防工作的主体，是消防安全管理活动的主体。

A. 政府　　B. 部门　　C. 团体　　D. 单位

E. 个人

答案与解析

一、单项选择题

1.【答案】B

【解析】根据《中华人民共和国消防法》第二条，消防工作贯彻预防为主、防消结合的方针，按照政府统一领导、部门依法监管、单位全面负责、公民积极参与的原则，实行消防安全责任制，建立健全社会化的消防工作网络。故本题选 B。

2.【答案】A

【解析】根据《中华人民共和国消防法》第十七条，选项 B、C 和 D 属于任何单位都应该履行的消防安全职责。故本题选 A。

3.【答案】B

【解析】根据《机关、团体、企业、事业单位消防安全管理规定》（公安部令第 61 号）第六条，选项 B 是消防安全责任人的消防安全职责。故本题选 B。

4.【答案】D

【解析】根据《中华人民共和国消防法》第二十四条，依照本条规定经强制性产品认证合格或者技术鉴定合格的消防产品，国务院应急管理部门应当予以公布。故本题选 D。

5.【答案】B

【解析】根据《中华人民共和国消防法》第三十六条。故本题选 B。

6.【答案】C

【解析】根据《中华人民共和国消防法》第三十九条，储备可燃的重要物资的大型仓库、基地应建立单位专职消防队。故本题选 C。

7.【答案】D

【解析】根据《中华人民共和国消防法》第五十八条，违反本法规定，有下列行为之一的，由住房和城乡建设主管部门、消防救援机构按照各自职权责令停止施工、停止使用或者停产停业，并处三万元以上三十万元以下罚款：依法应当进行消防验收的建设工程，未经消防验收或者消防验收不合格，擅自投入使用的。故本题选 D。

8.【答案】A

【解析】根据《中华人民共和国消防法》第五十九条，违反本法规定，有下列行为之一的，由住房和城乡建设主管部门责令改正或者停止施工，并处一万元以上十万元以下罚款：(1) 建设单位要求建筑设计单位或者建筑施工企业降低消防技术标准设计、施工的；(2) 建筑设计单位不按照消防技术标准强制性要求进行消防设计的；(3) 建筑施工企业不按照消防设计文件和消防技术标准施工，降低消防施工质量的；(4) 工程监理单位与建设单位或者建筑施工企业串通，弄虚作假，降低消防施工质量的。故本题选 A。

9.【答案】B

【解析】根据《中华人民共和国消防法》第六十一条，生产、储存、经营易燃易爆危险品的场所与居住场所设置在同一建筑物内，或者未与居住场所保持安全距离的，责令停产停业，并处五千元以上五万元以下罚款。故本题选 B。

10.【答案】B

【解析】根据《中华人民共和国消防法》第六十八条，人员密集场所发生火灾，该场所的现场工作人员不履行组织、引导在场人员疏散的义务，情节严重，尚不构成犯罪的，处五日以上十日以下拘留。故本题选 B。

11.【答案】D

【解析】根据《中华人民共和国消防法》第五十八条，依法应当进行消防验收的建设工程，未经消防验收或者消防验收不合格，擅自投入使用的，由住房和城乡建设主管部门、消防救援机构按照各自职权责令停止施工、停止使用或者停产停业，并处三万元以上三十万元以下罚款；公众聚集场所未经消防安全检查或者经检查不符合消防安全要求，擅自投入使用、营业的。故本题选 D。

12.【答案】C

【解析】根据《中华人民共和国消防法》第六十三条，违反本法规定，有下列行为之一的，处警告或者五百元以下罚款；情节严重的，处五日以下拘留：(1) 违反消防安全规定进入生产、储存易燃易爆危险品场所的；(2) 违反规定使用明火作业或者在具有火灾、爆炸危险的场所吸烟、使用明火的。故本题选 C。

13.【答案】B

【解析】根据《中华人民共和国消防法》第六十四条，违反本法规定，有下列行为之一，尚不构成犯罪的，处十日以上十五日以下拘留，可以并处五百元以下罚款；情节较轻的，处警告或者五百元以下罚款：在火灾发生后阻拦报警，或者负有报告职责的人员不及时报警的。故本题选 B。

14.【答案】A

【解析】医院门诊楼是人员密集场所，根据《中华人民共和国消防法》第六十五条，人员密集场所使用不合格的消防产品或者国家明令淘汰的消防产品的，责令限期改正；逾期不改正的，处五千元以上五万元以下罚款，并对其直接负责的主管人员和其他直接责任人员处五百元以上二千元以下罚款；情节严重的，责令停产停业。消防救援机构除依法对使用者予以处罚外，应当将发现不合格的消防产品和国家明令淘汰的消防产品的情况通报产品质量监督部门、工商行政管理部门。产品质量监督部门、工商行政管理部门应当对生产者、销售者依法及时查处。故本题选 A。

15.【答案】D

【解析】根据《中华人民共和国消防法》第十条，对按照国家工程建设消防技术标准需要进行消防设计的建设工程，实行建设工程消防设计审查验收制度。故本题选 D。

16. **【答案】** D

【解析】 根据《中华人民共和国建筑法》第七条，建筑工程开工前，建设单位应当按照国家有关规定向工程所在地县级以上人民政府建设行政主管部门申请领取施工许可证。故本题选 D。

17. **【答案】** B

【解析】 根据《中华人民共和国建筑法》第七条，建筑工程开工前，建设单位应当按照国家有关规定向工程所在地县级以上人民政府建设行政主管部门申请领取施工许可证；但是，国务院建设行政主管部门确定的限额以下的小型工程除外。按照国务院规定的权限和程序批准开工报告的建筑工程，不再领取施工许可证。故 A、C、D 错。根据第八条，建设行政主管部门应当自收到申请之日起十五日内，对符合条件的申请颁发施工许可证。故本题选 B。

18. **【答案】** C

【解析】 选项 C 适用于简易程序做出的行政处罚。故本题选 C。

19. **【答案】** C

【解析】 根据《建设工程消防监督管理规定》（公安部令第 119 号）第十三条，建筑总面积大于 $10000m^2$ 的商场，大于 $1000m^2$ 的劳动密集型企业的员工集体宿舍，大于 $500m^2$ 的歌舞厅，大于 $20000m^2$ 的体育场馆属于大型人员密集场所。故本题选 C。

20. **【答案】** A

【解析】 根据《中华人民共和国安全生产法》第七十七条，县级以上地方各级人民政府应当组织有关部门制定本行政区域内生产安全事故应急救援预案，建立应急救援体系。故本题选 A。

21. **【答案】** D

【解析】 根据《注册消防工程师管理规定》（公安部令第 143 号）第二十八条，二级注册消防工程师的执业范围包括：（1）除 100m 以上公共建筑、大型的人员密集场所、大型的危险化学品单位外的火灾高危单位消防安全评估；（2）除 250m 以上公共建筑、大型的危险化学品单位外的消防安全管理；（3）单体建筑面积 4 万 m^2 以下建筑的消防设施维护保养检测（含灭火器维修）；（4）消防安全监测与检查；（5）公安部或者省级公安机关规定的其他消防安全技术工作。选项 A、B 和 C 都属于一级注册消防工程师的执业范围。故本题选 D。

22. **【答案】** C

【解析】 根据《建设工程消防监督管理规定》（公安部令第 119 号）第二十条，建设、设计、施工单位不得擅自修改经公安机关消防机构审核合格的建设工程消防设计。确需修改的，建设单位应当向出具消防设计审核意见的公安机关消防机构重新申请消防设计审核。故本题选C。

23.【答案】B

【解析】根据《社会消防技术服务管理规定》（公安部令第136号）第二十二条，资质证书分为正本和副本，式样由公安部统一制定，正本、副本具有同等法律效力。资质证书有效期为三年。故本题选B。

24.【答案】C

【解析】根据《中华人民共和国刑法》，失火罪是指由于行为人的过失引起火灾，造成严重后果，危害公共安全的行为。立案标准：涉嫌下列情形之一的，应予立案追诉：(1) 导致死亡1人以上，或者重伤3人以上的；(2) 造成公共财产或者他人财产直接经济损失50万元以上的；(3) 造成10户以上家庭的房屋以及其他基本生活资料烧毁的；(4) 造成森林火灾，过火有林地面积2公顷以上，或者过火疏林地、灌木林地、未成林地、苗圃地面积4公顷以上的；(5) 其他造成严重后果的情形。故本题选C。

25.【答案】D

【解析】根据《中华人民共和国刑法》该行为是重大责任事故罪，立案标准：涉嫌下列情形之一的，应予立案追诉：(1) 造成死亡1人以上，或者重伤3人以上的；(2) 造成直接经济损失50万元以上的；(3) 发生矿山生产安全事故，造成直接经济损失100万元以上的；(4) 其他造成严重后果的情形。故本题选D。

26.【答案】B

【解析】根据《中华人民共和国刑法》，消防责任事故罪是指违反消防管理法规，经消防监督机构通知采取改正措施而拒绝执行，造成严重后果，危害公共安全的行为。立案标准：违反消防管理法规，经消防监督机构通知采取改正措施而拒绝执行，涉嫌下列情形之一的，应予立案追诉：(1) 导致死亡1人以上，或者重伤3人以上的；(2) 造成直接经济损失50万元以上的；(3) 造成森林火灾，过火有林地面积2公顷以上，或者过火疏林地、灌木林地、未成林地、苗圃地面积4公顷以上的；(4) 其他造成严重后果的情形。故本题选B。

27.【答案】C

【解析】根据《中华人民共和国刑法》第一百三十四条第二款规定，强令他人违章冒险作业，因而发生重大伤亡事故或者造成其他严重后果的，处5年以下有期徒刑或者拘役；情节特别恶劣的，处5年以上有期徒刑。故本题选C。

28.【答案】A

【解析】大型群众性活动重大安全事故罪是指举办大型群众性活动违反安全管理规定，因而发生重大伤亡事故或者造成其他严重后果的行为。根据《中华人民共和国刑法》第一百三十五条，举办大型群众性活动违反安全管理规定，因而发生重大伤亡事故或者造成其他严重后果的，对直接负责的主管人员和其他直接责任人员，处3年以下有期徒刑或者拘役；情节特别恶劣的，处3年以上7年以下有期徒刑。故本题选A。

29.【答案】B

【解析】根据《中华人民共和国刑法》第一百三十七条规定，建设单位、设计单位、施工单位、工程监理单位违反国家规定，降低工程质量标准，造成重大安全事故的，对直接责任人员，处5年以下有期徒刑或者拘役，并处罚金；后果特别严重的，处5年以上10年以下有期徒刑，并处罚金。故本题选B。

30.【答案】B

【解析】根据《机关、团体、企业、事业单位消防安全管理规定》（公安部令第61号）第二十六条，机关、团体、事业单位应当至少每季度进行一次防火检查，其他单位应当至少每月进行一次防火检查。故本题选B。

31.【答案】B

【解析】根据《机关、团体、企业、事业单位消防安全管理规定》（公安部令第61号）第三十八条，下列人员应当接受消防安全专门培训：（1）单位的消防安全责任人、消防安全管理人；（2）专、兼职消防管理人员；（3）消防控制室的值班、操作人员；（4）其他依照规定应当接受消防安全专门培训的人员。前款规定中的第（3）项人员应当持证上岗。故本题选B。

32.【答案】B

【解析】根据《火灾事故调查规定》（公安部令第108号），管辖分工根据具体情形分为地域管辖、共同管辖、指定管辖和特殊管辖。火灾事故调查一般由火灾发生地消防机构按照规定分工进行。故本题选B。

33.【答案】C

【解析】一级注册消防工程师资格考试成绩施行3年为一个周期的滚动管理办法，在连续3个考试年度内参加应试科目的考试并合格，方可取得一级注册消防工程师资格证书。故本题选C。

34.【答案】A

【解析】根据《注册消防工程师管理规定》（公安部令第143号）第五十一条，未经注册擅自以注册消防工程师名义执业，或者被依法注销注册后继续执业的，责令停止违法活动，处一万元以上三万元以下罚款。故本题选A。

35.【答案】B

【解析】根据《专业技术人员考试违纪违规行为处理规定》（人社部令第31号）第七条，应试人员在考试过程中有下列严重违纪违规行为之一的，给予其当次全部科目考试成绩无效的处理，并将其违纪违规行为记入专业技术人员资格考试诚信档案库，记录期限为五年：（1）抄袭、协助他人抄袭试题答案或者与考试内容相关资料的；（2）互相传递试卷、答题纸、答题卡、草稿纸等的；（3）持伪造证件参加考试的；（4）本人离开考场后，在考试结束前，传播考试试题及答案的；（5）使用禁止带入考场的通信工具、规定以外的电子用品的；（6）其他应当给予当次全部科目考试成绩无效处理的严重违纪违规行为。故本题选 B。

36.【答案】D

【解析】注册消防工程师每年接受继续教育的时间累计不少于20 学时。其中，消防法律法规和职业道德不少于4 学时，消防技术标准不少于12 学时，消防安全管理不少于4 学时。故本题选 D。

二、多项选择题

1.【答案】AB

【解析】根据《机关、团体、企业、事业单位消防安全管理规定》（公安部令第 61 号）第七条，选项 A、B 属于消防管理人的消防安全职责。故本题选 AB。

2.【答案】ABCD

【解析】(1) 权利：使用注册消防工程师称谓；在规定范围内从事消防安全技术执业活动；对违反相关法律、法规和技术标准的行为提出劝告，并向本级别注册审批部门或者上级主管部门报告；接受继续教育；获得与执业责任相应的劳动报酬；对侵犯本人权利的行为进行申诉。(2) 义务：履行遵守法律、法规和有关管理规定，恪守职业道德；执行消防法律、法规、规章及有关技术标准；履行岗位职责，保证消防安全技术执业活动质量，并承担相应责任；保守知悉的国家秘密和聘用单位的商业、技术秘密；不得允许他人以本人名义执业；不断更新知识，提高消防安全技术能力；完成注册管理部门交办的相关工作等义务。选项 E 属于注册消防工程师的义务。故本题选 ABCD。

3.【答案】AD

【解析】根据《中华人民共和国消防法》第五条，任何单位和个人都有维护消防安全、保护消防设施、预防火灾、报告火警的义务。任何单位和成年人都有参加有组织的灭火工作的义务。故本题选 AD。

4.【答案】CDE

【解析】根据《中华人民共和国消防法》第四十五条，火灾现场总指挥根据扑救火灾的需要，有权决定下列事项：(1) 截断电力、可燃气体和可燃液体的输送，限制用火用电，A 错。(2) 划定警戒区，实行局部交通管制，B 错。故本题选 CDE。

5.【答案】ACE

【解析】根据《中华人民共和国消防法》第五十九条，违反本法规定，有下列行为之一的，由住房和城乡建设主管部门责令改正或者停止施工，并处一万元以上十万元以下罚款：(1) 建设单位要求建筑设计单位或者建筑施工企业降低消防技术标准设计、施工的；(2) 建筑设计单位不按照消防技术标准强制性要求进行消防设计的；(3) 建筑施工企业不按照消防设计文件和消防技术标准施工，降低消防施工质量的；(4) 工程监理单位与建设单位或者建筑施工企业串通，弄虚作假，降低消防施工质量的。故本题选 ACE。

6.【答案】BCDE

【解析】行政许可的基本原则：（1）合法原则；（2）公开、公平、公正原则；（3）便民原则；（4）救济原则；（5）信赖保护原则；（6）监督原则。选项 A 属于行政处罚的原则。故本题选 BCDE。

7.【答案】BCE

【解析】根据《消防监督检查规定》（公安部令第 120 号）第六条，消防监督检查形式包括：（1）对公众聚集场所在投入使用、营业前的消防安全检查；（2）对单位履行法定消防安全职责情况的监督抽查；（3）对举报投诉的消防安全违法行为的核查；（4）对大型群众性活动举办前的消防安全检查；（5）根据需要进行的其他消防监督检查。故本题选 BCE。

8.【答案】BCDE

【解析】《城乡规划法》对城乡规划的制定做了以下规定：（1）明确规划制定和实施的原则；（2）明确规划编制的主体和审批程序；（3）明确了规划制定的程序；（4）增加规划的透明度。故本题选 BCDE。

9.【答案】CD

【解析】《中华人民共和国产品质量法》规定，生产者、销售者是产品质量责任的承担者，是产品质量的责任主体。故本题选 CD。

10.【答案】ABCD

【解析】根据《社会消防技术服务管理规定》（公安部令第 136 号）第二十五条、《中华人民共和国消防法》第十一条，消防安全设计审查属于住房和城乡建设主管部门的职责与权限。本题选 ABCD。

11.【答案】ABD

【解析】根据《中华人民共和国消防法》第七十三条，公众聚集场所，是指宾馆、饭店、商场、集贸市场、客运车站候车室、客运码头候船厅、民用机场航站楼、体育场馆、会堂以及公共娱乐场所等。根据《公共娱乐场所消防安全管理规定》（公安部令第 39 号）第二条，公共娱乐场所，是指向公众开放的下列室内场所：（1）影剧院、录像厅、礼堂等演出、放映场所；（2）舞厅、卡拉 OK 厅等歌舞娱乐场所；（3）具有娱乐功能的夜总会、音乐茶座和餐饮场所；（4）游艺、游乐场所；（5）保龄球馆、旱冰场、桑拿浴室等营业性健身、休闲场所。故本题选 ABD。

12.【答案】ACD

【解析】根据《机关、团体、企业、事业单位消防安全管理规定》（公安部令第 61 号）第三十八条，下列人员应当接受消防安全专门培训：（1）单位的消防安全责任人、消防安全管理人；（2）专、兼职消防管理人员；（3）消防控制室的值班、操作人员；（4）其他依照规定应当接受消防安全专门培训的人员。前款规定中的第（3）项人员应当持证上岗。故本题选 ACD。

13.【答案】BE

【解析】根据《注册消防工程师管理规定》（公安部令第143号）第二十八条，二级注册消防工程师的执业范围包括：（1）除100m以上公共建筑、大型的人员密集场所、大型的危险化学品单位外的火灾高危单位消防安全评估；（2）除250m以上公共建筑、大型的危险化学品单位外的消防安全管理；（3）单体建筑面积40000m^2以下建筑的消防设施维护保养检测（含灭火器维修）；（4）消防安全监测与检查；（5）公安部或者省级公安机关规定的其他消防安全技术工作。根据第六十一条，以上、以下包含本数。故本题选BE。

14.【答案】ABDE

【解析】根据《中华人民共和国消防法》第二条，消防工作贯彻预防为主、防消结合的方针，按照政府统一领导、部门依法监管、单位全面负责、公民积极参与的原则，实行消防安全责任制，建立健全社会化的消防工作网络。因此，政府、部门、单位、个人四者都是消防工作的主体，是消防安全管理活动的主体。故本题选ABDE。

第二节　注册消防工程师职业道德

一、单项选择题（每题的备选项中，只有1个最符合题意）

1. 与一般的职业道德相比，注册消防工程师职业道德具有许多特点，下列描述中，错误的是（　）。

A. 具有与社会文化联系的密切性　　B. 具有高度的服务性

C. 具有维护社会公共安全的责任性　　D. 具有执行消防法规标准的原则性

2. 高度的服务性是指注册消防工程师服务于消防技术服务机构和消防安全重点单位，开展消防安全技术工作，不包括（　）。

A. 消防技术咨询　　B. 消防设施的采购

C. 消防设施检测与维护　　D. 消防安全监测与检查

3. 注册消防工程师职业道德的原则，是高度概括的我国社会主义社会对注册消防工程师职业道德的要求。下列不属于注册消防工程师职业道德原则特点的是（　）。

A. 本质性　　B. 基准性　　C. 稳定性　　D. 普遍性

4. 注册消防工程师职业道德原则在整个注册消防工程师道德体系中居于核心和主导地位，其主要作用体现在两个方面：一是对于注册消防工程师职业道德规范具有指导、制约作用，二是注册消防工程师处理职业关系最基本的（　）。

A. 准则　　B. 出发点和归宿　　C. 发展方向　　D. 本质要求

5.（　）是指导注册消防工程师在职业活动中处理个人利益与集体利益及国家利益的根本准则，也是衡量注册消防工程师个人职业行为和职业品质最主要的道德标准。

A. 维护公共安全　　B. 确保经济效益　　C. 团结协作分工　　D. 诚实守信

6.（　　）作为注册消防工程师职业道德的根本原则，具有很强的现实针对性。

A. 维护公共安全　B. 确保经济效益　C. 团结协作分工　D. 诚实守信

7.（　　）不仅是注册消防工程师行业的法律规范，也是行业的重要职业道德规范。

A. 依法执业　B. 保守秘密　C. 公平竞争　D. 遵纪守法

8. 公平竞争，是指注册消防工程师及其聘用单位要遵循相应的市场原则，严格按照有关法律、法规及政策开展消防安全技术工作等服务活动，下列不属于市场原则属性的是（　　）。

A. 公开　B. 公正　C. 诚实信用　D. 维护公共安全

9. 职业道德修养是注册消防工程师为锤炼职业道德品质，提高职业道德境界所进行的一种自我教育、自我改造和自我完善的过程。主要内容不包括（　　）。

A. 职业道德品质修养　B. 价值观的修养

C. 业务知识修养　D. 理论修养

10. 坚持结合日常工作，在履行职业责任过程中进行职业道德修养，这是注册消防工程师进行职业道德修养的根本途径和根本方法。下列关于其具体方法的描述中，错误的是（　　）。

A. 提高专业技能　B. 坚持“慎独”　C. 向榜样学习　D. 自我反思

11.（　　）是社会主义精神文明建设的重要内容，也是注册消防工程师加强职业道德修养、提高自身职业道德水平的必由之路。

A. 自我反思　B. 向榜样学习　C. 坚持“慎独”　D. 提高道德选择能力

12. 提高道德选择能力是提高职业道德修养的具体办法之一，以下描述中，错误的是（　　）。

A. 在执业行为的过程中，注册消防工程师要根据实践的发展，随时对自己符合职业道德要求的情感、意志和信念予以激励和强化

B. 对因客观情况和客观要求变化而出现的问题，及时调整和修正自己的执业行为方向和方法

C. 注册消防工程师要经常进行自我反思

D. 应当建立在对所从事职业的全面、准确认识的基础上，充分发挥意识的能动性，要具有前瞻意识

二、多项选择题（每题的备选项中有 2 个或 2 个以上符合题意。错选、漏选不得分；少选，所选的每个选项得 0.5 分）

1. 注册消防工程师职业道德的基本规范可以归纳为爱岗敬业、依法执业、客观公正、（　　）。

A. 提高技能　B. 公平竞争　C. 服务业主　D. 保守秘密

E. 奉献社会

2. 下列属于注册消防工程师职业道德的根本原则的是（　　）。

A. 依法执业原则　B. 维护公共安全原则

C. 客观公正原则　　　　　　　　　　D. 公平竞争原则

E. 诚实守信原则

3. 依法执业是注册消防工程师职业的基本内容，是注册消防工程师依照法律法规的规定，从事消防设施检测、消防安全监测等消防安全技术工作的总称，包括（　　）等一切执业行为都必须符合规定，只有这样才能杜绝出现违法现象。

A. 执业资质　　B. 执业结果　　C. 执业程序　　D. 执业范围

E. 执业人的资格

答案与解析

一、单项选择题

1.【答案】A

【解析】与一般的职业道德相比，注册消防工程师职业道德具有以下特点：(1) 具有执行消防法规标准的原则性；(2) 具有维护社会公共安全的责任性；(3) 具有高度的服务性；(4) 具有与社会经济联系的密切性。故本题选 A。

2.【答案】B

【解析】注册消防工程师服务于消防技术服务机构和消防安全重点单位，开展消防技术咨询与消防安全评估、消防设施检测与维护、消防安全监测与检查等消防安全技术工作。因此，注册消防工程师在执业中必须树立服务意识，不断提升服务质量。故本题选 B。

3.【答案】D

【解析】注册消防工程师职业首先原则的特点有：本质性、基准性、稳定性、独特性。故本题选 D。

4.【答案】B

【解析】注册消防工程师职业道德原则是注册消防工程师处理职业关系最基本的出发点和归宿。故本题选 B。

5.【答案】A

【解析】消防安全是公共安全的重要组成部分，维护公共安全是开展消防工作的根本目的。因此，注册消防工程师行业作为直接参与消防工作社会化管理的队伍，不仅要将维护公共安全原则作为职业的宗旨，也要将其作为职业道德的根本原则。它是指导注册消防工程师在职业活动中处理个人利益与集体利益及国家利益的根本准则，也是衡量注册消防工程师个人职业行为和职业品质最主要的道德标准。故本题选 A。

6.【答案】D

【解析】诚实守信原则，作为注册消防工程师职业道德的根本原则，具有很强的现实针对性。故本题选 D。

7.【答案】A

【解析】依法执业，不仅是注册消防工程师行业的法律规范，也是行业的重要职业道德规范。依法执业是注册消防工程师职业的基本内容，是注册消防工程师依照法律法规的规定，从事消防设施检测、消防安全监测等消防安全技术工作的总称。故本题选A。

8.【答案】D

【解析】公平竞争，是指注册消防工程师及其聘用单位要遵循公开、平等、公正和诚实信用的市场原则，严格按照有关法律、法规及政策开展消防安全技术工作等服务活动，参与市场竞争，其目的是保障执业市场规范运作。故本题选D。

9.【答案】B

【解析】职业道德修养的内容包括：理论修养、业务知识修养、人生观的修养和职业道德品质修养。故本题选B。

10.【答案】A

【解析】职业道德修养的途径和方法：自我反思、向榜样学习、坚持“慎独”和提高道德选择能力。故本题选A。

11.【答案】B

【解析】学习先进模范人物的高尚品德和崇高精神，使之在全社会发扬光大，是社会主义精神文明建设的重要内容，也是注册消防工程师加强职业道德修养、提高自身职业道德水平的必由之路。故本题选B。

12.【答案】C

【解析】提高道德选择能力，注册消防工程师的职业道德选择应当建立在对所从事职业的全面、准确认识的基础上，充分发挥意识的能动性，要具有前瞻意识。在执业行为的过程中，注册消防工程师要根据实践的发展，随时对自己符合职业道德要求的情感、意志和信念予以激励和强化；对因客观情况和客观要求变化而出现的问题，及时调整和修正自己的执业行为方向和方法。故本题选C。

二、多项选择题

1.【答案】ABDE

【解析】注册消防工程师职业道德的基本规范可以归纳为爱岗敬业、依法执业、客观公正、公平竞争、提高技能、保守秘密、奉献社会。故本题选ABDE。

2.【答案】BE

【解析】注册消防工程师职业道德的根本原则：维护公共安全、诚实守信。故本题选BE。

3.【答案】BCDE

【解析】依法执业包括执业人的资格、执业范围、执业程序、执业结果等一切执业行为都必须符合规定，只有这样才能杜绝出现违法现象。故本题选BCDE。

第二章　建筑防火检查

第一节　建筑分类和耐火等级检查

一、单项选择题（每题的备选项中，只有1个最符合题意）

1. 某地上建筑，一层设有3个便民服务点，分别为：（1）理发店，建筑面积290m²；（2）小商店，建筑面积160m²；（3）邮政所，建筑面积310m²；二层及以上为住宅。室外设计地面至平屋面和女儿墙的高度分别为53.6m、54.4m。则该建筑为（　　）。

A. 一类高层住宅建筑　　B. 二类高层住宅建筑

C. 一类高层公共建筑　　D. 二类高层公共建筑

2. 某高档小区住宅楼的建筑屋面为坡屋面，建筑室外设计地面标高为－0.20m，建筑首层室内地面标高为±0.00m，建筑室外设计地面至檐口、屋脊的高度分别为53.6m、54.4m，该住宅楼的建筑高度为（　　）m。

A. 53.6　　B. 54.0　　C. 53.8　　D. 54.2

3. 某繁华闹市区商业中心为坡屋面，室外设计地面标高为－0.20m，建筑首层室内地面标高为±0.00m，室外设计地面至坡屋面屋脊和檐口的高度分别为24.6m、25.4m，该商业中心的建筑高度为（　　）m。

A. 24.8　　B. 25.4　　C. 25.2　　D. 25.0

4. 某新建高档小区住宅建筑，室外设计地面至平屋面的高度为53.6m，室外设计地面标高为－0.20m，建筑首层室内地面标高为±0.00m，首层为室内高度为1.5m的储藏室，该住宅建筑的建筑高度为（　　）m。

A. 53.8　　B. 53.4　　C. 52.1　　D. 51.9

5. 某CBD办公区内一办公楼，室外设计地面标高为－0.20m，建筑首层室内地面标高为±0.00m，室外设计地面至平屋面的高度为24.6m，首层为室内高度为1.5m的储藏室，该办公楼的建筑高度为（　　）m。

A. 24.8　　B. 24.6　　C. 23.3　　D. 23.1

6. 某办公建筑，室外设计地面标高为－0.20m，建筑首层室内地面标高为±0.00m，平屋面的标高为24.60m，首层为高度为1.5m的储藏室，该办公建筑的建筑高度为（　　）m。

A. 24.8　　B. 24.6　　C. 23.3　　D. 23.1

7. 某住宅建筑，标准层建筑面积为400m²，平屋面的标高为53.60m，室外设计地面

标高为 -0.20m，建筑首层室内地面标高为 1.50m，顶层设有高度为 1.6m、建筑面积为 $260m^2$ 的排烟机房，该住宅的建筑高度为（ ）m。

A. 55.3 B. 55.4 C. 56.9 D. 53.8

8. 某地标性办公建筑，标准层建筑面积为 $1000m^2$，室外设计地面标高为 -0.20m，建筑首层室内地面标高为 1.5m，屋面面层的标高为 24.60m，顶层设有高度为 1.6m、面积为 $260m^2$ 的排烟机房，该公共建筑的高度为（ ）m。

A. 24.8 B. 27.7 C. 26.1 D. 26.4

9. 某山区新建组合式公共建筑，建筑的三部分 A、B、C 分别位于不同地坪高度上，且建筑之间均用防火墙分隔，各自有符合规范规定的安全出口，并沿建筑的一个长边设置了尽头式消防车道，A、B、C 的建筑高度分别为 22m、23m、25m，下列说法中，正确的是（ ）。

A. 建筑 B 的建筑高度为 23m

B. 可分别确定各自的建筑高度

C. 建筑 A 为单、多层公共建筑

D. 应按建筑高度最大者确定该组合式建筑的建筑高度

10. 下列选项中，需要计入建筑层数的是（ ）。

A. 设置在公共建筑首层，室内高度为 1.5m 的储藏室

B. 住宅建筑室内顶板高出室外设计地面 1.5m 的半地下室

C. 公共建筑顶层突出屋面的楼梯间，占标准层面积不大于 1/3

D. 设置在住宅建筑首层，室内高度为 2.3m 的自行车库

11. 某新建建筑地上 18 层，首层至三层分别划分成多个建筑面积为 200 ~ $320m^2$ 的小商铺，每层建筑面积均为 $1100m^2$，四层至十八层为住宅，每层建筑面积均为 $1000m^2$，建筑屋面为平屋面，局部突出屋顶的辅助用房建筑面积为 $250m^2$，高度为 4m。建筑室外设计地面标高为 -0.30m，首层室内地面标高为 ±0.00m，屋面面层的标高为 49.80m，下列关于该建筑分类的说法正确的是（ ）。

A. 该建筑为一类高层住宅建筑 B. 该建筑为二类高层公共建筑

C. 该建筑为一类高层公共建筑 D. 该建筑为二层高层住宅建筑

12. 某临建仓库内存放润滑油 1000L，乙醇汽油 50L，水泥 2t，该仓库的火灾危险性属于（ ）。

A. 甲类 B. 乙类 C. 丙类 D. 戊类

13. 下列建筑中，按照建筑分类属于一类高层公共建筑的是（ ）。

A. 建筑高度为 24m 的医疗建筑

B. 室外设计地面标高为 0.20m，平屋面面层的标高为 24.00m 的市级党政机关办公大楼

C. 建筑高度为 30m 的地上 6 层综合楼，每层建筑面积均为 $1100m^2$，层高 5m，首层至三层为旅馆，四层至六层为办公室

D. 建筑高度为 25m，层高 5m，每层建筑面积均为 $1100m^2$ 的商场

14. 下列建筑中，可以采用三级耐火等级的是（　）。

A. 建筑面积为 1000m^2 的单层转炉车间

B. 建筑面积为 500m^2 的氨压缩机房

C. 总蒸发量为 5t/h 的燃煤锅炉房

D. 建筑面积为 500m^2 的地上 2 层植物油加工厂精炼车间

15. 某地新建一座氧气站，地上 2 层且独立建造，总建筑面积为 300m^2，该氧气站耐火等级最低可采用（　）。

A. 一级　　B. 二级　　C. 三级　　D. 四级

16. 根据现行国家标准《建筑钢结构防火技术规范》（GB 51249），膨胀型防火涂料涂层表面裂纹宽度不应大于（　）mm，非膨胀型防火涂料涂层表面裂纹宽度不应大于（　）mm。

A. 1，0.5　　B. 0.5，1　　C. 0.5，1.5　　D. 1.5，1

二、多项选择题（每题的备选项中有 2 个或 2 个以上符合题意。错选、漏选不得分；少选，所选的每个选项得 0.5 分）

1. 下列民用建筑中，属于高层建筑的有（　）。

A. 建筑高度为 30m 的住宅建筑，首层为商业服务网点

B. 建筑高度为 27m 的民用建筑，每层建筑面积均为 350m^2，地下一层至地上一层为超市，地上二层及以上部分为住宅

C. 建筑高度为 28m 的住宅建筑，地下一层设有汽车库

D. 建筑高度为 27m 的单层体育馆，附属建筑高度为 24m，内部设有器材库和运动员休息室

E. 建筑高度为 24m 的市政府办公大楼

2. 下列建筑中，属于二类高层公共建筑的有（　）。

A. 建筑高度为 27.5m 的财贸金融楼，地上 5 层，层高 5.5m，每层建筑面积均为 1200m^2

B. 某建筑地上 6 层，层高 5m，每层建筑面积均为 1500m^2，首层至三层为商场，四层及以上为住宅

C. 建筑高度为 56m 的住宅

D. 建筑高度 24m 省级电力调度大楼

E. 建筑高度 25m，藏书为 100 万册的图书馆

3. 民用建筑应根据其使用性质、火灾危险性、安全疏散和扑救难度进行分类。下列建筑中，属于一类高层公共建筑的有（　）。

A. 建筑高度为 40m 的地上建筑，层高 3m，每层建筑面积均为 1200m^2，一至二层为商场，三层及以上部分为住宅

B. 建筑高度为 32m 的医院门诊楼

C. 建筑高度为27m的学生宿舍楼，每层建筑面积均为1200m^2

D. 建筑高度为45m的综合楼，地上9层，层高5m，每层建筑面积均为2600m^2，主要使用功能为酒店和办公

E. 建筑高度为28m的商店建筑，地上9层，层高3m，每层建筑面积均为1500m^2

4. 下列建筑中，属于一类高层公共建筑的有（　　）。

A. 建筑高度为25m的医疗建筑

B. 建筑高度为24m，藏书10万册的图书馆

C. 建筑高度为23m的党政机关办公楼

D. 建筑高度为54m且24m以上部分任一楼层建筑面积为1000m^2的多种功能组合的建筑

E. 建筑高度为25m的办公建筑，地上5层，每层建筑面积为1500m^2

5. 下列关于建筑构件耐火极限的说法中，错误的有（　　）。

A. 二级耐火等级的办公建筑，其吊顶采用不燃材料，耐火极限为0.10h

B. 三级耐火等级的儿童游乐厅，其吊顶采用难燃材料，耐火极限为0.25h

C. 二级耐火等级建筑的门厅，其吊顶采用难燃材料，耐火极限为0.25h

D. 三级耐火等级建筑的走道，其吊顶采用难燃材料，耐火极限为0.25h

E. 三级耐火等级的中学教学楼，其吊顶采用不燃材料，耐火极限为0.15h

6. 某新建的铝粉厂房，地上7层，层高3m，并采用自动喷水灭火系统进行全保护，符合现行国家标准要求。下列关于该厂房内建筑构件耐火极限的说法中，错误的有（　　）。

A. 采用耐火极限为3.00h的防火墙

B. 采用耐火极限为1.00h的屋顶承重构件

C. 采用耐火极限为1.50h的楼板

D. 采用耐火极限为2.50h的承重墙

E. 采用耐火极限为1.50h的疏散楼梯

7. 下列建筑的耐火等级不应低于二级的有（　　）。

A. 使用或储存特殊贵重的机器、仪器等设备或物品的建筑

B. 甲、乙类厂房，使用或产生丙类液体的厂房和有火花、赤热表面、明火的丁类厂房

C. 多层乙类仓库和储存可燃液体的多层丙类仓库

D. 总蒸发量为3t/h的燃煤锅炉房

E. 粮食平房仓

8. 下列关于民用建筑的耐火等级的说法，正确的有（　　）。

A. 一类高层民用建筑的耐火等级不应低于一级

B. 二类高层民用建筑的耐火等级不应低于二级

C. 一类高层民用建筑的裙房的耐火等级不应低于一级

D. 多层公共建筑的地下室的耐火等级不应低于二级

E. 建筑高度为25m的重要公共建筑的耐火等级不应低于二级

答案与解析

一、单项选择题

1.【答案】C

【解析】根据《建筑设计防火规范》（GB 50016—2014）（2018 年版）附录 A.0.1，建筑屋面为平屋面（包括有女儿墙的平屋面）时，建筑高度为建筑室外设计地面至屋面面层的高度；根据 2.1.4 条，商业服务网点是指设置在住宅建筑的首层或首层及二层，每个分隔单元建筑面积不大于 $300m^2$ 的商店、邮政所、储蓄所、理发店等小型营业性用房。本题中，邮政所的建筑面积超过了 $300m^2$，不属于商业服务网点，建筑性质属于公共建筑，并且建筑高度超过了 50m。故本题选 C。

2.【答案】C

【解析】根据《建筑设计防火规范》（GB 50016—2014）（2018 年版）附录 A.0.1，建筑屋面为坡屋面时，建筑高度为建筑室外设计地面至檐口与屋脊的平均高度，即该住宅建筑的高度为（53.6 + 54.4）/2 = 54（m）；对于住宅建筑，设置在底部且室内高度不大于 2.2m 的自行车库、储藏室、敞开空间，室内外高差或建筑的地下室、半地下室的顶板面高出室外设计地面的高度不大于 1.5m 的部分，可不计入建筑高度，所以该住宅建筑的建筑高度为 54 − 0.2 = 53.8（m）。故本题选 C。

3.【答案】D

【解析】根据《建筑设计防火规范》（GB 50016—2014）（2018 年版）附录 A.0.1，建筑屋面为坡屋面时，建筑高度为建筑室外设计地面至檐口与屋脊的平均高度；该公共建筑的高度为（24.6 + 25.4）/2 = 25（m）。故本题选 D。

4.【答案】D

【解析】根据《建筑设计防火规范》（GB 50016—2014）（2018 年版）附录 A.0.1，建筑屋面为平屋面（包括有女儿墙的平屋面）时，建筑高度为建筑室外设计地面至屋面面层的高度；对于住宅建筑，设置在底部且室内高度不大于 2.2m 的自行车库、储藏室、敞开空间，室内外高差或建筑的地下或半地下室的顶板面高出室外设计地面的高度不大于 1.5m 的部分，可不计入建筑高度。本题中，建筑高度为：53.6 − 1.5 − 0.2 = 51.9（m）。故本题选 D。

5.【答案】B

【解析】根据《建筑设计防火规范》（GB 50016—2014）（2018 年版）附录 A.0.1，建筑屋面为平屋面（包括有女儿墙的平屋面）时，建筑高度应为建筑室外设计地面至其屋面面层的高度，即 24.6m。故本题选 B。

6.【答案】A

【解析】根据《建筑设计防火规范》（GB 50016—2014）（2018 年版）附录 A.0.1，

建筑屋面为平屋面（包括有女儿墙的平屋面）时，建筑高度应为建筑室外设计地面至其屋面面层的高度，该公共建筑的高度为24.6 –（ –0.2）=24.8（m）。故本题选A。

7.【答案】B

【解析】根据《建筑设计防火规范》（GB 50016—2014）（2018年版）附录A.0.1，建筑屋面为平屋面（包括有女儿墙的平屋面）时，建筑高度为建筑室外设计地面至屋面面层的高度；对于住宅建筑，设置在底部且室内高度不大于2.2m的自行车库、储藏室、敞开空间，室内外高差或建筑的地下或半地下室的顶板面高出室外设计地面的高度不大于1.5m的部分，可不计入建筑高度；局部突出屋顶的瞭望塔、冷却塔、水箱间、微波天线间或设施、电梯机房、排风和排烟机房以及楼梯出口小间等辅助用房占屋面面积不大于1/4者，可不计入建筑高度。即53.6 + 1.6 + 0.2 =55.4（m）。故本题选B。

8.【答案】D

【解析】根据《建筑设计防火规范》（GB 50016—2014）（2018年版）附录A.0.1，局部突出屋顶的瞭望塔、冷却塔、水箱间、微波天线间或设施、电梯机房、排风和排烟机房以及楼梯出口小间等辅助用房占屋面面积不大于1/4者，可不计入建筑高度。公共建筑高度为24.6 +1.6 –（ –0.2）=26.4（m）。故本题选D。

9.【答案】D

【解析】根据《建筑设计防火规范》（GB 50016—2014）（2018年版）附录A.0.1，对于台阶式地坪，当位于不同高程地坪上的同一建筑之间有防火墙分隔，各自有有符合规范规定的安全出口，且可沿建筑的两个长边设置贯通式或尽头式消防车道时，可分别计算各自的建筑高度，否则，应按其中建筑高度最大者确定该建筑的建筑高度，题中未说明各建筑均可沿建筑的两个长边设置贯通式或尽头式消防车道。故本题选D。

10.【答案】D

【解析】根据《建筑设计防火规范》（GB 50016—2014）（2018年版）附录A.0.2，建筑层数应按建筑的自然层数计算，下列空间可不计入建筑层数：（1）室内顶板面高出室外设计地面的高度不大于1.5m的地下或半地下室；（2）设置在建筑底部且室内高度不大于2.2m的自行车库、储藏室、敞开空间；（3）建筑屋顶上突出的局部设备用房、出屋面的楼梯间等。故本题选D。

11.【答案】C

【解析】根据《建筑设计防火规范》（GB 50016—2014）（2018年版）5.1.1条，住宅建筑下部设置商业服务网点时，该建筑仍为住宅建筑；根据2.1.4条，商业服务网点是指设置在住宅建筑的首层或首层及二层，每个分隔单元建筑面积不大于300m^{2}的商店、邮政所、储蓄所、理发店等小型营业性用房，由此可知本题建筑下部首层至三层设置的小商铺不属于商业服务网点，故该建筑应判定为公共建筑。根据附录A.0.1，建筑屋面为平屋面（包括有女儿墙的平屋面）时，建筑高度为建筑室外设计地面至屋面面层的高度；局部突出屋顶的瞭望塔、冷却塔、水箱间、微波天线间或设施、电梯机房、排风和排烟机房以及楼梯出口小间等辅助用房占屋面面积不大于1/4者，可不计入建筑高度。本题住宅建筑每层建筑面积为1000m^2，辅助用房建筑面积为250m^2，辅助用房面积不大于屋面面积的1/4，辅助用房高度可不计入建筑的高度，所以本题建筑的高度应为49.8+0.3=50.1（m）。故本题选C。

12.【答案】A

【解析】根据《建筑设计防火规范》（GB 50016—2014）（2018年版）3.1.4条，同一座仓库或仓库的任一防火分区内储存不同火灾危险性物品时，仓库或防火分区的火灾危险性应按火灾危险性最大的物品确定。本题中，乙醇汽油、润滑油和水泥的火灾危险性分别为甲、丙和戊类，故仓库的火灾危险性应按甲类划分。故本题选A。

13.【答案】C

【解析】根据《建筑设计防火规范》（GB 50016—2014）（2018年版）5.1.1条文说明，表中“一类”第2项中的“其他多种功能组合”，指公共建筑中具有两种或两种以上的公共使用功能，不包括住宅与公共建筑组合建造的情况；条文中“建筑高度24m以上部分任一楼层建筑面积大于1000m^2”的“建筑高度24m以上部分任一楼层”是指该层楼板的标高大于24m，医疗建筑未超过24m，不属于一类高层公共建筑，A错；建筑高度为24－0.2＝23.8（m），不属于一类高层公共建筑，B错；多种功能组合建筑，且24m以上有一整层面积大于1000m^2，属于一类高层公共建筑，C对；24m以上没有完整的一层，不属于一类高层公共建筑，D错。故本题选C。

14.【答案】A

【解析】根据《建筑设计防火规范》（GB 50016—2014）（2018年版）3.2.3条，单、多层丙类厂房和多层丁、戊类厂房的耐火等级不应低于三级，使用或产生丙类液体的厂房和有火花、赤热表面、明火的丁类厂房，其耐火等级均不应低于二级，当为建筑面积不大于500m^2的单层丙类厂房或建筑面积不大于1000m^2的单层丁类厂房时，可采用三级耐火等级的建筑。本题中，转炉厂房的火灾危险性类别为丁类，面积不大于1000m^2且为单层，A对；植物油加工厂房的精炼部位的火灾危险性分别为丙类多层，D错。根据3.2.2条，高层厂房，甲、乙类厂房的耐火等级不应低于二级，建筑面积不大于300m^2的独立甲、乙类单层厂房可采用三级耐火等级的建筑。本题中，氨压缩机房的火灾危险性类别为乙类，面积大于300m^2，故不能采用三级耐火等级的建筑，B错；根据3.2.5条，锅炉房的耐火等级不应低于二级，当为燃煤锅炉房且锅炉的总蒸发量不大于4t/h时，可采用三级耐火等级的建筑，C错。故本题选A。

15.【答案】B

【解析】根据《建筑设计防火规范》（GB 50016—2014）（2018 年版）3.2.2 条，高层厂房，甲、乙类厂房的耐火等级不应低于二级，建筑面积不大于 300m^2 的独立甲、乙类单层厂房可采用三级耐火等级的建筑。本题中为多层，故本题选 B。

16.【答案】B

【解析】根据《建筑钢结构防火技术规范》（GB 51249—2017）9.3.3 条，膨胀型防火涂料涂层表面的裂纹宽度不应大于 0.5mm，且 1m 长度内均不得多于 1 条；当涂层厚度小于或等于 3mm 时，不应大于 0.1mm。非膨胀型防火涂料涂层表面的裂纹宽度不应大于 1mm，且 1m 长度内不得多于 3 条。故本题选 B。

二、多项选择题

1.【答案】ABC

【解析】根据《建筑设计防火规范》（GB 50016—2014）（2018 年版）5.1.1 条，设置商业服务网点的住宅，高度超过 27m，属于二类高层住宅建筑，A 对；地下一层至地上一层为超市，不属于商业服务网点，该建筑属于公共建筑，且建筑高度超过 24m，属二类高层公共建筑，B 对；建筑高度超过 27m 住宅，属于二类高层住宅建筑，C 对；建筑高度大于 24m 的单层公共建筑，属于单层公共建筑，D 错；建筑高度不超过 24m 的市政办公大楼，不属于高层建筑，E 错。故本题选 ABC。

2.【答案】AB

【解析】根据《建筑设计防火规范》（GB 50016—2014）（2018 年版）5.1.1 条，民用建筑的分类，每层建筑面积大于 1000m^2，但是建筑高度 24m 以上部分没有完整的一层，属于二类高层公共建筑，A 对；此建筑为建筑高度 30m 的公共建筑，属于二类高层公共建筑，B 对；普通住宅高度大于 54m，属于一类高层住宅建筑，C 错；建筑高度 24m 的省级电力调度大楼属于多层公共建筑，D 错；建筑高度 25m，藏书超过 100 万册的图书馆属于一类高层公共建筑，虽然藏书量未超过 100 万册，但是根据《汽车加油加气站设计与施工规范》（GB 50156—2012）附录 B.0.1，藏书量超过 50 万册的图书馆属于重要公共建筑，E 错。故本题选 AB。

3.【答案】BDE

【解析】根据《建筑设计防火规范》（GB 50016—2014）（2018 年版）5.1.1 条，超过 24m 以上部分任一楼层建筑面积大于 1000m^2 的商店、展览、电信、邮政、财贸金融建筑及其他多功能组合的建筑为一类高层公共建筑，但是这种多功能组合不包括住宅和其他功能组合的建筑，A 错，D、E 对；医疗建筑超过 24m 属于一类高层公共建筑，B 对；学生宿舍高度不超过 50m，C 错。故本题选 BDE。

4.【答案】AD

【解析】根据《建筑设计防火规范》（GB 50016—2014）（2018 年版）5.1.1 条，医疗建筑超过 24m 属于一类高层公共建筑，A 对；藏书超过 100 万册的图书馆建筑属于一类高层公共建筑，B错；重要公共建筑超过24m，属于一类公共建筑，党政机关办公楼属于重要公共建筑，但不超过24m，C错；大于50m的公共建筑为一类高层公共建筑，D对；超过24m以上部分任一楼层建筑面积大1000m^2商店、展览、电信、邮政、财贸金融建筑及其他多功能组合的建筑为一类高层公共建筑，E错。故本题选AD。

5.【答案】CD

【解析】根据《建筑设计防火规范》（GB 50016—2014）（2018年版）5.1.8条，二级耐火等级建筑内采用不燃材料的吊顶，其耐火极限不限。三级耐火等级的医疗建筑、中小学校的教学建筑、老年人照料设施及托儿所、幼儿园的儿童用房和儿童游乐厅等儿童活动场所的吊顶，应采用不燃材料；当采用难燃材料时，其耐火极限不应低于0.25h。二级和三级耐火等级建筑内门厅、走道的吊顶应采用不燃材料。故本题选CD。

6.【答案】AD

【解析】铝粉厂房的火灾危险性分类为乙类，根据《建筑设计防火规范》（GB 50016—2014）（2018年版）3.3.1条，题中地上7层可判断耐火等级为一级，二级耐火等级的乙类厂房最多只允许6层。根据3.2.9条，甲、乙类厂房和甲、乙、丙类仓库内的防火墙，其耐火极限不应低于4.00h，A错；根据3.2.11条，采用自动喷水灭火系统全保护的一级耐火等级单、多层厂房（仓库）的屋顶承重构件，其耐火极限不应低于1.00h，B对；根据3.2.1条，一级耐火等级建筑的楼板、承重墙和疏散楼梯的耐火极限分别不低于1.50h、3.00h和1.50h，D错，C、E对。故本题选AD。

7.【答案】AC

【解析】根据《建筑设计防火规范》（GB 50016—2014）（2018年版）3.2.4条，使用或储存特殊贵重的机器、仪表、仪器等设备或物品的建筑，其耐火等级不应低于二级，A对；根据3.2.2条，高层厂房，甲、乙类厂房的耐火等级不应低于二级，建筑面积不大于300m^2的独立甲、乙类单层厂房可采用三级耐火等级的建筑；根据3.2.3条，使用或产生丙类液体的厂房和有火花、赤热表面、明火的丁类厂房，其耐火等级均不应低于二级，当为建筑面积不大于500m^2的单层丙类厂房或建筑面积不大于1000m^2的单层丁类厂房时，可采用三级耐火等级的建筑，B错；根据3.2.7条，高架仓库、高层仓库、甲类仓库、多层乙类仓库和储存可燃液体的多层丙类仓库，其耐火等级不应低于二级，C对；根据3.2.5条，锅炉房的耐火等级不应低于二级，当为燃煤锅炉房且锅炉的总蒸发量不大于4t/h时，可采用三级耐火等级的建筑，D错；根据3.2.8条，粮食筒仓的耐火等级不应低于二级；二级耐火等级的粮食筒仓可采用钢板仓。粮食平房仓的耐火等级不应低于三级，E错。故本题选AC。

8.【答案】ABC

【解析】根据《建筑设计防火规范》(GB 50016—2014)(2018 年版)5.1.3 条，地下或半地下建筑(室)和一类高层建筑的耐火等级不应低于一级，单、多层重要公共建筑和二类高层建筑的耐火等级不应低于二级，A、B 对，D 错；根据 5.1.1 条文说明，由于裙房与高层建筑主体是一个整体，为保证安全，除规范对裙房另有规定外，裙房的防火设计要求应与高层建筑主体的一致，如高层建筑主体的耐火等级为一级时，裙房的耐火等级也不应低于一级，防火分区划分、消防设施设置等也要与高层建筑主体一致等。根据 5.1.1 条注 3，"除本规范另有规定外"，是指当裙房与高层建筑主体之间采用防火墙分隔时，可以按本规范第 5.3.1 条、第 5.5.12 条的规定确定裙房的防火分区及安全疏散要求等，C 对；建筑高度为 25m 的重要公共建筑属于一类高层公共建筑，耐火等级不应低于一级，E 错。故本题选 ABC。

第二节　总平面布局与平面布置检查

一、单项选择题(每题的备选项中，只有 1 个最符合题意)

1. 下列关于石油化工储罐区防火设计的说法中，错误的是(　　)。

A. 甲、乙、丙类液体储罐区应布置在城市的边缘或相对独立的安全地带

B. 甲、乙、丙类液体储罐区宜布置在城市全年最小频率风向的上风侧

C. 甲、乙、丙类液体储罐区应与装卸区、辅助生产区及办公区分开布置

D. 甲、乙、丙类液体储罐区宜布置在地势较高的地带

2. 基于城市总体布局的消防安全考虑，对于旧城区中严重影响城市消防安全的企业，要及时纳入改造计划，采取限期迁移或改变生产使用性质等措施。对于一时不能拆除重建的耐火等级低的建筑密集区和棚户区，下列所采取的消防安全措施中，错误的是(　　)。

A. 可划分占地面积不大于 $2500m^2$ 的防火分区

B. 各分区之间留出不小于 6m 的防火通道

C. 各分区之间设置高出建筑屋面不小于 40cm 的防火墙

D. 对于无市政消火栓或消防给水不足、无消防车通道的区域，要结合本区域内给水管道的改建，增设给水管道管径和消火栓，或修建消防蓄水池

3. 对建筑防火间距实地进行测量时，沿建筑周围选择相对较近处测量间距，测量值的允许负偏差不得大于规定值的 5%。下列关于防火间距测量的说法中，错误的是(　　)。

A. 建筑之间的防火间距，从相邻建筑外墙的最近水平距离进行测量，当外墙有凸出的可燃或难燃构件时，从凸出部分的外缘进行测量

B. 建筑与储罐之间的防火间距，按建筑外墙至储罐外壁的最近水平距离测量

C. 建筑与堆场之间的防火间距，按建筑外墙至堆场中堆垛中心的最近水平距离测量

D. 储罐之间的防火间距，从相邻两个储罐外壁的最近水平距离测量

4. 某城市全年最小频率风向为东北风，该市设有二乙胺储罐区，共有3个地上内浮顶储罐，储罐直径分别为10m、15m和20m，单罐容量分别为1500m^3、2000m^{3}和3000m^3，防火堤内不包括储罐占地的净面积为1800m^2。下列描述中，错误的是（　　）。

A. 锅炉房位于二乙胺储罐区西南侧，两者之间的防火间距为55m

B. 二乙胺储罐之间的间距为10m

C. 二乙胺储罐区防火堤高度为1.0m

D. 罐区周围的环形消防车道有3%的坡度，车道上空有架空管道，距车道净空高度为5m

5. 下列关于钢铁冶金企业总平面布局的说法中，正确的是（　　）。

A. 储存车间必须布置在厂区边缘或主要生产车间、职工生活区全年最小频率风向的下风侧

B. 当总容积不超过200000m^{3}时，煤气罐区罐体外壁与围墙的间距不宜小于10.0m

C. 当总容积大于200000m^{3}时，煤气罐区罐体外壁与围墙的间距不宜小于17.0m

D. 不可燃液化气体储罐之间的净距不得小于2.0m

6. 下列关于建（构）筑物之间防火间距的描述中，错误的是（　　）。

A. 建筑物之间的防火间距按相邻建筑外墙的步行距离计算

B. 建筑外墙有凸出的难燃构件，防火间距从其凸出部分外缘算起

C. 建筑物与储罐、堆场的防火间距，为建筑外墙至储罐外壁或堆场中相邻堆垛外缘的最近水平距离

D. 两座二级耐火等级的多层丙类厂房，测量出的防火间距为9.8m

7. 某工业园区新建一座建筑高度为14m的地上3层车辆装配厂房，耐火等级为三级，该厂房与相邻的建筑高度为28m的办公楼之间最小防火间距应为（　　）m。

A. 10　　B. 11　　C. 13　　D. 15

8. 某单层纺织厂房，耐火等级为二级，拟在该厂房东侧新建一座建筑高度32m的办公建筑，则两座建筑之间的防火间距不应小于（　　）m。

A. 15　　B. 20　　C. 13　　D. 25

9. 根据现行国家标准《建筑设计防火规范》（GB 50016），下列关于消防车道设置的说法中，正确的是（　　）。

A. 占地面积为3300m^{2}的商场，应设置环形消防车道

B. 占地面积为3000m^{2}的服装加工厂，应设置环形消防车道

C. 座位数为2800个的会堂，可不设置环形消防车道

D. 建筑高度为25m的厂房，可不设置环形消防车道

10. 下列工业建筑中，应设置环形车道的是（　　）。

A. 地上3层且每层建筑面积均为1200m^{2}的纺织品仓库

B. 地上3层且每层建筑面积均为2800m^{2}的木材加工厂房

C. 占地面积为1600m^{2}的单层丙类仓库

D. 地上3层且占地面积为3500m^{2}的丁类仓库

11. 消防机构在对某多层建筑的环形消防车道进行检查时，获取的下列信息中，正确的是（　　）。

A. 该消防车道的坡度为9%

B. 该消防车道的净宽度和净空高度均为3m

C. 该消防车道共有一处与其他车道连通

D. 该消防车道靠建筑外墙一侧的边缘距离建筑外墙最大为12m

12. 建筑高度为80m的综合楼，下列关于其消防车登高操作场地设置的描述中，正确的是（　　）。

A. 沿建筑周边间隔布置消防车登高面，间隔的距离30m

B. 场地靠建筑外墙一侧的边缘距离建筑外墙7m

C. 场地的长度和宽度分别为15m和10m

D. 场地的坡度为8%

13. 某沿河道边临空建造的建筑高度为38m的酒店，矩形平面尺寸为80m×30m，该酒店的背面和两侧受地理条件限制无法布置消防车道，该酒店的登高操作场地布置在该酒店的正面。该消防车登高操作场地的最小平面尺寸应为（　　）。

A. 15m×10m　　B. 20m×15m　　C. 30m×15m　　D. 80m×10m

14. 某磁带装配厂房，建筑高度22.5m，耐火等级为二级，地上4层，总建筑面积25000m^2，每层建筑面积相同，在第四层靠外墙部位设置一个建筑面积为120m^{2}的成品喷漆工段。下列做法中，正确的是（　　）。

A. 将厂房一层原建筑面积为150m^{2}的办公区改建为3间员工宿舍，并采用防火墙与其他部位分隔

B. 在厂房二层新增4间办公室，该办公区采用耐火极限为2.50h的防火隔墙和1.00h的不燃性楼板与其他部分分隔，并通过相邻车间的封闭楼梯间疏散

C. 容量为4.7m^{3}的丙类润滑油中间储罐，设置在厂房一层的单独房间内，该房间采用防火墙和耐火极限不低于1.50h的不燃性楼板与其他部位分隔，房间门采用甲级防火门

D. 在厂房四层设置一个中间仓库，储存喷漆工段一昼夜生产所需的油漆，该仓库采用耐火极限为2.50h的防火隔墙和1.50h的不燃性楼板与其他部位分隔

15. 某氯丙醇厂房的下列做法中，错误的是（　　）。

A. 厂房内设置员工宿舍，采用防火墙和甲级防火门与生产车间分隔，并设置独立出口

B. 厂房内设置办公室，并采用耐火极限为2.50h的防火隔墙与生产车间分隔

C. 厂房内设置办公室，连通生产车间的门采用乙级防火门

D. 靠外墙设置存放油漆的中间仓库，采用防火墙与生产区分隔，且设置直通室外的出口

16. 对民用建筑的附属用房进行防火检查，下列检查结果中，错误的是（　　）。

A. 住宅建筑地下车库的疏散楼梯与地上部分共用楼梯间，并按规范采取分隔措施

B. 将常压燃油锅炉房设置在高层建筑地下二层，地下一层为设备用房及管理用房

C. 将燃油发电机房设置在剧场建筑的地下二层，地下一层为设备用房及管理用房

D. 将油浸变压器室设置在剧场建筑的地下二层，地下一层为设备用房及管理用房

17. 某综合楼，耐火等级为一级，地上15层，地下2层，首层至九层为培训、娱乐、商业等功能，十层至顶层为普通办公用房，地下为设备用房及管理用房，防火分区划分符合规范要求。该建筑的下列做法中，错误的是（　　）。

A. 消防水泵房设置在地下二层，其室内地面与室外出入口地坪高差为10m

B. 地上六层设有儿童早教培训班，设有独立的安全出口

C. 常压燃气锅炉房布置在屋面上，使用管道天然气做燃料，距离通向屋面的安全出口10m

D. 地上五层为歌舞厅，各厅、室的建筑面积均小于200m²，与其他区域共用安全出口

18. 下列关于人民防空工程内各部位平面布置的描述中，正确的是（　　）。

A. 医院病房布置在地下二层

B. 哺乳室布置在地下一层

C. 超市布置在地下三层

D. 柴油发电机房及其配套的储油间划分在同一个防火分区内

19. 某住宅建筑高度为49m，首层为商业服务网点。下列关于该住宅建筑商业服务网点的说法中，正确的是（　　）。

A. 商业服务网点之间应采用耐火极限应不低于2.50h且无门、窗、洞口的防火隔墙分隔

B. 住宅与商业服务网点之间采用耐火极限不低于2.00h且无门、窗、洞口的防火隔墙和1.50h的不燃性楼板分隔

C. 商业服务网点之间应采用耐火极限不低于3.00h的防火隔墙和1.50h的不燃性楼板分隔

D. 商业服务网点之间应采用无门、窗、洞口的防火隔墙分隔

20. 下列建筑或楼层中，可以开办幼儿园的是（　　）。

A. 三级耐火等级的多层住宅建筑的地上三层

B. 耐火等级为一级的高层办公楼裙房的地上四层

C. 耐火等级为一级的多层综合楼的地下一层

D. 建筑面积为600m²，且安全疏散和消防设施满足要求的单层木结构建筑

21. 下列场所中，可以设置在地下二层的是（　　）。

A. 常压燃油锅炉房　　B. 变压器室

C. 老年人照料设施　　D. 网吧

22. 消防电梯主要用于灭火救援，普通电梯主要用于非火灾时上下通行。当火灾发生时，关于电梯回降到首层后电梯门的状态，说法正确的是（　　）。

A. 电梯回降首层后，普通电梯门关门，消防电梯门关门

B. 电梯回降首层后，普通电梯门开门，消防电梯门开门

C. 电梯回降首层后，普通电梯门关门，消防电梯门开门

D. 电梯回降首层后，普通电梯门开门，消防电梯门关门

二、多项选择题（每题的备选项中有 2 个或 2 个以上符合题意。错选、漏选不得分；少选，所选的每个选项得 0.5 分）

1. 下列有关石油化工企业总平面布局的描述中，正确的有（ ）。

A. 厂区主要出入口有三个，设置在不同方位

B. 石油化工企业内的道路采用双车道

C. 可能散发可燃气体的工艺装置、罐组、装卸区布置在窝风地带

D. 工艺装置区，液化烃储罐区、可燃液体的储罐区、装卸区及化学危险品仓库区设置环形消防车通道

E. 消防站的设置位置便于消防车迅速通往工艺装置区和罐区

2. 下列汽车加油加气站中，不应在城市中心建设的有（ ）。

A. 一级加油站　　B. LNG 加油站　　C. CNG 加气母站　　D. 一级加气站

E. 一级加油加气合建站

3. 防火间距是指防止着火建筑在一定时间内引燃相邻建筑，便于消防扑救的间隔距离。当防火间距不足时，可根据具体情况采取一些相应的措施。下列关于防火间距不足所采取措施的说法中，正确的有（ ）。

A. 改变建筑物的生产或使用性质，尽量减少建筑物的火灾危险性

B. 调整生产厂房的部分工艺流程和库房所储存物品的数量

C. 将建筑物的普通外墙改为防火墙

D. 拆除部分耐火等级低、占地面积小、适用性不强且与新建建筑相距 20m 范围内的原有陈旧建筑物

E. 设置独立的防火墙

4. 在对某区域建筑工程总平面布局消防设计图进行审查时，获取的下列信息中，正确的有（ ）。

A. 某高层写字楼进深为 5m 的裙房，与某三级耐火等级的多层商店建筑之间的防火间距为 9m

B. 两座高层公共建筑，通过底部的建筑物相连，其上部建筑之间的防火间距为 13m

C. 两座相邻的多层公共建筑，耐火等级均为一级，相邻外墙为不燃性墙体且无外露的可燃性屋檐，外墙上未开设门、窗、洞口，其防火间距为 5m

D. 两座高层公共建筑，相邻较高一面外墙为防火墙，其防火间距为 9m

E. 某高层住宅，与三级耐火等级的单层餐饮建筑之间的防火间距为 9m

5. 下列工业建筑中，应设置环形消防车道的有（ ）。

A. 建筑高度 28m 的金属冶炼厂房

B. 占地面积 300m² 的五氧化二磷厂房

C. 总建筑面积 3500m² 的地上 2 层服装加工厂房

D. 占地面积 1500m² 的硫黄仓库

E. 占地面积 1800m^2 的面粉仓库

6. 下列民用建筑中，应设置环形消防车道的场所有（　　）。

A. 2800 个座位的体育馆　　B. 1900 个座位的礼堂

C. 总建筑面积 4000m^2 的地上 2 层商店　　D. 占地面积 3200m^2 的单层展览馆

E. 建筑高度 25m 的办公楼

7. 下列有关消防车道防火检查的说法中，正确的有（　　）。

A. 消防车道与厂房（仓库）、民用建筑之间不得设置妨碍消防车作业的树木、架空管线等障碍物

B. 选择车道路面相对较窄部位以及车道 4.0m 净空高度内两侧突出物的最近距离处进行测量，以最大宽度确定为消防车通道宽度

C. 选择消防车通道正上方距车道相对较高的突出物进行测量，以突出物与车道的垂直高度确定为消防车道净高

D. 不规则回车场以消防车可以利用场地的内接正方形为回车场地或根据实际设置情况进行消防车通行试验，满足消防车回车的要求

E. 消防车道宽度和高度测量值的允许正偏差不得大于规定值的 5%，且不影响正常使用

8. 一座建筑高度为 55m 的写字楼，矩形平面尺寸为 55m×25m，下列关于该建筑消防救援设施设置的说法中，错误的有（　　）。

A. 可沿该建筑南侧长边间隔 25m 布置消防车登高操作场地

B. 该建筑的灭火救援窗口的间距不宜大于 30m，且每个防火分区不应少于 2 个

C. 该建筑的消防登高操作场地不应小于 55m×10m

D. 救援场地的坡度不宜大于 8%

E. 消防救援窗口的净高度和净宽度均不应小于 1.0m

9. 对民用建筑进行防火检查时，特殊功能场所不应设置在地下或半地下，且不应该设置在地上四层及四层以上楼层的有（　　）。

A. 托儿所、幼儿园的儿童用房　　B. 医院的住院部分

C. 疗养院的住院部分　　D. 儿童游乐厅等儿童活动场所

E. 老年人公共活动用房

10. 对某地下一层人防工程进行消防安全检查，下列检查结果中，错误的有（　　）。

A. 设置了一个排烟机房，并采用防火墙和常闭甲级防火门与其他场所隔开

B. 设置了一个建筑面积为 200m^2 的电子游艺厅，并采用防火隔墙和乙级防火门与其他部位分隔

C. 设置了一个建筑面积为 2000m^2 的超市，并采用防火隔墙和甲级防火门与其他部位分隔

D. 设置了一个建筑面积为 200m^2 的幼儿早教中心，并用防火墙和甲级防火门与其他部位分隔

E. 设置了一个建筑面积为150m^2 的餐厅，其操作间采用液化石油气燃料，并用防火墙和甲级防火门与其他部位分隔

11. 某大型商场，地上5层，地下1层，其中，地上一层为鞋帽区，地上二至四层为服装区，地上五层为餐饮区，地下一层为设备及管理用房。下列关于该商场地下一层设置的场所中，疏散门应直通室外或安全出口的有（　　）。

A. 消防水泵房　　B. 柴油发电机房　　C. 油浸变压器室　　D. 锅炉房

E. 消防控制室

12. 下列（　　）为车库服务的附属建筑可与汽车库、修车库贴邻，但应采用防火墙隔开，并设置直通室外的安全出口。

A. 甲类物品库房贮存量不大于1.0t

B. 乙炔发生器间总安装容量不大于5.0m^3/h

C. 乙炔气瓶库贮存量不超过5个标准钢瓶

D. 非封闭喷漆间不大于1个车位、封闭喷漆间不大于2个车位

E. 充电间和其他甲类生产场所的建筑面积不大于500m^2

答案与解析

一、单项选择题

1.【答案】D

【解析】根据《建筑设计防火规范》（GB 50016—2014）（2018年版）4.1.1条，甲、乙、丙类液体储罐区，液化石油气储罐区，可燃、助燃气体储罐区和可燃材料堆场等，应布置在城市（区域）的边缘或相对独立的安全地带，并宜布置在城市（区域）全年最小频率风向的上风侧。甲、乙、丙类液体储罐（区）宜布置在地势较低的地带。当布置在地势较高的地带时，应采取安全防护设施。液化石油气储罐（区）宜布置在地势平坦、开阔等不易积存液化石油气的地带。根据4.1.4条，甲、乙、丙类液体储罐区，液化石油气储罐区，可燃、助燃气体储罐区和可燃材料堆场，应与装卸区、辅助生产区及办公区分开布置。故本题选D。

2.【答案】C

【解析】对于旧城区中严重影响城市消防安全的企业，要及时纳入改造计划，采取限期迁移或改变生产使用性质等措施。对于耐火等级低的建筑密集区和棚户区，要结合改造工程，拆除一些破旧房屋，建造一、二级耐火等级的建筑；对一时不能拆除重建的，可划分占地面积不大于2500m^2 的防火分区，各分区之间留出不小于6m的防火通道或设置高出建筑屋面不小于50cm的防火墙。对于无市政消火栓或消防给水不足、无消防车通道的区域，要结合本区域内给水管道的改建，增加给水管道管径和消火栓，或根据具体条件修建容量为100～200m^3 的消防水池。故本题选C。

3.【答案】C

【解析】建筑与堆场之间的防火间距按建筑外墙至堆场中相邻堆垛外缘的最近水平距离测量。故本题选C。

4.【答案】C

【解析】根据《石油化工企业设计防火标准》（GB 50160—2008）（2018年版）4.2.2条，可能散发可燃气体的工艺装置、罐组、装卸区或全厂性污水处理场等设施宜布置在人员集中场所及明火或散发火花地点的全年最小频率风向的上风侧。根据《建筑设计防火规范》（GB 50016—2014）（2018年版）4.2.1条，甲、乙、丙类液体的固定顶储罐区或半露天堆场，与明火或散发火花地点的防火间距应按本表有关四级耐火等级建筑物的规定增加25%，二乙胺属于甲类液体，与四级耐火等级建筑物之间的防火间距不应小于40m，与锅炉房之间的防火间距不应小于40×1.25=50（m），A对；根据4.2.2条，甲、乙液体储罐之间，当为浮顶储罐时，其防火间距不应小于0.4D，即0.4×20=8（m），B对；根据4.2.5条，防火堤的有效容量不应小于其中最大储罐的容量。对于浮顶罐，防火堤的有效容量可为其中最大储罐容量的一半。防火堤的设计高度应比计算高度高出0.2m，且应为1.0~2.2m。该储罐区防火堤的高度应为（3000÷2÷1800）+0.2≈1.04（m），C错；根据7.1.8条，车道的净宽度和净空高度均不应小于4.0m，坡度不宜大于8%，D对。故本题选C。

5.【答案】D

【解析】储存或使用甲、乙、丙类液体，可燃气体，明火或散发火花以及产生大量烟气、粉尘、有毒有害气体的车间，必须布置在厂区边缘或主要生产车间、职工生活区全年最小频率风向的上风侧，A错；当总容积不超过200000m^{3}时，煤气罐区罐体外壁与围墙的间距不宜小于15.0m，当总容积大于200000m^{3}时，不宜小于18.0m，B、C错。故本题选D。

6.【答案】A

【解析】建筑物之间的防火间距按相邻建筑外墙的最近水平距离计算，当外墙有凸出的可燃或难燃构件时，从其凸出部分外缘算起。建筑物与储罐、堆场的防火间距，为建筑外墙至储罐外壁或堆场中相邻堆垛外缘的最近水平距离，测量值的允许负偏差不得大于规定值的5%，丙类厂房之间不应小于10m，9.8>10×0.95，所以D对。故本题选A。

7.【答案】B

【解析】根据《建筑设计防火规范》（GB 50016—2014）（2018年版）3.4.1条注1，单多层戊类厂房与民用建筑的防火间距可将戊类厂房等同于民用建筑按本规范5.2.2条规定执行。题中车辆装配厂房属于多层戊类厂房（三级），可按照民用建筑防火间距执行。根据5.2.2条，查表可知，其与高层办公楼防火间距不应小于11m。故本题选B。

8.【答案】A

【解析】二级耐火等级厂房丙类单层与二类高层民用建筑的防火间距不应小于15m

（注意：此题不能用配套用书《注册消防工程师资格考试（2019 年版）考点巧记》内的公式去计算）。故本题选 A。

9.【答案】A

【解析】根据《建筑设计防火规范》（GB 50016—2014）（2018 年版）7.1.2 条及 7.1.3 条，占地面积大于3000m^2 的商店建筑、展览建筑等单、多层公共建筑，消防车道的设置形式为环形，A 对；占地面积大于3000m^2 的甲、乙、丙类厂房，消防车道的设置形式为环形，B 错；超过 3000 个座位的体育馆，超过 2000 个座位的会堂，消防车道的设置形式为环形，C 错；对于高层厂房，消防车道的设置形式为环形，D 错。故本题选 A。

10.【答案】C

【解析】高层厂房，占地面积大于 3000m^2 的甲、乙、丙类厂房和占地面积大于 1500m^2 的乙、丙类仓库，应设置环形消防车道，确有困难时，应沿建筑物的两个长边设置消防车道。故本题选 C。

11.【答案】D

【解析】消防车道的坡度不宜大于8%，A 错；车道的净宽度和净空高度均不应小于 4.0m，B 错；环形消防车道至少应有两处与其他车道连通，C 错；消防车道靠建筑外墙一侧的边缘距离建筑外墙不宜小于 5m，D 对。故本题选 D。

12.【答案】B

【解析】建筑高度不大于 50m 的建筑，连续布置消防车登高操作场地有困难时，可间隔布置，但间隔距离不宜大于 30m，A 错；为方便布置，登高场地距建筑外墙不宜小于 5m，且不应大于 10m，B 对；对于建筑高度大于 50m 的建筑，操作场地的长度和宽度分别不应小于 20m × 10m，且场地的坡度不宜大于 3%，C、D 错。故本题选 B。

13.【答案】D

【解析】消防车登高操作场地应符合，场地的长度和宽度分别不应小于 15m 和 10m。对于建筑高度大于 50m 的建筑，场地的长度和宽度分别不应小于 20m 和 10m。此建筑临河建造，消防车道沿建筑的一个长边设置，但该建筑立面为消防登高操作面。根据《建筑设计防火规范》（GB 50016—2014）（2018 年版）7.2.1 条，高层建筑应至少沿一个长边或周边长度的 1/4 且不小于一个长边长度的底边连续布置消防车登高操作场地。故本题选 D。

14.【答案】C

【解析】根据《建筑设计防火规范》（GB 50016—2014）（2018 年版）3.3.5 条，员工宿舍严禁设置在厂房内，A 错；根据 3.3.5 条，办公室、休息室设置在丙类厂房内时，应采用耐火极限不低于 2.50h 的防火隔墙和 1.00h 的楼板与其他部位分隔，并应至少设置 1 个独立的安全出口选项应通过独立设置的安全出口疏散而不是通过相邻车间进行疏散，B 错；根据 3.3.7 条，厂房内的丙类液体中间储罐应设置在单独房间内，其容量不应大于5m^3，设置中间储罐的房间，应采用耐火极限不低于3.00h的防火隔墙和1.50h的楼板与其他部位分隔，房间门应采用甲级防火门，C对；根据3.3.6条，厂房内设置甲类中间仓库时，其储量不宜超过1昼夜的需要量，并应采用防火墙和耐火极限不低于1.50h的不燃性楼板与其他部位分隔，D选项中间仓库存储油漆，油漆的火灾危险性属于甲类，故应采用防火墙和耐火极限不低于1.50h的不燃性楼板与其他部位分隔，D错。故本题选C。

15.【答案】A

【解析】根据《建筑设计防火规范》（GB 50016—2014）（2018年版）3.1.1条文说明，氯丙醇厂房的火灾危险性属于乙类。根据3.3.5条，员工宿舍严禁设置在厂房内，A错。故本题选A。

16.【答案】D

【解析】根据《建筑设计防火规范》（GB 50016—2014）（2018年版）5.4.10条及6.4.4条，A对；根据5.4.12条，燃油或燃气锅炉房、变压器室应设置在首层或地下一层的靠外墙部位，但常（负）压燃油或燃气锅炉可设置在地下二层或屋顶上，B对，D错；根据5.4.13条，柴油发电机房布置在民用建筑内宜布置在首层或地下一、二层，C对。故本题选D。

17.【答案】B

【解析】根据《建筑设计防火规范》（GB 50016—2014）（2018年版）8.1.6条，附设在建筑内的消防水泵房，不应设置在地下三层及以下或室内地面与室外出入口地坪高差大于10m的地下楼层，A对；根据5.4.4条，托儿所、幼儿园的儿童用房和儿童游乐厅等儿童活动场所宜设置在独立的建筑内，且不应设置在地下或半地下；当采用一、二级耐火等级的建筑时，不应超过3层；确需设置在一、二级耐火等级的建筑内时，应布置在首层、二层或三层，B错；根据5.4.12条，燃油或燃气锅炉房、变压器室应设置在首层或地下一层的靠外墙部位，但常（负）压燃油或燃气锅炉可设置在地下二层或屋顶上。设置在屋顶上的常（负）压燃气锅炉，距离通向屋面的安全出口不应小于6m，C对；根据5.4.9条，歌舞厅、录像厅、夜总会、卡拉OK厅（含具有卡拉OK功能的餐厅）、游艺厅（含电子游艺厅）、桑拿浴室（不包括洗浴部分）、网吧等歌舞娱乐放映游艺场所（不含剧场、电影院），确需布置在地下或四层及以上楼层时，一个厅、室的建筑面积不应大于200m^2，D对。故本题选B。

18.【答案】D

【解析】根据《人民防空工程设计防火规范》（GB 50098—2009）4.1.1条，医院病房及歌舞娱乐放映游艺场所不应设置在地下二层及以下层，A错。哺乳室不应设置在人防工程内，B错。地下商店营业厅不应设置在地下三层及三层以下，C错。与柴油发电机房或锅炉房配套的水泵间、风机房、储油间等，应与柴油发电机房或锅炉房一起划分为一个防火分区，D对。故本题选D。

19.【答案】B

【解析】商业服务网点之间应采用耐火极限不低于2.00h且无门、窗、洞口的防火隔墙分隔，A、C、D错；住宅与商业服务网点之间采用耐火极限不低于2.00h且无门、窗、洞口的防火隔墙和1.50h的不燃性楼板，B对。故本题选B。

20.【答案】D

【解析】根据《建筑设计防火规范》（GB 50016—2014）（2018年版）5.4.4条，托儿所、幼儿园的儿童用房和儿童游乐厅等儿童活动场所宜设置在独立的建筑内，且不应设置在地下或半地下，C错；当采用一、二级耐火等级的建筑时，不应超过3层；采用三级耐火等级的建筑时，不应超过2层；采用四级耐火等级的建筑时，应为单层；确需设置在其他民用建筑内时，应符合下列规定：设置在一、二级耐火等级的建筑内时，应布置在首层、二层或三层，B错；设置在三级耐火等级的建筑内时，应布置在首层或二层，A错；设置在四级耐火等级的建筑内时，应布置在首层；设置在高层建筑内时，应设置独立的安全出口和疏散楼梯；设置在单、多层建筑内时，宜设置独立的安全出口和疏散楼梯。故本题选D。

21.【答案】A

【解析】燃油或燃气锅炉房、变压器室应设置在首层或地下一层的靠外墙部位，但常（负）压燃油或燃气锅炉可设置在地下二层或屋顶上，A对，B错；当老年人照料设施中的老年人公共活动用房、康复与医疗用房设置在地下、半地下时，应设置在地下一层，每间用房的建筑面积不应大于200m^{2}且使用人数不应大于30人，C错；歌舞娱乐游艺场所不得布置在地下二层及以下楼层，D错。故本题选A。

22.【答案】B

【解析】根据《消防控制室通用技术要求》（GB 25506—2010）5.3.10条，对电梯的控制和显示应符合下列要求：（1）应能控制所有电梯全部回降首层，非消防电梯应开门停用，消防电梯应开门待用，并显示反馈信号及消防电梯运行时所在楼层；（2）应能显示消防电梯的故障状态和停用状态。故该题选B。

二、多项选择题

1.【答案】ABDE

【解析】可能散发可燃气体的工艺装置、罐组、装卸区或全厂性污水处理场等设施在山区或丘陵地区，需避免布置在窝风地带，C错。故本题选ABDE。

2.【答案】ACDE

【解析】汽车加油、加气站远离人员集中的场所、重要的公共建筑。一级加油站、一级加气站、一级加油加气合建站和CNG加气母站应设置在城市建成区和中心区域以外的区域。故本题选ACDE。

3.【答案】ABCE

【解析】拆除部分耐火等级低、占地面积小、适用性不强且与新建建筑相邻的原有陈旧建筑物。故本题选 ABCE。

4.【答案】ABCD

【解析】一级耐火等级的裙房与三级耐火等级的多层建筑之间的防火间距不应小于 7m，A 对；两座高层民用建筑之间的防火间距不应小于 13m，相邻建筑通过连廊、天桥或底部的建筑物等连接时，其间距不应小于 13m，B 对；符合减少 25% 的规定，防火间距不应小于 6×（1-0.25）=4.5（m），C 对；符合防火间距不限的规定，D 对；高层民用建筑与三级耐火等级单层建筑之间的防火间距不应小于 11m，E 错。故本题选 ABCD。

5.【答案】ACE

【解析】对于高层厂房，占地面积大于 $3000m^2$ 的甲、乙、丙类厂房和占地面积大于 $1500m^2$ 的乙、丙类仓库，消防车道的设置形式应为环形，故本题选 ACE。

6.【答案】DE

【解析】高层民用建筑，超过 3000 个座位的体育馆，超过 2000 个座位的会堂，占地面积大于 $3000m^2$ 的商店建筑、展览建筑等单、多层公共建筑应设置环形消防车道。故本题选 DE。

7.【答案】ADE

【解析】选择车道路面相对较窄部位以及车道 4.0m 净空高度内两侧突出物的最近距离处进行测量，将最小宽度确定为消防车道宽度。宽度测量值的允许负偏差不大于规定值的 5%，且不影响正常使用，B 错；选择消防车道正上方距车道相对较低的突出物进行测量，将突出物与车道的垂直高度确定为消防车道净高，高度测量值的允许负偏差不大于规定值的 5%，C 错，E 对。故本题选 ADE。

8.【答案】ABD

【解析】建筑高度不大于 50m 的建筑，连续布置消防车登高操作场地有困难时，可间隔布置，但间隔距离不宜大于 30m，且消防车登高操作场地的总长度仍应符合上述规定，A 错。该建筑的灭火救援窗口的间距不宜大于 20m，且每个防火分区不应少于 2 个，B 错。该建筑的消防等高操作场地不应小于 65m×10m，不小于一个长边，C 对。场地的坡度不宜大于 3%，D 错。救援窗窗口的净高度和净宽度均不应小于 1.0m，E 对。故本题选 ABD。

9.【答案】AD

【解析】根据《建筑设计防火规范》（GB 50016—2014）（2018 年版）5.4.4 条，托儿所、幼儿园的儿童用房和儿童游乐厅等儿童活动场所宜设置在独立的建筑内，且不应设置在地下或半地下；当采用一、二级耐火等级的建筑时，不应超过 3 层；采用三级耐火等级的建筑时，不应超过 2 层；采用四级耐火等级的建筑时，应为单层；确需设置在其他民用建筑内时，应符合下列规定：（1）设置在一、二级耐火等级的建筑内时，应布置在首层、二层或三层；（2）设置在三级耐火等级的建筑内时，应布置在首层或二层；（3）设置在四级耐火等级的建筑内时，应布置在首层；(4) 设置在高层建筑内时，应设置独立的安全出口和疏散楼梯；(5) 设置在单、多层建筑内时，宜设置独立的安全出口和疏散楼梯。根据5.4.4B条，老年人照料设施中的老年人公共活动用房、康复与医疗用房设置在地上四层及以上时，每间用房的建筑面积不应大于200m^2 且使用人数不应大于30人。根据5.4.5条，医院和疗养院的住院部分不应设置在地下或半地下。医院和疗养院的住院部分采用三级耐火等级建筑时，不应超过2层；采用四级耐火等级建筑时，应为单层。故本题选AD。

10.【答案】DE

【解析】根据《人民防空工程设计防火规范》(GB 50098—2009) 4.2.4条，排烟机房应采用耐火极限不低于2.00h的隔墙和1.50h的楼板与其他场所隔开，隔墙上应设置常闭的甲级防火门，A对。根据4.2.4条，设在地下一层的歌舞娱乐放映游艺场所，一个厅、室的建筑面积不应大于200m^2，隔墙上应设置不低于乙级的防火门，B对。根据3.1.6条，当地下商店总建筑面积大于20000m^2 时，应采用防火墙进行分隔，且防火墙上不得开设门窗洞口，相邻区域确需局部连通时，应采取可靠的防火分隔，C对。根据3.1.3条，人防工程内不应设置哺乳室、托儿所、幼儿园、游乐厅等儿童活动场所和残疾人员活动场所，D错。根据3.1.2条，人防工程内不得使用和储存液化石油气、相对密度（与空气密度比值）大于或等于0.75的可燃气体和闪点小于60℃的液体燃料，E错。故本题选DE。

11.【答案】AE

【解析】所有选项均应设置直通室外或安全出口的疏散门，但是柴油发电机房、油浸变压器室、锅炉房不得布置在人员密集场所的上一层、下一层或贴邻。故本题选AE。

12.【答案】ABCD

【解析】根据《汽车库、修车库、停车场设计防火规范》(GB 50067—2014) 4.1.7条，充电间和其他建筑面积不大于200m^2 的甲类生产场所可与汽车库、修车库贴邻，E错。故本题选ABCD。

第三节 防火防烟分区检查

一、单项选择题（每题的备选项中，只有1个最符合题意）

1. 下列因素中，不影响防火分区的建筑面积划分的是（ ）。

A. 使用性质　B. 耐火等级　C. 防火间距　D. 建筑高度

2. 下列关于防火分区的说法中，错误的是（ ）。

A. 建筑内局部设有气体灭火系统，防火分区的最大允许建筑面积不能增加

B. 建筑内首层至地上三层设置自动扶梯，防火分区的建筑面积应按连通3个楼层的建筑面积叠加计算

C. 错层式汽车库上下连通层的建筑面积应叠加计算，防火分区的最大允许建筑面积

可增加1倍

D. 人防工程中的水泵房、污水泵房、水池、厕所等无可燃物的房间面积可不计入防火分区面积

3. 某地上3层内廊式办公楼，建筑高度12.5m，三级耐火等级，设置有自动喷水灭火系统，每层建筑面积均为1400m^2，设置2部采用双向弹簧门的封闭式楼梯间，则该办公楼内一个防火分区的最大允许建筑面积为（　　）m^2。

A. 600　　B. 700　　C. 1200　　D. 1400

4. 某百货大楼，地上4层，局部6层，建筑高度36m，总建筑面积28700m^2。下列做法中，错误的是（　　）。

A. 防火墙上的防火门采用向疏散方向开启的平开门，并在关闭后能从任何一侧手动开启

B. 办公区走道上的甲级防火门采用常开防火门，在火灾情况下能自行关闭并反馈信号

C. 变形缝附近的防火门设置在六层建筑一侧

D. 因消防电梯前室的门洞尺寸较大，防火门安装和使用不便，采用防火卷帘代替

5. 某建筑高度为52m的综合楼，地上一、二层为商店营业厅和电子游戏厅，地上三层及以上楼层为宾馆和办公室，地下一层为设备用房和管理用房，地下二层为汽车库，该建筑按国家有关工程建设消防技术标准配置了消防设施和器材。下列关于该建筑防火分区面积的说法中，错误的是（　　）。

A. 电子游戏厅，防火分区最大允许建筑面积为3000m^2

B. 设备用房，防火分区最大允许建筑面积为2000m^2

C. 汽车库，防火分区最大允许建筑面积为2000m^2

D. 商店营业厅，防火分区最大允许建筑面积为3000m^2

6. 建筑高度为25m的综合楼，首层为商场，地上其余楼层均办公。商场总建筑面积为11000m^2，设置有自动喷水灭火系统和火灾自动报警系统，采用难燃装修材料进行装修，该商场至少应划分（　　）个防火分区。

A. 1　　B. 2　　C. 3　　D. 4

7. 某综合楼，建筑高度为33m，耐火等级为一级，地上10层，地下2层。地上一至二层为商场，三层至十层为办公区域，地下为汽车库、设备和管理用房，建筑内按国家有关工程建设消防技术标准配置了消防设施和器材，且商场采用了不燃材料（局部难燃材料）进行装修。该建筑内商场和汽车库防火分区的最大允许建筑面积分别为（　　）m^2。

A. 3000，4000　　B. 4000，4000　　C. 4000，5000　　D. 5000，5000

8. 消防机构对某高层商场建筑内的中庭进行检查，下列检查结果中，错误的是（　　）。

A. 中庭设置了排烟设施

B. 中庭回廊设置了自动喷水灭火系统，未设置火灾自动报警系统

C. 中庭的顶棚采用石膏板进行装修

D. 中庭的地面采用水泥木丝板进行装修

9. 某建筑高度为30m的住宅建筑，下列关于该建筑外墙外立面开口防火措施的描述中，错误的是（　　）。

A. 室内设置自动喷水灭火系统，上下层开口之间采用0.8m的实体墙分隔

B. 采用宽度1.0m的防火挑檐分隔，长度等于开口宽度

C. 相邻户开口之间墙体宽度0.8m，开口之间设置凸出外墙0.5m的隔板

D. 采用耐火完整性1.00h的防火玻璃墙分隔

10. 下列关于防烟分区的说法中，错误的是（　　）。

A. 防火隔墙可用来划分防烟分区

B. 防火分区不得跨越防烟分区

C. 不设排烟设施的部位可不划分防烟分区

D. 对于汽车库、修车库，其防烟分区的建筑面积不宜大于2000m^2

11. 某新建地上厂房，室内净空高度8m，具有自然对流条件，则该厂房一个防烟分区的长边最大为（　　）m。

A. 50　　B. 60　　C. 75　　D. 80

12. 某一级耐火等级的地上2层商场，室内空间净高6m，每层建筑面积为4500m^2，每层划分为两个面积相等的防火分区，该商场至少应划分（　　）个防烟分区。

A. 9　　B. 18　　C. 6　　D. 12

13. 下列关于挡烟垂壁检查的说法中，正确的是（　　）。

A. 采用多节垂壁搭接的形式使用时，卷帘式挡烟垂壁的搭接宽度不得小于50mm

B. 测量挡烟垂壁边沿与建筑物结构表面的最小距离不得大于30mm

C. 翻板式挡烟垂壁的运行速度应大于等于0.07m/s，卷帘式挡烟垂壁的运行时间应小于7s

D. 切断系统供电，观察挡烟垂壁是否能自动下降至挡烟工作位置

14. 下列场所关于防烟分区的说法中，错误的是（　　）。

A. 大型商场，建筑高度32m，室内净高均为5.5m，则一个防烟分区建筑面积最大可为800m^2

B. 办公建筑的地下二层汽车库，室内净高为6.5m，则一个防烟分区建筑面积最大可为1800m^2

C. 公司办公楼，建筑高度42m，室内净高均为3.0m，则一个防烟分区建筑面积最大可为650m^2

D. 单层汽车轮毂铸造厂房，室内净高为9.5m，防烟分区未设置挡烟设施

15. 某民用建筑采用防火墙划分防火分区，下列防火墙设置的描述中，错误的是（　　）。

A. 防火墙从某建筑首层非承重外墙基层隔断至顶层屋顶基层，耐火极限为4.00h

B. 防火墙直接采用加气混凝土砌块砌筑，耐火极限为4.00h

C. 防火墙直接设置在某建筑地上二层耐火极限为4.00h的框架梁上

D. 防火墙上设置常开的甲级防火门，但火灾时能够自行关闭

16. 钢质防火门门框内充填水泥砂浆，门框与墙体采用预埋钢件或膨胀螺栓等连接牢固，固定点间距不宜大于（　　）mm。防火门门扇与门框的搭接尺寸不小于（　　）mm。

A. 600，12　　B. 500，12

C. 800，20　　D. 600，20

17. 排烟防火阀是安装在排烟系统管道上起隔烟、阻火作用的阀门。它在一定时间内能满足耐火稳定性和耐火完整性的要求，具有手动和自动功能。当管道内的烟气达到（　　）℃时排烟阀门自动关闭。

A. 70　　B. 130　　C. 260　　D. 280

18. 下列关于防火阀设置的描述中，正确的是（　　）。

A. 风管穿越防火分隔处的变形缝至少一侧应安装防火阀

B. 公共建筑内厨房的排油烟管道与竖向排风管连接的支管处应设置公称动作温度为150℃的防火阀

C. 公共建筑的浴室、卫生间和厨房的竖向排风管，采取防止回流措施并宜在支管上设置公称动作温度为150℃防火阀

D. 当建筑内每个防火分区的通风、空气调节系统均独立设置时，水平风管与竖向总管的交接处应设置防火阀

19. 下列关于防火隔间设置的说法中，错误的是（　　）。

A. 防火隔间的使用面积不应小于6.0m²

B. 防火隔间的墙应采用耐火极限不低于3.00h的防火隔墙，门应采用甲级防火门，不同防火分区通向防火隔间的门的最小间距不应小于4m

C. 防火隔间内部装修材料的燃烧性能均应为A级

D. 防火隔间只能用于人员通行，不得用于其他用途

20. 某地下商场采用防火卷帘分隔，分隔部位长度为21m，则防火卷帘最长为（　　）m。

A. 7　　B. 20　　C. 21　　D. 10

21. 活动式防火窗在温控释放装置动作启动后（　　）s内应能自动关闭。

A. 30　　B. 10　　C. 60　　D. 90

二、多项选择题（每题的备选项中有2个或2个以上符合题意。错选、漏选不得分；少选，所选的每个选项得0.5分）

1. 下列关于防火分区面积确定的说法中，正确的有（　　）。

A. 民用建筑检查时，应根据建筑物耐火等级和建筑高度确定每个防火分区的最大允许建筑面积

B. 敞开式汽车库上下连通层防火分区面积需要叠加计算，最大允许建筑面积可按常规增加一倍

C. 建筑内设有自动灭火系统时，防火分区最大允许建筑面积可按常规增加2倍

D. 人防工程内，保龄球馆的球道区面积应计入保龄球馆的防火分区面积

E. 避难走道面积可不计入防火分区面积

2. 某商业中心通过有顶棚的步行街连接，步行街两侧的建筑均为地上3层，建筑高度均为12m。消防机构对步行街两侧建筑、两侧建筑的商铺、步行街的端部、顶棚及消防设施布置等内容进行检查时，获取下列信息中，错误的有（　　）。

A. 两侧建筑相对面的最近距离为9m

B. 步行街设置挑檐，挑出宽度为1.0m

C. 步行街两侧的商铺，每间建筑面积为300m²，商铺之间采用耐火极限为1.50h的防火隔墙分隔

D. 步行街二三层设置天桥连接，地面面积为2000m²，上部每层开口面积均为740m²

E. 顶棚下檐距地面高度为5m

3. 某商业建筑，建筑高度23.3m，地上标准层每层划分为面积相等的2个防火分区，并采用防火墙分隔，防火分隔部位的宽度为60m。下列关于该商业建筑防火分隔的描述中，正确的有（　　）。

A. 设置两个不可开启的乙级防火窗

B. 设置两樘常闭式乙级防火门

C. 设置总宽度为18m的特级防火卷帘

D. 防火墙从楼地面基层隔断至梁底面基层

E. 通风管道在穿越防火墙处设置一个排烟防火阀

4. 防火墙是防止火灾蔓延至相邻建筑或相邻水平防火分区且耐火极限不低于3.00h的不燃性墙体，是防火分区中常见的固定式防火分隔构件。下列关于防火墙设置的描述中，错误的有（　　）。

A. 可燃气体和甲、乙、丙类液体管道严禁穿过防火墙

B. 防火墙内设置排气道时，应采用防火封堵材料严密封实，且防火墙两侧2m内的风管材料应采用不燃材料

C. 建筑外墙为难燃性或可燃性墙体时，防火墙应凸出墙的外表面不小于0.5m

D. 防火墙的构造应能在防火墙任意一侧的屋架，梁、楼板等受到火灾的影响而破坏时，不会导致防火墙倒塌

E. 防火墙上严禁开设门、窗、洞口

5. 下列关于某民用建筑防火墙、防火卷帘和防火门的检查结果中，错误的有（　　）。

A. 防火墙横截面中心线水平距离天窗端面大于4m，天窗端面为可燃性墙体，无防止火灾蔓延的措施

B. 防火墙内转角两侧为乙类防火门、窗，门、窗最近边缘距离为3.5m

C. 防火墙处的防火卷帘耐火测试，2.00h时背部温升达到极限温度，3.00h时卷帘被烧穿

D. 疏散通道上的防火门在关闭后内外两侧均能手动开启

E. 防火卷帘卷门机依靠防火卷帘自重恒速下降功能测试时，操作臂力为80N

6. 下列关于防火卷帘设置的说法中，错误的有（　）。

A. 防火卷帘应具有火灾时靠自重自动关闭的功能

B. 需在火灾时自动降落的防火卷帘，应具有信号反馈的功能

C. 当防火卷帘的耐火极限仅符合现行国标《门和卷帘的耐火试验方法》（GB/T 7633）有关耐火完整性的判定条件时，可不设置自动喷水灭火系统保护

D. 防火卷帘因结构原因只要求具有防火性能，有防烟要求的场所应采用防火门

E. 用于防火墙处的非隔热型防火卷帘，设置自动喷水灭火系统保护，喷水时间不应小于2.00h

7. 下列关于某建筑内防火阀设置的检查结果中，错误的有（　）。

A. 在防火阀一侧2.0m范围内的风管及其绝热材料采用了不燃材料

B. 在穿越通风、空气调节机房的房间隔墙和楼板处设置了防火阀

C. 在公共建筑的厨房的排油烟管道上设置公称动作温度为70℃的防火阀

D. 在竖向风管与每层水平风管交接处的竖向管段上设置了防火阀

E. 穿越防火分隔处的变形缝两侧设置公称动作温度70℃的防火阀

答案与解析

一、单项选择题

1.【答案】C

【解析】根据《建筑设计防火规范》（GB 50016—2014）（2018年版）5.3.1条，防火分区面积的划分与建筑的性质、耐火等级和建筑高度有关。故本题选C。

2.【答案】A

【解析】根据《建筑设计防火规范》（GB 50016—2014）（2018年版）5.3.1条注1，建筑内设有自动灭火系统时，每层允许最大建筑面积可按常规增加1倍。局部设置时，增加面积可按局部面积增加1倍计算，A错。根据5.3.2条，建筑内设置自动扶梯、敞开楼梯等上、下层相连通的开口时，其防火分区的建筑面积应按上、下层相连通的建筑面积叠加计算，B对。根据《汽车库、修车库、停车场设计防火规范》（GB 50067—2014）5.1.1条，敞开式、错层式、斜楼板式汽车库的上下连通层面积应叠加计算，每个防火分区的最大允许建筑面积不应大于5.1.1条规定的2.0倍，C对。根据现行国家标准《人民防空工程设计防火规范》（GB 50098）4.1.1条，防火分区应在各安全出口处的防火门范围内划分水泵房、污水泵房、水池、厕所、盥洗间等无可燃物的房间，其面积可不计入防火分区的面积之内，D对。故本题选A。

3.【答案】D

【解析】根据《建筑设计防火规范》（GB 50016—2014）（2018 年版）5.3.1 条，对于三级耐火等级的单、多层民用建筑，防火分区最大允许建筑面积为 1200m^2，当建筑内设置自动灭火设施时，可按规定值增加 1.0 倍，即增加至 2400m^2。由于该建筑每层建筑面积均为 1400m^2，故一个防火分区的最大建筑面积为 1400m^2。故本题选 D。

4.【答案】D

【解析】根据《建筑设计防火规范》（GB 50016—2014）（2018 年版）6.5.1 条，除本规范第 6.4.11 条第 4 款的规定外，防火门应能在其内外两侧手动开启，A 对；根据6.5.1 条，设置在建筑内经常有人通行处的防火门宜采用常开防火门，常开防火门应能在火灾时自行关闭，并应具有信号反馈的功能，B 对；设置在建筑变形缝附近时，防火门应设置在楼层较多的一侧，并应保证防火门开启时门扇不跨越变形缝，C 对；根据 7.3.5 条，消防电梯前室或合用前室的门应采用乙级防火门，不应设置卷帘，D 错。本题答案为 D。

5.【答案】C

【解析】该建筑为一类高层公共建筑，耐火等级为一级，地上每个防火分区面积最大为 1500m^2；地下设备用房防火分区最大允许建筑面积为 1000m^2；设置自动喷水灭火系统，防火分区面积扩大一倍；一、二级耐火等级的地下汽车库，防火分区最大允许建筑面积为 2000m^2，设自喷为 4000m^2，C 错。故本题选 C。

6.【答案】C

【解析】一、二级耐火等级建筑内的商店营业厅、展览厅，当设置自动灭火系统和火灾自动报警系统并采用不燃或难燃装修材料时，其每个防火分区的最大允许建筑面积应符合下列规定：（1）设置在高层建筑内时，不应大于 4000m^2；（2）设置在单层建筑或仅设置在多层建筑的首层内时，不应大于 10000m^2；（3）设置在地下或半地下时，不应大于 2000m^2。本题中，商场设置在高层建筑的首层，因此一个防火分区最大允许建筑面积是 4000m^2，防火分区个数为 $11000 \div 4000 = 2.75$（个），进位取整即 3 个。故本题选 C。

7.【答案】B

【解析】一、二级耐火等级的商店营业厅、展览厅，当设置自动灭火系统和火灾自动报警系统并采用不燃或难燃材料装修时，设置在高层建筑内时，不应大于 4000m^2，一、二级耐火等级的地下汽车库、多层汽车库，每个防火分区面积最大为 2000m^2，设置自喷，每个防火分区的面积不应大于规定的 2 倍。故本题选 B。

8.【答案】B

【解析】高层建筑内的中庭回廊应设置自动喷水灭火系统和火灾自动报警系统，中庭应设置排烟设施，B 错，A 对；建筑内设有上下层相连通的中庭、走马廊、开敞楼梯、自动扶梯时，其连通部位的顶棚、墙面应采用 A 级装修材料，其他部位应采用不低于B_1级的装修材料，石膏板为A级装修材料，水泥木丝板为B_1级装修材料，C、D对。故本题选B。

9.【答案】C

【解析】根据《建筑设计防火规范》（GB 50016—2014）（2018年版）6.2.5条，住宅建筑外墙上相邻户开口之间的墙体宽度不应小于1.0m；小于1.0m时，应在开口之间设置突出外墙不小于0.6m的隔板。故本题选C。

10.【答案】B

【解析】防烟分区不得跨越防火分区，B错。故本题选B。

11.【答案】C

【解析】防烟分区的长边一般不大于60m，当室内高度超过6m且具有自然对流条件时，长边可不大于75m。故本题选C。

12.【答案】D

【解析】该建筑每层划分为两个防火分区，一个防火分区面积为$2250m^2$。根据《建筑防烟排烟系统技术标准》（GB 51251—2017）4.2.4条，该商场内防烟分区最大允许建筑面积为$1000m^2$。防烟分区不应跨越防火分区，每层应至少划分为6个防烟分区，商场共2层即至少12个。故本题选D。

13.【答案】D

【解析】采用多节垂壁搭接的形式使用时，卷帘式挡烟垂壁的搭接宽度不得小于100mm，A错；测量挡烟垂壁边沿与建筑物结构表面的最小距离，此距离不得大于20mm，B错；卷帘式挡烟垂壁的运行速度应大于等于0.07m/s；翻板式挡烟垂壁的运行时间应小于7s，C错；切断系统供电，观察挡烟垂壁是否能自动下降至挡烟工作位置，属于断电测试内容，D对。故本题选D。

14.【答案】C

【解析】根据《建筑防烟排烟系统技术标准》（GB 51251—2017）4.2.4条，因为3m＜室内净高5.5m≤6m，防烟分区最大为$1000m^2$，A对；汽车库、修车库应划分防烟分区，防烟分区的建筑面积不宜大于$2000m^2$，B对；室内净高≤3m时，防烟分区最大为$500m^2$，C错；当空间净高＞9m时，防烟分区之间可不设置挡烟设施，D对。故本题选C。

15.【答案】A

【解析】防火墙是具有不少于3.00h耐火极限的不燃性实体墙。防火墙上不应开设门、窗、洞口，确需开设时，应设置不可开启或火灾时能自行关闭的甲级防火门。A选项不符合防火墙的设置要求，防火墙应直接设置在基础上或框架、梁等承重结构上，框架、梁等承重结构的耐火极限不应低于防火墙的耐火极限，非承重外墙并不是承重结构，A错。故本题选A。

16.【答案】A

【解析】根据《防火卷帘、防火门、防火窗施工及验收规范》（GB 50877—2014）

5.3.8 条，钢质防火门门框内充填水泥砂浆，门框与墙体采用预埋钢件或膨胀螺栓等连接牢固，固定点间距不宜大于600mm。根据5.3.9 条，防火门门扇与门框的搭接尺寸不小于12mm。故本题选 A。

17.【答案】D

【解析】排烟防火阀的公称动作温度为280℃。故本题选 D。

18.【答案】B

【解析】通风、空气调节系统的风管在下列部位应设置公称动作温度为70℃的防火阀：(1) 穿越防火分区处；(2) 穿越通风、空气调节机房的房间隔墙和楼板处；(3) 穿越重要或火灾危险性大的场所的房间隔墙和楼板处；(4) 穿越防火分隔处的变形缝两侧；(5) 竖向风管与每层水平风管交接处的水平管段上。注：当建筑内每个防火分区的通风、空气调节系统均独立设置时，水平风管与竖向总管的交接处可不设置防火阀。公共建筑的浴室、卫生间和厨房的竖向排风管，应采取防止回流措施并宜在支管上设置公称动作温度为70℃的防火阀。公共建筑内厨房的排油烟管道宜按防火分区设置，且在与竖向排风管连接的支管处应设置公称动作温度为150℃的防火阀。故本题选 B。

19.【答案】A

【解析】根据《建筑设计防火规范》(GB 50016—2014)(2018 年版)5.3.5 及6.4.13 条，防火隔间的建筑面积不应小于$6.0m^2$。故本题选 A。

20.【答案】D

【解析】根据《建筑设计防火规范》(GB 50016—2014)(2018 年版)6.5.3 条，除中庭外，当防火分隔部位的宽度不大于30m 时，防火卷帘的宽度不应大于10m；当防火分隔部位的宽度大于30m 时，防火卷帘的宽度不应大于该部位宽度的1/3，且不大于20m。故本题选 D。

21.【答案】C

【解析】活动式防火窗在温控释放装置动作启动后60s 内应能自动关闭。故本题选 C。

二、多项选择题

1.【答案】ABE

【解析】建筑内设有自动灭火系统时，每层允许最大建筑面积可按常规增加1 倍，C 错；人防工程中，溜冰场的冰场、游泳馆的游泳池、射击馆的靶道区、保龄球馆的球道区等，其面积可不计入溜冰场、游泳馆、射击馆、保龄球馆的防火分区面积，D 错。故本题选 ABE。

2.【答案】BCE

【解析】根据《建筑设计防火规范》(GB 50016—2014)(2018 年版)5.3.6 条，当步行街两侧的建筑为多层时，每层面向步行街一侧的商铺需设防止火灾竖向蔓延措施并符合规范的相关规定，如设置回廊或挑檐时，其出挑宽度不应小于1.2m，

B 错；步行街两侧建筑的商铺，每间建筑面积不宜大于$300m^2$，商铺之间设置耐火极限不低于2.00h 的防火隔墙，C 错；顶棚下檐距地面的高度不小于6.0m，E 错。故本题选 BCE。

3.【答案】CD

【解析】根据《建筑设计防火规范》（GB 50016—2014）（2018 年版）6.1.5 条，防火墙上不应开设门、窗、洞口，确需开设时，应设置不可开启或火灾时能自动关闭的甲级防火门、窗，A、B 错；根据6.5.3 条，除另有规定外，防火卷帘的耐火极限不应低于规范对所设置部位墙体的耐火极限要求，C 对；根据6.1.1 条，防火墙应从楼地面基层隔断至梁、楼板或屋面板的底面基层，D 对；排烟防火阀用于排烟管道，通风管道上应是防火阀，E 错。故本题选 CD。

4.【答案】BCE

【解析】根据《建筑设计防火规范》（GB 50016—2014）（2018 年版）6.1.5 条，可燃气体和甲、乙、丙类液体的管道严禁穿过防火墙，A 对；防火墙内不应设置排气道，B 错；防火墙上不应开设门、窗、洞口，确需开设时，应设置不可开启或火灾时能自动关闭的甲级防火门、窗，E 错。根据6.1.1 条，建筑外墙为难燃性或可燃性墙体时，防火墙应凸出墙的外表面0.4m 以上，且防火墙两侧的外墙均应为宽度不小于2.0m 的不燃性墙体，其耐火极限不应低于外墙的耐火极限，C 错；根据6.1.7 条，防火墙的构造应能在防火墙任意一侧的屋架、梁、楼板等受到火灾的影响而被破坏时，不会导致防火墙倒塌，D 对。故本题选 BCE。

5.【答案】CE

【解析】根据《建筑设计防火规范》（GB 50016—2014）（2018 年版）6.1.2 条，防火墙横截面中心线水平距离天窗端面小于4.0m，且天窗端面为可燃性墙体时，应采取防止火势蔓延的措施，A 对；根据6.1.4 条，建筑内的防火墙不宜设置在转角处，确需设置时，内转角两侧墙上的门、窗、洞口之间最近边缘的水平距离不应小于4.0m；采取设置乙级防火窗等防止火灾水平蔓延的措施时，该距离不限，B 对；根据6.5.3 条，防火卷帘的耐火极限不应低于规范对所设置部位墙体的耐火极限要求，这里耐火隔热性失去的时间未达到3.00h 的最低要求，C 错；疏散通道上的防火门应向疏散方向开启，并在关闭后应能从任一侧手动开启，D 对；E 错，防火卷帘卷门机具有依靠防火卷帘自重恒速下降的功能，操作臂力不得大于70N。故本题选 CE。

6.【答案】CDE

【解析】根据《建筑设计防火规范》（GB 50016—2014）（2018 年版）6.5.3 条，防火卷帘应具有火灾时靠自重自动关闭的功能，A 对；在火灾时自动降落的防火卷帘，应具有信号反馈的功能，B 对；当防火卷帘的耐火极限仅符合现行国家标准《门和卷帘耐火试验方法》（GB/T 7633）有关耐火完整性的判定条件时，应设置自动喷水灭火系统保护，C 错；防火卷帘应具有防烟性能，与楼板、梁、墙、柱之间的空隙应采用防火封堵材料封堵，D 错。自动喷水时间不应小于防火分隔要求，用于防火墙处，耐火极限不应小于3.00h，E错。故本题选CDE。

7.【答案】ACD

【解析】根据《建筑设计防火规范》（GB 50016—2014）（2018年版）9.3.13条，在防火阀两侧各2.0m范围内的风管及其绝热材料应采用不燃材料，A错。根据9.3.11条，通风、空气调节系统的风管在下列部位应设置公称动作温度为70℃的防火阀：(1) 穿越防火分区处。(2) 穿越通风、空气调节机房的房间隔墙和楼板处。(3) 穿越重要或火灾危险性大的房间隔墙和楼板处。(4) 穿越防火分隔处的变形缝两侧。(5) 竖向风管与每层水平风管交接处的水平管段上。注：当建筑内每个防火分区的通风、空气调节系统均独立设置时，水平风管与竖向总管的交接处可不设置防火阀；公共建筑的浴室、卫生间和厨房的竖向排风管，应采取防止回流措施并宜在支管上设置公称动作温度为70℃的防火阀，厨房的排油烟管道是动作温度150℃的防火阀，B、E对，C、D错。故本题选ACD。

第四节　安全疏散检查

一、单项选择题（每题的备选项中，只有1个最符合题意）

1. 下列关于民用建筑安全出口间距的说法中，正确的是（　　）。

A. 每个防火分区或一个防火分区的每个楼层，其相邻两个安全出口的最近边缘之间的水平距离不应小于5m

B. 每个防火分区或一个防火分区的每个楼层，其相邻两个安全出口的最远边缘之间的水平距离不应小于5m

C. 每个防火分区或一个防火分区的每个楼层，其相邻两个安全出口的最近边缘之间的水平距离应大于5m

D. 每个防火分区或一个防火分区的每个楼层，其相邻两个安全出口的最远边缘之间的水平距离应大于5m

2. 对某工业区进行消防检查，下列关于安全出口设置的描述中，正确的是（　　）。

A. 硝化棉厂房，每层建筑面积120m^2，同一时间作业人数4人，设置1个安全出口

B. 煤油厂房，每层建筑面积150m^2，同一时间作业人数8人，设置1个安全出口

C. 苯甲酸厂房，每层建筑面积250m^2，同一时间作业人数25人，设置1个安全出口

D. 甲酚厂房，每层建筑面积400m^2，同一时间作业人数30人，设置1个安全出口

3. 下列场所中，可仅设置一个安全出口的是（　　）。

A. 建筑面积180m^2，人数为50人的单层幼儿园

B. 建筑面积150m^2，人数为12人的地下歌舞厅

C. 建筑面积200m^2的地下设备间

D. 建筑高度33m，每个单元任一层建筑面积600m^2，任一户至安全出口距离12m的住宅

4. 安全出口和疏散出口的位置、数量、宽度对于人员安全疏散至关重要。下列厂房、仓库中，可仅设一个安全出口的是（　　）。

A. 地上印刷厂，每层建筑面积180m²，同一时间生产人数30人

B. 地下石棉加工厂房，每层建筑面积100m²，经常停留人数12人

C. 地上食品仓库，占地面积300m²

D. 半地下丝织品仓库，建筑面积200m²

5. 当房间仅设一个疏散门时，下列位于两个安全出口之间或袋形走道两侧的房间，应满足（　　）。

A. 养老院建筑，其建筑面积不大于50m²

B. 办公建筑，其建筑面积不大于150m²

C. 教学建筑，其建筑面积不大于85m²

D. 幼儿园建筑，其建筑面积不大于60m²

6. 某大型商业建筑，地上4层，耐火等级一级。地上一层为服装专柜，地上二层为餐饮，地上三层、四层为影院，地上一层设计疏散人数为1000人，二、三层设计疏散人数均为2200人，四层设计疏散人数为1800人。则该建筑首层疏散外门的最小总净宽度应为（　　）m。

A. 18　　B. 18.75　　C. 22　　D. 25

7. 某高层旅馆，采用双面布房的疏散走道，其净宽度根据疏散人数通过计算确定，并应满足不小于（　　）m的要求。

A. 1.50　　B. 1.40　　C. 1.30　　D. 1.20

8. 某耐火等级二级的综合楼，地上四层为歌舞厅，该层建筑面积为500m²，其中疏散走道建筑面积40m²，卫生间建筑面积为60m²。在消防检查时，歌舞厅疏散门净宽度最低为（　　）m，仍满足疏散要求。

A. 2.50　　B. 2.38　　C. 2.70　　D. 3.00

9. 对建筑内疏散走道净宽度进行消防检查时，获取的下列信息中，错误的是(　　)。

A. 造纸厂，疏散走道的净宽度为1.50m

B. 建筑高度为20m的6层住宅楼，疏散走道的净宽度为0.90m

C. 体育馆观众厅，疏散走道的净宽度1.00m

D. 建筑高度为18m的地上3层商场，疏散走道的净宽度为1.20m

10. 下列对疏散净宽度最低要求的说法中，错误的是（　　）。

A. 同一时间聚集人员较多的公共场所，其疏散门的净宽度不应小于1.20m

B. 厂房内疏散出口的最小净宽度不宜小于0.90m

C. 观众厅内疏散走道的净宽度应按每百人不小于0.60m确定的净宽度计算

D. 办公建筑的门洞口高度不应小于2.10m

11. 根据现行国家标准《建筑设计防火规范》（GB 50016），体育馆观众厅座位的布置，其纵走道之间每排座位不宜超过（　　）个，横走道之间的排数不宜超过

（ ）排。

A. 20，22　　B. 26，20　　C. 22，22　　D. 20，20

12. 下列关于建筑中疏散门及疏散走道净宽度的说法中，错误的是（ ）。

A. 座位数为1200个的电影院，疏散门净宽度不应小于1.40m

B. 甲类厂房，首层疏散外门的净宽度不应小于1.20m

C. 建筑高度24m的办公楼，双面布房的疏散走道净宽度不应小于1.10m

D. 高层医疗建筑，首层疏散外门不应小于1.20m

13. 下列关于公共建筑安全疏散距离的说法中，正确的是（ ）。

A. 建筑内全部设置自动喷水灭火系统时，安全疏散距离可按规定增加20%

B. 建筑内开向敞开式外廊的房间，疏散门至最近安全出口的距离可按规定增加5m

C. 直通疏散走道的房间疏散门至最近敞开楼梯间的距离，当房间位于两个楼梯之间时，按规定减少2m

D. 直通疏散走道的房间疏散门至最近敞开楼梯间的距离，当房间位于袋形走道两侧或尽端时，按规定减少5m

14. 某建筑高度为68m的商业综合体，已按现行有关国家工程建设消防技术标准配置了消防设施及器材。该建筑地上二层有一自助餐厅，餐厅的疏散门不能直通室外，且需要通过疏散走道才能到达最近的安全出口，则餐厅内任一点到最近的安全出口的距离最大为（ ）m。

A. 30　　B. 7.5　　C. 40　　D. 50

15. 某新建小区内建设一所中型幼儿园。该幼儿园建筑地上3层，耐火等级为二级，双面布房，已按现行有关国家工程建设消防技术标准配置了消防设施及器材，建筑内设置的楼梯间仅符合现行国家最低标准。在进行防火检查时，位于两个安全出口之间的房间疏散门至最近安全出口的直线距离不应大于（ ）m。

A. 31.25　　B. 26.25　　C. 25　　D. 27.5

16. 对某医院住院楼进行防火检查时发现，该建筑地上16层，建筑高度为52m，每层建筑面积均为3000m^2，每层划分一个防火分区，建筑内共设置两部防烟楼梯间，两部消防电梯，一部普通电梯。则该建筑地上十二层位于走道尽端的病房门至最近疏散楼梯的距离最大为（ ）m。

A. 12　　B. 15　　C. 24　　D. 30

17. 对建筑进行防火检查，下列关于建筑内疏散门的检查结果中，错误的是（ ）。

A. 多层石棉加工厂房，封闭楼梯间的门采用双向弹簧门

B. 建筑高度为23.4m的办公楼，采用封闭楼梯间，楼梯间的门为双向弹簧门

C. 单层乙炔站，使用人数为5人，设置向内开启的平开门

D. 多层玻璃工艺品存储仓库，首层靠墙的外侧门采用推拉门

18. 某幼儿园建筑，其耐火等级为三级，建筑内设置了自动喷水灭火系统。根据现行国家标准《建筑设计防火规范》（GB 50016），该幼儿园位于两个敞开楼梯间之间的疏散

门至最近安全出口的最大距离为（　　）m。

A. 15　　B. 20　　C. 25　　D. 30

19. 某新建高层综合楼，该综合楼由办公、酒店、夜总会和商业等组成，已按现行有关国家工程建设消防技术标准配置了消防设施及器材。下列关于该建筑内疏散走道的描述中，错误的是（　　）。

A. 夜总会内位于袋型走道两侧的房间门至最近的安全出口的距离为 11m

B. 位于两个安全出口之间的夜总会，疏散门至最近安全出口的距离为 32m

C. 商店营业厅内任一点到该营业厅疏散门的距离为 37m

D. 位于疏散走道尽端的酒店客房的房门至最近的安全出口距离为 18m

20. 某医院门诊楼，地上 5 层，耐火等级三级，建筑高度 20m，已按现行有关国家工程建设消防技术标准配置了消防设施及器材。下列关于对该建筑消防检查时获取的信息中，错误的是（　　）。

A. 吊顶采用难燃性材料，耐火极限 0.25h

B. 采用封闭楼梯间

C. 位于袋形走道两侧的直通疏散走道的疏散门至最近安全出口的直线距离为 20m

D. 首层大厅疏散外门的净宽度 1.40m

21. 某超高层商业楼，建筑高度 178m，层高 3.8m，根据现行国家标准《建筑设计防火规范》（GB 50016），应设置避难层。下列关于该建筑避难层设置的说法中，正确的是（　　）。

A. 该建筑应至少设置 3 个避难层

B. 第一个避难层楼地面到灭火救援场地的高度为 51m

C. 设备间开向避难区的门与避难层区的出入口距离为 5m，并采用乙级防火门

D. 避难层处为了疏散方便，应设置电梯出口

22. 下列关于避难走道设置的说法中，错误的是（　　）。

A. 避难走道防火隔墙的耐火极限不应低于 3.00h，楼板的耐火极限不应低于 1.50h

B. 避难走道直通地面的出口不应少于 2 个，并应设置在不同方向

C. 前室开向避难走道的门应采用甲级防火门，开向前室的门应采用乙级防火门

D. 避难走道内部装修材料的燃烧性能应为 A 级

23. 下列有关下沉式广场的设置中，正确的是（　　）。

A. 不同防火分区通向下沉式广场等室外开敞空间的开口最近边缘之间的水平距离不应小于 13m

B. 为保证人员逃生需要，直通地面的疏散楼梯不应少于 2 部，且间距不应小于 5m

C. 疏散楼梯的总净宽度不得小于任一防火分区通向下沉式广场疏散净宽度之和

D. 防风雨篷不得完全封闭，四周开口部位要均匀布置，开口的面积不得小于室外开敞空间地面面积的 30%

二、多项选择题（每题的备选项中有2个或2个以上符合题意。错选、漏选不得分；少选，所选的每个选项得0.5分）

1. 对公共建筑安全疏散进行检查，下列房间均设置了1个疏散门，其中正确的有（　）。

A. 托儿所内位于走道尽端且建筑面积50m² 的房间，设置1个净宽度1.00m的疏散门

B. 幼儿园内位于袋形走道两侧且建筑面积40m² 的教室，设置1个疏散门

C. 教学建筑内位于两个安全出口之间且建筑面积60m² 的房间，设置1个疏散门

D. 老年人照料设施内位于走道尽端且建筑面积30m² 的房间，设置1个净宽度1.20m的疏散门

E. 医疗建筑内位于走道尽端且建筑面积为200m² 房间，设置1个净宽度1.50m的疏散门

2. 安全疏散距离是安全疏散设计的重要内容，下列关于安全疏散距离设置的说法中，正确的有（　　）。

A. 商业服务网点内任一点至疏散门的距离最远为30m

B. 厂房内设置了自动喷水灭火系统，厂房内任一点至最近安全出口的距离可以增加25%

C. 位于一级耐火等级建筑内走道尽端的网吧，网吧内任一点至疏散门的最近距离为9m

D. 建筑内开向敞开式外廊的房间疏散门至最近安全出口的直线距离可按规定值增加2m

E. 直通疏散走道的房间疏散门至最近敞开楼梯间的直线距离，当房间位于两个敞开楼梯间之间时，其疏散距离应按规定值减少5m

3. 下列建筑内均采用封闭楼梯间作为疏散楼梯，根据现行国家标准《建筑设计防火规范》(GB 50016)，正确的有（　　）。

A. 甲、乙、丙类多层厂房

B. 丁、戊类高层仓库

C. 建筑高度为28m的医疗建筑

D. 地上5层教学楼，与敞开式外廊直接相连的疏散楼梯

E. 建筑高度为33m的办公楼，与电梯井相邻布置的疏散楼梯

4. 疏散楼梯是重要的竖向安全疏散设施。下列关于建筑中设置疏散楼梯的描述中，错误的有（　　）。

A. 某商业建筑，地下三层，室内地面与室外出入口高差10m，设置防烟楼梯间

B. 某建筑高度30m的商住楼，地上一至三层商场部分和上部住宅部分均独立设置封闭楼梯间

C. 某建筑高度33m的商场，位于地上三层的电影院设置独立的封闭楼梯间

D. 某建筑高度60m的办公楼，其裙房（采用设甲级防火门的防火墙与主体分隔）设

置封闭楼梯间

E. 某建筑高度为27m的养老院，设置封闭楼梯间

5. 避难走道是指设置防烟设施且两侧采用防火墙分隔，用于人员安全通行至室外的走道。避难走道和疏散楼梯间的作用类似，疏散时人员只要进入避难走道，就可视为进入安全区域。下列关于避难走道防火检查的描述中，正确的有（　）。

A. 防火分区至避难走道入口处所设防烟前室的使用面积$6m^2$

B. 避难走道的净宽度为任一个防火分区通向避难走道的设计疏散总净宽度

C. 只与一个有直通室外的安全出口的防火分区相通时，只设置一个直通地面的出口

D. 防火分区至避难走道入口处的前室设置防烟设施

E. 前室开向避难走道的门为甲级防火门，开向前室的门为乙级防火门

6. 下列关于医院病房楼内设置避难间的说法中，错误的有（　）。

A. 病房楼二层及以上的病房楼层和洁净手术部应设置避难间

B. 为2个护理单元服务的避难间，其净面积不小于$50m^2$

C. 避难间内共设置有自动喷水灭火系统和消防应急广播两种消防设施

D. 消防电梯独立前室可以兼作避难间，但合用前室不适合

E. 避难间应靠近楼梯间，并应采用耐火极限不低于2.00h的防火隔墙和甲级防火门与其他部位分隔

7. 某办公建筑，建筑高度为190m，共设置3个避难层，消防机构对该建筑内避难层进行检查，下列检查结果中，错误的有（　）。

A. 第一个避难层的楼地面至灭火救援场地地面58m

B. 避难层出入口与管道井和设备间的门的距离4m

C. 避难层的净面积，按$0.2m^2$/人确定

D. 易燃、可燃液体或气体的设备管道区与避难区采用耐火极限3.00h的防火隔墙分隔

E. 避难层内设置了机械排烟设施

8. 某商业中心，地下2层，建筑面积$50000m^2$，设置南、北2个开敞的下沉式广场，下列做法中正确的是（　）。

A. 分割后的购物中心不同区域通向南下沉式广场开口最近边缘的水平距离为12m

B. 南、北下沉式广场各设置1部直通室外地面并满足疏散宽度指标的疏散通道

C. 北下沉式广场上方设雨篷，其开口面积为室外开敞空间地面面积的20%

D. 下沉式广场设置商业零售点，但不影响人员疏散

E. 开口设置百叶时，百叶的有效排烟面积为百叶通风口面积的60%

9. 建筑内（　）部位应设备用照明，其作业面的最低照度不应低于正常照明的照度。

A. 消防控制室　　B. 自备发电机房　　C. 配电室　　D. 排烟机房

E. 值班室

答案与解析

一、单项选择题

1.【答案】A

【解析】根据《建筑设计防火规范》(GB 50016—2014)(2018年版)5.5.2条，建筑内的安全出口和疏散门应分散布置，且建筑内每个防火分区或一个防火分区的每个楼层、每个住宅单元每层相邻两个安全出口以及每个房间相邻两个疏散门最近边缘之间的水平距离不应小于5m。故本题选A。

2.【答案】B

【解析】根据《建筑设计防火规范》(GB 50016—2014)(2018年版)3.1.1条文说明及3.7.2条，青霉素厂房为甲类厂房，每层建筑面积不大于100m^2，且同一时间作业人数不超过5人时，可设置1个安全出口，A错。煤油、甲酚厂房为乙类厂房，每层建筑面积不大于150m^2，且同一时间作业人数不超过10人时，可设置1个安全出口，B对、D错。苯甲酸厂房为丙类厂房，每层建筑面积不大于250m^2，且同一时间作业人数不超过20人时，可设置1个安全出口，C错。故本题选B。

3.【答案】C

【解析】根据《建筑设计防火规范》(GB 50016—2014)(2018年版)5.5.8条，单层幼儿园必须设置两个安全出口，A错；根据5.5.15条，歌舞娱乐放映游艺场所内建筑面积不大于50m^2且经常停留人数不超过15人的厅、室，可以设一个安全出口，B错。根据5.5.25条，建筑高度大于27m且不大于54m的建筑，当每个单元任一层的建筑面积大于650m^2，或任一户门至最近安全出口的距离大于10m时，每个单元每层的安全出口不应少于2个，D错。故本题选C。

4.【答案】C

【解析】根据《建筑设计防火规范》(GB 50016—2014)(2018年版)3.7.2条，印刷厂属丙类厂房，要满足建筑面积不大于250m^2，同一时间生产人数不超20人才可设置一个安全出口，A错。地下厂房要满足每层建筑面积不大于50m^2，同一时间生产作业人数不超15人才可设置一个安全出口，B错。根据3.8.2条，地下或半地下仓库(包括地下或半地下室)建筑面积不大于100m^2，可以设置一个安全出口，D错。故本题选C。

5.【答案】A

【解析】根据《建筑设计防火规范》(GB 50016—2014)(2018年版)5.5.15条，当房间仅设一个疏散门时，位于两个安全出口之间或袋形走道两侧的房间，对于托儿所、幼儿园、老年人照料设施，建筑面积不大于50m^2；对于医疗建筑、教学建筑，建筑面积不大于75m^2；对于其他建筑或场所，其建筑面积不大于120m^2。

故本题选 A。

6.【答案】C

【解析】根据《建筑设计防火规范》（GB 50016—2014）（2018 年版）5.5.21 条，首层外门的总净宽度应按该建筑疏散人数最多一层的人数计算确定，不供其他楼层人员疏散的外门，可按本层的疏散人数计算确定。本题首层疏散人数应为 2200 人，百人宽度指标取值 1.00m。故本题选 C。

7.【答案】B

【解析】根据《建筑设计防火规范》（GB 50016—2014）（2018 年版）5.5.18 条，高层旅馆采用双面布房的疏散走道时，其最小净宽度不应小于 1.40m。故本题选 B。

8.【答案】B

【解析】歌舞厅走道、卫生间可不计入建筑面积。歌舞厅建筑面积为 $500m^2$，人员密度为 0.5 人/m^2，所以疏散人数为 250 人，百人最小疏散净宽度取值为 1m/百人，则疏散宽度为 2.5m。消防检查时，允许有 5% 的负偏差，即 $2.5 \times 0.95 \approx 2.38$ (m)。故本题选 B。

9.【答案】B

【解析】厂房疏散走道的净宽度不应小于 1.40m，A 对。住宅疏散走道的净宽度不应小于 1.10m，B 错。剧院、电影院、礼堂、体育馆等人员密集场所，观众厅内疏散走道的净宽度不应小于 1.00m，C 对。单层、多层公共建筑疏散走道的净宽度不应小于 1.10m，D 对。故本题选 B。

10.【答案】A

【解析】根据《建筑设计防火规范》(GB 50016—2014)(2018 年版) 5.5.19 条，人员密集的公共场所、观众厅的疏散门不应设置门槛，其净宽度不应小于 1.40m。A 错。根据《办公建筑设计规范》(JGJ 67—2006) 4.1.7 条，办公建筑的门应符合下列要求：门洞口宽度不应小于 1.00m，高度不应小于 2.10m。D 对。故本题选 A。

11.【答案】B

【解析】根据《建筑设计防火规范》(GB 50016—2014) (2018 年版) 5.5.20 条，剧场、电影院、礼堂、体育馆等场所的疏散走道、疏散楼梯、疏散门、安全出口的各自总净宽度，应符合下列规定：布置疏散走道时，横走道之间的座位排数不宜超过 20 排；纵走道之间的座位数：剧场、电影院、礼堂等，每排不宜超过 22 个，体育馆，每排不宜超过 26 个。故本题选 B。

12.【答案】D

【解析】电影院属于人员密集场所，根据《建筑设计防火规范》(GB 50016—2014) (2018 年版) 5.5.19 条，人员密集的公共场所、观众厅的疏散门不应设置门槛，其净宽度不应小于 1.40m，且紧靠门口内外各 1.40m 范围内不应设置踏步，A 对。根据 3.7.5 条，厂房的首层外门最小净宽度不小于 1.20m，B 对。根据5.5.18条，多层公共建筑疏散走道净宽度不应小于1.10m，C对；高层医疗建筑的首层疏散外门不应小于1.30m，D错。故本题选D。

13.【答案】B

【解析】根据《建筑设计防火规范》(GB 50016—2014)(2018年版)5.5.17，建筑物内全部设置自动喷水灭火系统时，安全疏散距离可按规定增加25%，A错；直接疏散走道的房间疏散门至最近敞开楼梯间的距离，当房间位于两个楼梯之间时，按规定减少5m。直接疏散道的房间疏散门至最近敞开楼梯间的距离，当房间位于袋形走道两侧或尽端时，按规定减少2m。C、D错。故本题选B。

14.【答案】D

【解析】根据《建筑设计防火规范》(GB 50016—2014)(2018年版)5.5.17条，一、二级耐火等级建筑内疏散门或安全出口不少于2个的观众厅、展览厅、多功能厅、餐厅、营业厅，其室内任一点至最近疏散门或安全出口的直线距离不应大于30m；当该疏散门不能直通室外地面或疏散楼梯间时，应采用长度不大于10m的疏散走道通至最近的安全出口。当该场所设置自动喷水灭火系统时，室内任一点至最近安全出口的安全疏散距离可增加25%。故本题选D。

15.【答案】B

【解析】根据《建筑设计防火规范》(GB 50016—2014)(2018年版)8.3.4条，该中型幼儿园应设自动喷水灭火系统。根据5.5.17条，幼儿园建筑两个安全出口之间的房间疏散门至最近安全出口的直线距离应为25m，设自动喷水灭火系统时增加25%，幼儿园建筑可采用敞开楼梯间，$25 \times 1.25 - 5 = 26.25$(m)。故本题选B。

16.【答案】B

【解析】根据《建筑设计防火规范》(GB 50016—2014)(2018年版)5.5.17条，此住院楼为一类高层公共建筑，位于走道尽端的房间门至最近楼梯间的距离最大为12m，需要设置自动喷水灭火系统，最大为$12 \times 1.25 = 15$(m)。故本题选B。

17.【答案】C

【解析】石棉加工厂房的火灾危险性为戊类，木材存储仓库火灾危险性为丙类，玻璃工艺品仓库的火灾危险性为戊类。根据《建筑设计防火规范》(GB 50016—2014)(2018年版)6.4.2条，高层建筑、人员密集的公共建筑、人员密集的多层丙类厂房、甲、乙类厂房，其封闭楼梯间的门应采用乙级防火门，并应向疏散方向开启。其他建筑，可采用双向弹簧门。A、B对，C错。根据6.4.11条，甲、乙类生产车间疏散门必须向外开启；仓库的疏散门应采用向疏散方向开启的平开门，但丙、丁、戊类仓库首层靠墙的外侧可采用推拉门或卷帘门，D对。故本题选C。

18.【答案】B

【解析】根据《建筑设计防火规范》(GB 50016—2014)(2018年版)5.5.17条，建筑内设置自动喷水灭火系统时，安全疏散距离可按规定增加25%，即$20 \times (1 + 25\%) = 25$(m)，但是楼梯间采用敞开式，应减少5m。故本题选B。

19.【答案】B

【解析】根据《建筑设计防火规范》（GB 50016—2014）（2018 年版）5.5.17 条，歌舞娱乐放映游艺场所，位于袋形走道两侧或尽端的疏散门，距离最近安全出口的直线距离不大于 9×1.25=11.25（m），A 对；位于两个安全出口之间的夜总会，疏散门至最近安全出口的距离不大于 25×1.25=31.25（m），B 错；营业厅内任一点到该营业厅疏散门的距离为 30×1.25=37.5（m），C 对；位于疏散走道尽端的酒店客房的房门至最近的安全出口即离为 15×1.25=18.75（m），D 对。故本题选 B。

20.【答案】C

【解析】根据《建筑设计防火规范》（GB 50016—2014）（2018 年版）5.5.17 条，多层医疗建筑，耐火等级三级，位于袋形走道两侧的直通疏散走道的疏散门至最近安全出口的直线距离 15m，当建筑内设置自动喷水灭火系统全保护，可增加 25%，即为 15×1.25=18.75（m），C 错。故本题选 C。

21.【答案】A

【解析】根据《建筑设计防火规范》（GB 50016—2014）（2018 年版）5.5.23 条，第一个避难层的楼地面至灭火救援场地地面的高度不应大于 50m，两个避难层之间的高度不宜大于 50m，本题应至少 3 个避难层，A 对、B 错；设备间开向避难区的门与避难层区的出入口距离不应小于 5m，并应采用甲级防火门，C 错；避难层应设置消防电梯出口，不应设置普通电梯出口，D 错。故本题选 A。

22.【答案】C

【解析】根据《建筑设计防火规范》（GB 50016—2014）（2018 年版）6.4.14 条，防火分区至避难走道入口处应设置防烟前室，前室的使用面积不应小于 6.0m^2，开向前室的门应采用甲级防火门，前室开向避难走道的门应采用乙级防火门，C 错。故本题选 C。

23.【答案】A

【解析】根据《建筑设计防火规范》（GB 50016—2014）（2018 年版）6.4.12 条，分隔后的不同区域通向下沉式广场等室外开敞空间的开口最近边缘之间的水平距离不应小于 13m，A 对；下沉式广场等室外开敞空间内应设置不少于 1 部直通地面的疏散楼梯，B 错；疏散楼梯的总净宽度不应小于任一防火分区通向室外开敞空间的设计疏散总净宽度，C 错。确需设置防风雨篷时，防风雨篷不应完全封闭，四周开口部位应均匀布置，开口的面积不应小于该空间地面面积的 25%，开口高度不应小于 1.0m，D 错。故本题选 A。

二、多项选择题

1.【答案】BC

【解析】根据《建筑设计防火规范》（GB 50016—2014）（2018 年版）5.5.15 条，

公共建筑内房间的疏散门数量应经计算确定且不应少于2个。除托儿所、幼儿园、老年人照料设施、医疗建筑、教学建筑内位于走道尽端的房间外，符合下列条件之一的房间可设置1个疏散门：位于两个安全出口之间或袋形走道两侧的房间，对于托儿所、幼儿园、老年人照料设施，建筑面积不大于$50m^2$；对于医疗建筑、教学建筑，建筑面积不大于$75m^2$；对于其他建筑或场所，建筑面积不大于$120m^2$，A、D、E错，B、C对。故本题选BC。

2.【答案】CE

【解析】根据《建筑设计防火规范》（GB 50016—2014）（2018年版）5.4.11条，商业服务网点中每个分隔单元内的任一点至最近直通室外的出口的直线距离不应大于有关多层其他建筑位于袋形走道两侧或尽端的疏散门至最近安全出口的最大直线距离，即为22m，A错。根据3.7.4条，厂房的安全疏散距离无放宽要求，B错。根据5.5.17条，在不考虑设置自动喷水灭火系统的情况下，一级耐火等级走道尽端的网吧室内任一点至安全出口的最大距离为9m，C对；建筑内开向敞开式外廊的房间疏散门至最近安全出口的直线距离可按规定增加5m，D错；直通疏散走道的房间疏散门至最近敞开楼梯间的直线距离，当房间位于两个楼梯间之间时，应按本表的规定减少5m；当房间位于袋形走道两侧或尽端时，应按本表的规定减少2m，E对。故本题选CE。

3.【答案】ABD

【解析】根据《建筑设计防火规范》（GB 50016—2014）（2018年版）3.7.6条，高层厂房和甲、乙、丙类多层厂房的疏散楼梯应采用封闭楼梯间或室外楼梯，A对。根据3.8.7条，高层仓库的疏散楼梯应采用封闭楼梯间，B对。根据5.5.12条，一类高层公共建筑和建筑高度大于32m的二类高层公共建筑，其疏散楼梯应采用防烟楼梯间。裙房和建筑高度不大于32m的二类高层公共建筑，其疏散楼梯应采用封闭楼梯间，C、E错。根据5.5.13条，下列多层公共建筑的疏散楼梯，除与敞开式外廊直接相连的楼梯间外，均应采用封闭楼梯间：（1）医疗建筑、旅馆及类似使用功能的建筑；（2）设置歌舞娱乐放映游艺场所的建筑；（3）商店、图书馆、展览建筑、会议中心及类似使用功能的建筑；（4）6层及以上的其他建筑。D选项中，教学楼属于其他建筑，5层而且与敞开式外廊相连接可采用敞开楼梯间，也可采用封闭楼梯间，D对。故本题选ABD。

4.【答案】CE

【解析】根据《建筑设计防火规范》（GB 50016—2014）（2018年版）5.5.12条，一类高层公共建筑和建筑高度大于32m的二类高层公共建筑，其疏散楼梯应采用防烟楼梯间，C错。根据5.5.13A条，老年人照料设施的疏散楼梯或疏散楼梯间宜与敞开式外廊直接连通，不能与敞开式外廊直接连通的室内疏散楼梯应采用封闭楼梯间。建筑高度大于24m的老年人照料设施，其室内疏散楼梯应采用防烟楼梯间。E错。故本题选CE。

5.【答案】ACD

【解析】根据《建筑设计防火规范》（GB 50016—2014）（2018 年版）6.4.14 条，避难走道的净宽度不得小于任一个防火分区通向避难走道的设计疏散总净宽度，B 错；开向前室的门为甲级防火门，前室开向避难走道的门为乙级防火门，E 错。故本题选 ACD。

6.【答案】AC

【解析】根据《建筑设计防火规范》（GB 50016—2014）（2018 年版）5.5.24 条，高层病房楼应在二层及以上的病房楼层和洁净手术部设置避难间，A 错；避难间应设置消防专用电话和消防应急广播，C 错。故本题选 AC。

7.【答案】ABE

【解析】根据《建筑设计防火规范》（GB 50016—2014）（2018 年版）5.5.23 条，避难层（间）应符合下列规定：第一个避难层（间）的楼地面至灭火救援场地地面的高度不应大于 50m，两个避难层（间）之间的高度不宜大于 50m，A 错；管道井和设备间应采用耐火极限不低于 2.00h 的防火隔墙与避难区分隔，管道井和设备间的门不应直接开向避难区；确需直接开向避难区时，与避难层区出入口的距离不应小于 5m，且应采用甲级防火门，B 错；避难层（间）的净面积应能满足设计避难人数避难的要求，并宜按 5.0 人/m^2 计算，C 对；易燃、可燃液体或气体管道应集中布置，设备管道区应采用耐火极限不低于 3.00h 的防火隔墙与避难区分隔，D 对；应设置直接对外的可开启窗口或独立的机械防烟设施，外窗应采用乙级防火窗，E 错。故本题选 ABE。

8.【答案】BE

【解析】根据《建筑设计防火规范》（GB 50016—2014）（2018 年版）6.4.12 条，不同防火分区通向下沉式广场等室外开敞空间的开口最近边缘之间的水平距离不得小于 13m，A 错。室外开敞空间除用于人员疏散外不得用于其他商业或供人员通行外的其他用途，其中用于疏散的净面积不得小于 169m^2，C、D 错。故本题选 BE。

9.【答案】ABCD

【解析】根据《建筑设计防火规范》（GB 50016—2014）（2018 年版）10.3.3 条，消防控制室、消防水泵房、自备发电机房、配电室、防排烟机房以及发生火灾时仍需正常工作的消防设备房应设置备用照明，其作业面的最低照度不应低于正常照明的照度。故本题选 ABCD。

第五节　防爆检查

一、单项选择题（每题的备选项中，只有 1 个最符合题意）

1. 下列关于苯乙烯制品厂房通风、空调系统的描述中，错误的是（　　）。

A. 送风系统设置导出静电的接地装置

B. 排风系统采用防爆型通风设备

C. 厂房内的空气在循环使用前经过净化处理，并使空气中的含尘浓度低于其爆炸下限的25%

D. 厂房内选用不发火花的湿式除尘器

2. 某玉米碾磨厂房内电线及电缆的已完成敷设，下列关于该厂房电线电缆设置的描述中，错误的是（　　）。

A. 中性线的额定电压高于相线电压

B. 在20区内的供电线路采用2.5mm^2铝芯电缆

C. 设备控制盒内供配电线路采用无护套的电线

D. 电气线路沿桥架敷设

3. 预防电气火灾和爆炸事故产生的主要方法是正确选择和安装使用电气设备及供电线路，运行中加强维护检修，装设必要的保护装置。下列关于易燃易爆场所电气防爆的说法中，错误的是（　　）。

A. 导线材质应选用铜芯绝缘导线或电缆

B. 为避免过载、防止短路把电线烧坏或过热形成火源，绝缘电线和电缆的允许载流量不得小于熔断器熔体额定电流的1.25倍和自动开关长延时过电流脱口器整定电流的1.25倍

C. 当爆炸环境中气体、蒸汽的密度比空气重时，电气线路应敷设在较低处或用电缆沟敷设

D. 导线或电缆连接不得绕接，铝芯与电气设备的连接，应采用可靠的铜－铝过渡接头

4. 下列内容中，不属于电气防爆检查的是（　　）。

A. 电气设备的选择　　B. 导线的允许载流量

C. 电气线路敷设方式　　D. 阴极保护

5. 某综合楼，地上5层，地下1层，总建筑面积5800m^2，设置在地下一层的燃油锅炉采用机械通风，该风机事故排风量换气次数不少于（　　）次/h。

A. 6　　B. 3　　C. 12　　D. 15

6. 某金属加工厂，有多个抛光厂房设有不同的净化或输送有爆炸危险粉尘设施。根据现行国家标准《建筑设计防火规范》（GB 50016），下列设施应设置在相关系统负压段的是（　　）。

A. 室外干式除尘器和过滤器　　B. 排风机

C. 排风管道　　D. 室内湿式除尘器和过滤器

7. 北方某化工厂，其二硫化碳车间采用循环水供热。下列防火检查结果中，错误的是（　　）。

A. 车间采用四柱式铸铁暖气片沿墙布置供热

B. 暖气管道在气体管道上平行敷设，距离为50mm

C. 在暖气管道与设备相邻处采用0.5mm铁板隔开

D. 供水温度为95℃，回水温度70℃

8. 检测检验机构对某化工企业进行一年一次的接地检查和测试，下列检查测试结果中，错误的是（　　）。

A. 设备修理车间直流110V测试仪外壳没有接地螺丝

B. 机油库安装在接地金属支架上的油泵未接地

C. 丙烷车间整个铠装电缆桥架在始端做了一处接地

D. 煤油库的24V手提工作灯外壳接地

9. 某木器加工厂，拟把一个长16m、宽8m和高4m的设备修理车间改造为木料切割车间。下列木料切割车间的做法中，错误的是（　　）。

A. 水泥地面改为大理石地面

B. 车间内墙面、屋顶抹平、打磨光滑，无死角

C. 车间内电气设备改为ⅢA级

D. 设置27m²的泄压窗

10. 某机械厂，电动叉车数量较多，为了将多台电动叉车蓄电池集中充电，采取了下列做法。按照现行国家标准《爆炸危险环境电力装置设计规范》（GB 50058）规定，下列做法中，正确的是（　　）。

A. 六台蓄电池沿墙放置在有三台金属加工车床的房间内（18m×18m×9m），与机床相距8m房间

B. 充电电源引自原来的开关箱

C. 照明灯具改为EX dⅡCT1

D. 外墙顶部增加两台普通的排风扇加强排风

11. 消防检测机构对某皮革生产车间进行防火检查，下列检查结果中，属于设施防爆的是（　　）。

A. 净化除尘放在室内，采用3.00h的隔爆墙和1.50h的楼板与其他部位隔开

B. 采用湿式除尘器、过滤器

C. 水泥地面上设置了盖板严密的地沟，与相邻厂房连通处采用防火材料密封做了封堵

D. 危险区域小的车间门口一侧放置两面控制柜

12. 有一些具有可燃性气体或粉尘的场所，在防火检查中经常使用一些仪器进行检测，做到及时防范。下列场所仪器使用中，错误的是（　　）。

A. 用接地电阻测试仪测量相线与设备接电线之间的电阻

B. 用红外热像仪温度测量线路接头的温度

C. 用防爆静电电压表测量用有机溶剂洗衣时的静电压

D. 用红外测温仪测量隧道内电缆的温度

13. 电气防爆的基本措施中，错误的（　　）。

A. 按有关电力设备接地设计技术规程规定的一般情况不需要接地的部分，在爆炸危

险区域内允许部分设备可不接地

B. 设置漏电火灾报警和紧急断电装置，在电气设备可能出现故障之前，采取相应补救措施或自动切断爆炸危险区域电源

C. 电气线路的设计、施工应根据爆炸危险环境物质特性，选择相应的敷设方式、导线材质、配线技术、连接方式和密封隔断措施等

D. 散发较空气重的可燃气体、可燃蒸气的甲类厂房以及有粉尘、纤维爆炸危险的乙类厂房，应采用不发火花的地面

14. 下列不可做泄压设施的为（　　）。

A. 轻质屋盖　　B. 轻质墙体　　C. 泄压窗　　D. 普通玻璃

15. 有爆炸危险厂房的总体布局要求净化有爆炸危险粉尘的干式除尘器和过滤器宜布置在厂房外的独立建筑内，且建筑外墙与所属厂房的防火间距不得小于（　　）m。

A. 10　　B. 20　　C. 30　　D. 40

二、多项选择题（每题的备选项中有 2 个或 2 个以上符合题意。错选、漏选不得分；少选，所选的每个选项得 0.5 分）

1. 消防机构对一有爆炸危险的甲类厂房进行防爆检查，根据现行国家标准《建筑设计防火规范》（GB 50016），下列检查结果中，正确的有（　　）。

A. 厂房承重结构采用钢筋混凝土框架结构

B. 厂房的地下管道直接汇入主管道

C. 厂房利用门窗作为泄压设施，窗玻璃采用安全玻璃

D. 厂房的分控制室贴邻厂房外墙设置，并采用耐火极限不低于 3.00h 的防火隔墙与其他部位分隔

E. 设备沿厂房整面外墙均布

2. 某活性炭生产厂房，地上 3 层，耐火等级为一级，厂房内防火分区划分符合规范要求。消防机构对该厂房进行防火检查时，获取以下信息中，错误的有（　　）。

A. 配电站设于厂房首层，采用防火墙和耐火极限 1.50h 的不燃性楼板与其他区域分隔，墙上的防火门为甲级防火门

B. 位于厂房三层的运行总调度监控室采用防火墙和耐火极限 1.50h 的不燃性楼板与其他区域分隔，且设有独立使用的防烟楼梯间

C. 车间办公室贴邻厂房外墙设置，采用耐火极限 4.00h 的防火墙与厂房分隔，并设有独立的安全出口

D. 设置在厂房首层的产品临时存放仓库单独划分防火分区

E. 位于厂房二层的丙类中间仓库，采用防火墙和耐火极限 1.50h 的不燃性楼板与其他区域分隔，墙上设置甲级防火门

3. 某谷物碾磨车间，在生产过程中定期喷洒水雾，使车间内保持一定湿度，以降低爆炸危险性。该车间的下列做法中，错误的有（　　）。

A. 配电线路沿封闭桥架敷设　　B. 车间地面为不发火水泥地面

C. 车间采用未抹灰的砖墙　　D. 电气设备按潮湿环境选用

E. 带电部件的接地干线有两处与接地体相连

4. 某镁粉生产厂房，地上 2 层，建筑高度 12m，总建筑面积 $5600m^2$。在防火检查时获取的下列信息中，正确的有（　　）。

A. 屋顶钢承重构件涂刷防火涂料保护，耐火极限达到 1.00h

B. 除尘管道避开厂房的梁、柱，沿外墙布置

C. 首层设置办公室，并采用防火墙和耐火极限不低于 1.50h 的不燃性楼板与其他部位分隔，并设独立的安全出口

D. 厂房内设封闭楼梯间，并采用乙级防火门

E. 排风除尘设备集中布置在室外独立的建筑内，该建筑外墙与厂房的防火间距为 5m

5. 在对易燃易爆危险环境进行防火检查时，电气装置和电缆电线的选型及安装情况要认真核查。下列描述中，错误的有（　　）。

A. 在爆炸性混合物级别为ⅢC 的环境，选用ⅢB 级别的防爆电器设备

B. 在爆炸危险区域为 22 区的爆炸性环境采用截面积 $16mm^2$ 的铝芯控制电缆

C. 安装的正压型电器设备与通风系统联锁

D. 正压型电气设备控制室布置在爆炸性环境区

E. 在爆炸危险区域不同的方向，接地干线有 3 处与接地体相连

6. 根据现行国家标准《爆炸危险环境电力装置设计规范》（GB 50058），某化工厂选择电气设备时，需要考虑的因素有（　　）。

A. 爆炸性环境　　B. 可燃性物质和可燃性粉尘的分级

C. 可燃性物质和可燃性粉尘物质总量　　D. 爆炸环境可燃混合物的引燃温度

E. 爆炸危险区域的划分

7. 对某煤粉生产车间进行防火防爆检查，下列检查结果中，错误的有（　　）。

A. 送风系统采用了防爆型通风设备

B. 车间排风系统设置了导除静电的接地装置

C. 在系统正压段的干式除尘器和过滤器布置设置了泄压装置

D. 排风管采用明敷设的金属管道，并直接通向室外安全地点

E. 送、排风机放置在车间外 12m 的一个独立房间内

答案与解析

一、单项选择题

1. **【答案】** C

【解析】 根据《石油库设计规范》（GB 50074—2014）3.0.3 条，苯乙烯为乙类火

灾危险性。根据《建筑设计防火规范》（GB 50016—2014）（2018 年版）9.1.2 条，甲、乙类厂房内的空气不应循环使用，C 错。故本题选 C。

2.【答案】B

【解析】根据《爆炸危险环境电力装置设计规范》（GB 50058—2014）5.4.1 条及 5.4.3 条，敷设在爆炸性粉尘环境 20 区、21 区以及在 22 区内有剧烈振动区域的回路，均应采用铜芯绝缘导线或电缆，B 错。故本题选 B。

3.【答案】C

【解析】当爆炸环境中气体、蒸汽的密度比空气轻时，电气线路敷设在较低处或用电缆沟敷设；比空气重时，电气线路敷设在高处或埋入地下，架空敷设时选用电缆桥架；电缆沟敷设时沟内填充沙并设置有效的排水措施。故本题选 C。

4.【答案】D

【解析】根据《爆炸危险环境电力装置设计规范》（GB 50058—2014）5.5.5 条，0 区、20 区场所的金属部件不宜采用阴极保护，当采用阴极保护时，应采取特殊的设计。阴极保护所要求的绝缘元件应安装在爆炸性环境之外。故本题选 D。

5.【答案】C

【解析】根据《锅炉房设计规范》（GB 50041—2008）15.3.7 条，设在其他建筑物内的燃油、燃气锅炉房，应设置独立的送排风系统，其通风装置应防爆，新风量必须符合下列要求：设置在半地下或半地下室时，其正常换气次数每小时不应少于 6 次，事故换气次数每小时不应少于 12 次。故本题选 C。

6.【答案】A

【解析】根据《建筑设计防火规范》（GB 50016—2014）（2018 年版）9.3.8 条，净化或输送有爆炸危险粉尘和碎屑的除尘器、过滤器或管道，均应设置泄压装置。净化有爆炸危险粉尘的干式除尘器和过滤器应布置在系统的负压段上。故本题选 A。

7.【答案】C

【解析】根据《建筑设计防火规范》（GB 50016—2014）（2018 年版）9.2.4 条及 9.2.5 条，铁板绝缘但导热而存在危险性，应采用不燃绝热材料，C 错。故本题选 C。

8.【答案】C

【解析】在爆炸危险环境接地应不少于两处。故本题选 C。

9.【答案】D

【解析】根据《建筑设计防火规范》（GB 50016—2014）（2018 年版）3.6，《爆炸危险环境电力装置设计规范》（GB 50058—2014）5.2 条，长径比 $=16\times2\times(8+4)\div(4\times8\times4)=3$，泄压面积应不小于 $10\times0.055\times(16\times8\times4)^{2/3}=35.2\ (m^2)>27\ (m^2)$，D 错。故本题选 D。

10.【答案】C

【解析】根据《爆炸危险环境电力装置设计规范》（GB 50058—2014）5.2 5.3 条及5.4 条，A 错：与散发火花的设备的间距不够；B、D 错：原开关箱、排风扇不防爆。故本题选 C。

11.【答案】B

【解析】选项 A、C、D，均属于建筑防爆。故本题选 B。

12.【答案】A

【解析】应用绝缘测试仪测量相线与设备接电线之间的电阻，A 错。故本题选 A。

13.【答案】A

【解析】按有关电力设备接地设计技术规程规定，一般情况不需要接地的部分，在爆炸危险区域内仍需要接地，A 错。故本题选 A。

14.【答案】D

【解析】泄压设施可为轻质屋盖、轻质墙体和易于泄压的门窗，但宜优先采用轻质屋盖，不应采用普通玻璃。故本题选 D。

15.【答案】A

【解析】根据《建筑设计防火规范》（GB 50016—2014）（2018 年版）9.3.7 条，净化有爆炸危险粉尘的干式除尘器和过滤器宜布置在厂房外的独立建筑内，建筑外墙与所属厂房的防火间距不应小于 10m。故本题选 A。

二、多项选择题

1.【答案】ACD

【解析】根据《建筑设计防火规范》（GB 50016—2014）（2018 年版）3.6 条，B 错：应采取措施后排入主管道；E 错：设备布置应避开厂房梁、柱。故本题选 ACD。

2.【答案】ABC

【解析】根据《建筑设计防火规范》（GB 50016—2014）（2018 年版）3.3 条，活性炭生产厂房火灾危险性为乙类 A、B 错：不应在甲乙类厂房内；C 错：应采用不小于 3.00h 的防爆墙。故本题选 ABC。

3.【答案】CD

【解析】根据《爆炸危险环境电力装置设计规范》（GB 50058—2014）5.5.4 条及 5.2.1 条，《建筑设计防火规范》（GB 50016—2014）（2018 年版）3.6.9 条，C 错：墙面应平整光滑；D 错：应按爆炸性环境选用。故本题选 CD。

4.【答案】ABD

【解析】根据《建筑设计防火规范》（GB 50016—2014）（2018 年版）3.2.1 条、3.3.5 条及 9.3.7 条，C 错：办公室不应设置在甲乙类厂房内，可采用耐火极限不小于 3.00h 的防爆墙隔开；E 错：防火间距应不小于 10m。故本题选 ABD。

5.【答案】AB

【解析】根据《爆炸危险环境电力装置设计规范》（GB 50058—2014）5.2.3 条及条文说明，A 错：应选用ⅢC 型防爆电器。根据 5.4.1 条，B 错：控制电缆应为 1.5mm^{2}及以上的铜芯电缆。故本题选 AB。

6.【答案】ABDE

【解析】根据《爆炸危险环境电力装置设计规范》（GB 50058—2014）5.2.1 条，在爆炸性环境内，电气设备应根据下列因素进行选择：（1）爆炸危险区域的分区；（2）可燃性物质和可燃性粉尘的分级；（3）可燃性物质的引燃温度；（4）可燃性粉尘云、可燃性粉尘层的最低引燃温度。故本题选 ABDE。

7.【答案】CE

【解析】《建筑设计防火规范》（GB 50016—2014）（2018 年版）9.3.8 条及 9.3.9 条，C 错：负压段；E 错：送、排风机不应在同一房间内。故本题选 CE。

第六节 建筑装修和保温系统检查

一、单项选择题（每题的备选项中，只有 1 个最符合题意）

1. 某二类高层商场，每层建筑面积 6500m^2，对该建筑的室内装修材料进行现场检查时，获取的下列信息中，错误的是（　　）。

A. 商场顶棚为轻钢龙骨纸面石膏板

B. 商场的墙面为彩色难燃人造板

C. 商场内疏散楼梯间的墙面为纸面石膏板

D. 商场的防火门表面贴了金属复合板

2. 对某二类高层住宅建筑室内装修工程进行现场检查，下列检查结果中，错误的是（　　）。

A. 住宅的疏散走道净宽度为 1.20m

B. 住宅的疏散楼梯间净宽度为 1.15m

C. 住宅的首层门厅内放置了小区宣传广告栏

D. 住宅的消防电梯前室的墙面为瓷砖贴面

3. 对某二类高层住院楼的室内装修工程进行现场检查，下列检查结果中，错误的是（　　）。

A. 医院病房区的顶棚为轻钢龙骨纸面石膏板

B. 医院诊室的地面为大理石地面

C. 医院化验室的墙体为纸面石膏板

D. 医院病房的墙面为纤维石膏板

4. 对某客运站室内装修工程进行现场检查，客运站共 2 层，建筑高度为 9.60m，客运站的建筑面积 12500m^2，下列检查结果中，错误的是（　　）。

A. 顶棚的材料为纤维石膏板　　　B. 墙面的材料为马赛克

C. 地面的材料为半硬质 PVC 塑料地板　　D. 窗户的窗帘为纯毛装饰布

5. 某商业步行街，两侧的商业建筑层数均为地上 3 层，室内装修工程进行现场检查，下列检查结果中，错误的是（　　）。

A. 步行街的长度为 150m

B. 步行街两侧的商铺面向步行街一侧的墙体为轻质玻璃隔墙

C. 步行街每间商铺的建筑面积为 $280m^2$

D. 商业建筑内的疏散楼梯为封闭楼梯间

6. 某体育馆，最多可容纳观众 5500 人，下列检查结果中，错误的是（　　）。

A. 体育馆一层的室外疏散通道的净宽度为 3. 50m

B. 体育馆一层的室外疏散通道两侧摆放了体育器材

C. 体育馆的防火分区的防火隔墙为 200mm 厚加气混凝土砌块墙体

D. 体育馆的防火分区的防火隔墙上设置了甲级防火门

7. 某多层养老院，对其室内装修工程进行现场检查，下列检查结果中，错误的是（　　）。

A. 顶棚的材料为珍珠岩装饰吸声板　　B. 墙面的材料为瓷砖贴面

C. 地面的材料为难燃羊毛地毯　　D. 房间内的隔断为难燃胶合板

8. 某高层酒店式公寓，对其室内装修工程进行现场检查，下列检查结果中，错误的是（　　）。

A. 房间的开关直接安装在防火塑料装饰板上

B. 走道的白炽灯直接安装在顶棚的木龙骨上

C. 房间的配电箱直接安装在 150mm 厚的加气混凝土砌块墙体上

D. 房间的插座直接安装在轻钢龙骨纸面石膏板轻质隔墙上

9. 某学校一类高层教学楼，对其室内装修工程进行现场检查，下列检查结果中，错误的是（　　）。

A. 顶棚的材料为玻璃棉装饰吸声板

B. 墙面的材料为多彩涂料

C. 窗帘的材料为经阻燃处理的难燃的棉布

D. 地面的材料为地砖地面

10. 某学校一类高层教学楼，现对该建筑的外保温系统进行现场检查，下列检查结果中，错误的是（　　）。

A. 屋面的保温材料为挤塑聚苯板

B. 外立面的保温材料为泡沫玻璃板

C. 外立面的保温材料为挤塑聚苯板

D. 不采暖楼梯间的保温层为玻化微珠保温砂浆

11. 某高层住宅楼的外墙保温采用 B_1 级保温材料，对该建筑的外保温系统进行现场检查，下列检查结果中，错误的是（　　）。

A. 每层设置宽300mm的岩棉板水平防火隔离带

B. 建筑外墙上门、窗的耐火完整性为0.50h

C. 屋面与外墙之间应设置宽300mm的岩棉板防火隔离带

D. 外墙B_1级保温材料采用直接粘贴无空腔的施工工艺

12. 某住宅小区，小区内设有多层和高层住宅楼，配套设施有社区服务中心，社区服务中心二层为老年人照料设施，对小区建筑的外保温系统进行现场检查，下列检查结果中，错误的是（　　）。

A. 建筑高度为18.60m的住宅楼外墙保温为B_2级保温板

B. 社区服务中心的外墙保温为B_1级保温板

C. 建筑高度为54.30m的住宅楼外墙保温层为岩棉板

D. 高层住宅楼建筑外墙保温为B_1级保温板，外墙上门、窗的耐火完整性为0.50h

13. 某多层餐厅，对该建筑的外保温系统进行现场检查，下列检查结果中，错误的是（　　）。

A. 外墙保温层为聚氨酯保温板

B. 屋面的保温层为挤塑聚苯板

C. 楼梯间的保温层为胶粉聚苯颗粒

D. 地下顶板的保温层为玻璃棉板

14. 某单位办公楼，对该建筑外立面重新装修改造后，获取以下信息，错误的是（　　）。

A. 外墙保温层采用岩棉板

B. 外墙设有硬质PVC的广告灯箱

C. 外墙的装饰材料为干挂花岗岩

D. 外墙龙骨与墙体之间的缝隙在每层均用岩棉板进行了防火分隔

15. 下列哪些建筑可以使用B_2级材料作为建筑外保温系统的装修材料（　　）。

A. 建筑高度为27m的公共建筑，与基层墙体之间无空腔

B. 建筑高度为24m的公共建筑，与基层墙体之间有空腔

C. 建筑高度为27m的住宅建筑，与基层墙体之间有空腔

D. 建筑高度为24m的住宅建筑，与基层墙体之间无空腔

16. 下列关于装修材料燃烧性能等级设定原则的说法中，正确的是（　　）。

A. 对地面的要求严于顶棚，对顶棚的要求严于墙面

B. 对地面的要求严于墙面，对墙面的要求严于顶棚

C. 对顶棚的要求严于墙面，对墙面的要求严于地面

D. 对墙面的要求严于地面，对地面的要求严于顶棚

17. 下列关于照明灯具和配电箱安装的说法中，错误的是（　　）。

A. 开关、插座、配电箱不得直接安装在燃烧性能等级低于B_1级的装修材料上

B. 额定功率不小于60W的白炽灯、卤钨灯、高压钠灯、镇流器等不得直接设置在难燃装修材料或难燃构件上

C. 照明灯具的高温部位，当靠近燃烧性能等级非A级装修材料时，应采取隔热、散热等防火保护措施

D. 灯饰所用材料的燃烧性能等级不得低于 B_1 级

二、多项选择题（每题的备选项中有2个或2个以上符合题意。错选、漏选不得分；少选，所选的每个选项得0.5分）

1. 某建筑高度为18.60m的宾馆，设有集中空调系统和自动喷水灭火系统，对该建筑室内装修工程进行现场检查，下列检查结果中，错误的有（　　）。

A. 走道顶棚的为轻钢龙骨纸面石膏板　　B. 开关和插座直接安装在难燃的胶合板上

C. 厨房门采用丙级防火门　　D. 防火门表面贴了纸面石膏板

E. 厨房的墙面的装饰材料为瓷砖

2. 对某一类高层酒店室内装修工程进行现场检查，下列检查结果中，错误的有（　　）。

A. 客房顶棚的材料为纤维石膏板　　B. 客房墙面的材料为无纺贴墙布

C. 地面的材料为纯羊毛地毯　　D. 窗户的窗帘为经阻燃处理的难燃装饰布

E. 客房的电器开关直接安装在多彩涂料的墙面上

3. 某一类高层公共建筑，建筑内设有自动喷水灭火系统，对该建筑地上二层局部改造为KTV，在对其室内装修工程进行验收时，获取以下信息，错误的有（　　）。

A. KTV房间的门为乙级防火门

B. KTV走道近端的房间门到最近安全出口的距离为13m

C. KTV的墙面为无纺贴墙布

D. KTV的地面为瓷砖地面

E. KTV的房间的疏散门的净宽度为1.20m

4. 某多层的影剧院，对建筑的外保温系统进行现场检查，下列检查结果中，错误的是（　　）。

A. 外墙的 B_1 级保温板，每层加A级水平防火隔离带

B. 外立面亮化的电气线路敷设在 B_1 保温材料和外墙的缝隙内

C. 外立面装饰层和外墙之间的缝隙每层楼板处采用岩棉板进行封堵

D. 外立面装饰层采用 B_1 级材料

E. 屋面的保温层为 B_1 级保温板

5. 下列有关建筑外墙装饰的说法中，正确的有（　　）。

A. 室外大型广告牌和条幅的材质要便于火灾时破拆

B. 建筑外墙的装饰层应采用不燃材料

C. 在消防车登高面一侧外墙上，不得设置凸出的广告牌，以防影响消防车登高操作

D. 当建筑外墙的装饰层采用可燃保温材料时，不得使用火灾时易脱落的瓷砖材料

E. 户外电致发光广告牌不得直接设置在有可燃、难燃材料的墙上

答案与解析

一、单项选择题

1.【答案】C

【解析】根据《建筑内部装修设计防火规范》（GB 50222—2017）5.2.1 条，商场的顶棚燃烧性能应为 A 级，墙面、地面的燃烧性能应不低于 B_1 级。根据 4.0.5 条，疏散楼梯间和前室的顶棚、墙面和地面均应采用 A 级装修材料。本题中，纸面石膏板的燃烧性能级别为 B_1 级，材料的燃烧性能详见 3.0.2 条文说明表 1、续表 1。故本题选 C。

2.【答案】C

【解析】根据《建筑内部装修设计防火规范》（GB 50222—2017）4.0.4 条，地上建筑的水平疏散走道和安全出口的门厅，其顶棚应采用 A 级装修材料，其他部位应采用不低于 B_1 级的装修材料。故本题选 C。

3.【答案】C

【解析】根据《建筑内部装修设计防火规范》（GB 50222—2017）5.2.1 条，医院的病房区、诊疗区、手术区的顶棚、墙面燃烧性能均为 A 级。本题中，纸面石膏板的燃烧性能为 B_1 级。材料的燃烧性能详见 3.0.2 条文说明表 1、续表 1。故本题选 C。

4.【答案】D

【解析】根据《建筑内部装修设计防火规范》（GB 50222—2017）5.1.1 条，建筑面积 > 10000 m^2 的汽车站的顶棚、墙面的燃烧性能为 A 级，地面、窗帘的燃烧性能应不低于 B_1 级。纯毛装饰布的燃烧性能级别为 B_2 级，材料的燃烧性能详见 3.0.2 条文说明表 1、续表 1。故本题选 D。

5.【答案】B

【解析】根据《建筑设计防火规范》（GB 50016—2014）（2018 年版）5.3.6 条，餐饮、商店等商业设施通过有顶棚的步行街连接，且步行街两侧的建筑需利用步行街进行安全疏散时，应符合下列规定：步行街两侧建筑的商铺，其面向步行街一侧的围护构件的耐火极限不应低于 1.00h，并宜采用实体墙，其门、窗应采用乙级防火门、窗；当采用防火玻璃墙（包括门、窗）时，其耐火隔热性和耐火完整性不应低于 1.00h；当采用耐火完整性不低于 1.00h 的非隔热性防火玻璃墙（包括门、窗）时，应设置闭式自动喷水灭火系统进行保护。相邻商铺之间面向步行街一侧应设置宽度不小于 1.0m、耐火极限不低于 1.00h 的实体墙。故本题选 B。

6.【答案】B

【解析】根据《建筑内部装修设计防火规范》（GB 50222—2017）4.0.4 条，地上建筑的水平疏散走道和安全出口的门厅，其顶棚应采用 A 级装修材料，其他部位应采用不低于B_1级的装修材料；地下民用建筑的疏散走道和安全出口的门厅，其顶棚、墙面和地面均应采用A级装修材料。体育馆一层的室外疏散通道两侧摆放的体育器材存在可燃的安全隐患，故本题选B。

7.【答案】A

【解析】根据《建筑内部装修设计防火规范》（GB 50222—2017）5.1.1条，多层养老院的顶棚、墙面的燃烧性能应为A级，地面、隔断的燃烧性能应不低于B_1级。珍珠岩装饰吸声板的燃烧性能级别为B_1级，材料的燃烧性能详见3.0.2条文说明表1、续表1。故本题选A。

8.【答案】B

【解析】根据《建筑内部装修设计防火规范》（GB 50222—2017）4.0.16条，照明灯具及电气设备、线路的高温部位，当靠近非A级装修材料或构件时，应采取隔热、散热等防火保护措施，与窗帘、帷幕、幕布、软包等装修材料的距离不应小于500mm；灯饰应采用不低于B_1级的材料。根据4.0.17条，建筑内部的配电箱、控制面板、接线盒、开关、插座等不应直接安装在低于B_1级的装修材料上；用于顶棚和墙面装修的木质类板材，当内部含有电器、电线等物体时，应采用不低于B_1级的材料。故本题选B。

9.【答案】A

【解析】根据《建筑内部装修设计防火规范》（GB 50222—2017）5.2.1条，教学场所、教学实验场所的顶棚燃烧性能应为A级，墙面和窗帘的燃烧性能均应不低于B_1级，地面的燃烧性能应不低于B_2级。本题中，玻璃棉装饰吸声板的燃烧性能为B_1级，材料的燃烧性能详见3.0.2条文说明表1、续表1。故本题选A。

10.【答案】C

【解析】根据《建筑设计防火规范》（GB 50016—2014）（2018年版）6.7.4条，设置人员密集场所的建筑，其外墙外保温材料的燃烧性能应为A级。挤塑聚苯板的燃烧性能为B_1级。故本题选C。

11.【答案】C

【解析】根据《建筑设计防火规范》（GB 50016—2014）（2018年版）6.7.10条，建筑的屋面外保温系统，当屋面板的耐火极限不低于1.00h时，保温材料的燃烧性能不应低于B_2级；当屋面板的耐火极限低于1.00h时，不应低于B_1级。采用B_1、B_2级保温材料的外保温系统应采用不燃材料作防护层，防护层的厚度不应小于10mm。当建筑的屋面和外墙外保温系统均采用B_1、B_2级保温材料时，屋面与外墙之间应采用宽度不小于500mm的不燃材料设置防火隔离带进行分隔。故本题选C。

12.【答案】B

【解析】根据《建筑设计防火规范》（GB 50016—2014）（2018年版）6.7.4A条，除本规范第6.7.3条规定的情况外，下列老年人照料设施的内、外墙体和屋面保温材料应采用燃烧性能为A级的保温材料：（1）独立建造的老年人照料设施；（2）与其他建筑组合建造且老年人照料设施部分的总建筑面积大于500m^2的老年人照料设施。故本题选B。

13.【答案】A

【解析】根据《建筑设计防火规范》（GB 50016—2014）（2018年版）6.7.4条，设置人员密集场所的建筑，其外墙外保温材料的燃烧性能应为A级。餐厅为人员密集场所，聚氨酯保温板的燃烧性能低于A级。故本题选A。

14.【答案】B

【解析】硬质PVC的广告灯箱为可燃装饰物，有安全隐患。故本题选B。

15.【答案】D

【解析】根据《建筑设计防火规范》（GB 50016—2014）（2018年版）6.7.5条及6.7.6条，与基层墙体、装饰层之间无空腔的建筑外墙保温系统，其保温材料：（1）对住宅建筑，建筑高度不大于27m时可采用B_2级材料；（2）除住宅建筑和设置人员密集场所的建筑外的其他建筑，建筑高度不大于24m时可采用B_2级材料。故本题选D。

16.【答案】C

【解析】装修材料燃烧性能等级设定原则是：对顶棚的要求严于墙面，对墙面的要求又严于地面，故本题选C。

17.【答案】B

【解析】根据《建筑内部装修设计防火规范》（GB 50222—2017）4.0.17条，建筑内部的配电箱、控制面板、接线盒、开关、插座等不应直接安装在低于B_1级的装修材料上，A对。根据4.0.16条，照明灯具及电气设备、线路的高温部位，当靠近非A级装修材料或构件时，应采取隔热、散热等防火保护措施，与窗帘、帷幕、幕布、软包等装修材料的距离不应小于500mm，C对；灯饰应采用不低于B_1级的材料，D对。根据《建筑设计防火规范》（GB 50016—2014）（2018年版）10.2.4条，额定功率不小于60W的白炽灯、卤钨灯、高压钠灯、金属卤化物灯、荧光高压汞灯（包括电感镇流器）等，不应直接安装在可燃物体上或采取其他防火措施，B错。故本题选B。

二、多项选择题

1.【答案】CD

【解析】根据《建筑设计防火规范》（GB 50016—2014）（2018年版）6.2.3条，建筑内的下列部位应采用耐火极限不低于2.00h的防火隔墙与其他部位分隔，墙上的门、窗应采用乙级防火门、窗，确有困难时，可采用防火卷帘，但应符合本规范第6.5.3条的规定：除居住建筑中套内的厨房外，宿舍、公寓建筑中的公共厨房和其他建筑内的厨房。故本题选CD。

2.【答案】BC

【解析】根据《建筑内部装修设计防火规范》（GB 50222—2017）5.2.1 条，一类高层宾馆的客房及公共活动用房的顶棚的燃烧性能应为 A 级，墙面、地面、窗帘的燃烧性能均不应低于 B_1 级。本题中，无纺贴墙布、纯羊毛地毯的燃烧性能均为 B_2 级，材料的燃烧性能详见 3.0.2 条文说明表 1、续表 1。故本题选 BC。

3.【答案】BC

【解析】根据《建筑设计防火规范》（GB 50016—2014）（2018 年版）5.5.17 条，歌舞娱乐场所位于尽端的疏散门至最近安全出口的距离不得大于 9m，有自动喷水灭火系统时为 $9 \times 1.25 = 11.25$（m），B 错。根据《建筑内部装修设计防火规范》（GB 50222—2017）5.2.1 条，歌舞娱乐场所墙面的燃烧性能不应低于 B_1 级。无纺贴墙布的燃烧性能为 B_2 级，C 错。故本题选 BC。

4.【答案】AB

【解析】根据《建筑设计防火规范》（GB 50016—2014）（2018 年版）6.7.4 条，设置人员密集场所的建筑，其外墙外保温材料的燃烧性能应为 A 级。根据 6.7.11 条，电气线路不应穿越或敷设在燃烧性能为 B_1 或 B_2 级的保温材料中；确需穿越或敷设时，应采取穿金属管并在金属管周围采用不燃隔热材料进行防火隔离等防火保护措施。设置开关、插座等电器配件的部位周围应采取不燃隔热材料进行防火隔离等防火保护措施。故本题选 AB。

5.【答案】ACDE

【解析】根据《建筑设计防火规范》（GB 50016—2014）（2018 年版）6.7.12 条，建筑外墙的装饰层应采用燃烧性能为 A 级的材料，但建筑高度不大于 50m 时，可采用 B_1 级材料。故本题选 ACDE。

第三章　消防设施安装、检测与维护管理

第一节　消防设施质量控制、维护管理与消防控制室管理

一、单项选择题（每题的备选项中，只有1个最符合题意）

1. 消防设施的现场检查中，（　　）是防止使用假冒伪劣消防产品施工，确保消防设施施工安装质量的有效手段。

A. 合法性检查　　B. 产品质量检查　　C. 一致性检查　　D. 现场检查

2. 施工单位采购的各类消防设施的设备、组件及材料等到达施工现场后，施工单位组织实施现场检查。消防设施现场检查包括产品合法性检查、一致性检查及产品质量检查。下列关于产品的合法性检查说法中，错误的是（　　）。

A. 纳入强制性产品认证的消防产品，查验其依法获得的强制认证证书

B. 新研制的尚未制定国家或者行业标准的消防产品，查验其出厂合格证

C. 目前尚未纳入强制性产品认证的非新产品类的消防产品，查验其经国家法定消防产品检验机构检验合格的型式检验报告

D. 非消防产品类的管材管件、电缆电线及其他设备、材料查验其法定质量保证文件

3. 为确保建筑消防设施正常运行，建筑使用管理单位需要对其消防设施的维护管理明确归口管理部门、管理人员及其工作职责。下列关于维护管理人员从业资格要求的说法中，错误的是（　　）。

A. 消防设施检测、维护保养等消防技术服务机构的项目经理、技术人员持有一级或二级注册消防工程师职业资格证书

B. 消防设施的巡查人员持有初级技能职业资格证书

C. 消防设施检测人员持有中级技能职业资格证书

D. 消防设施维修人员持有技师职业资格证书

4. 消防设施档案是建筑消防设施施工质量、维护管理的历史记录，具有延续性和可追溯性，是消防设施施工调试、操作使用、维护管理等状况的真实记录。下列不属于消防设施档案动态管理情况的是（　　）。

A. 值班记录　　　　　　　　B. 维护保养记录

C. 值班人员基本情况档案　　D. 系统使用说明书

5. 消防工程施工质量缺陷划分为严重缺陷项（A）、重缺陷项（B）和轻缺陷项（C）。火灾自动报警系统的工程施工质量缺陷，当（　　）时，竣工验收判定为合格；否

则，竣工验收判定为不合格。

A. $A=0$，$B\leqslant2$，且 $B+C\leqslant6$

B. $A=0$，$B\leqslant$检查项的 10%，且 $B+C\leqslant20\%$

C. $A=0$，$B\leqslant2$，且 $B+C\leqslant$检查项的 5%

D. $A=0$，$B\leqslant1$，且 $B+C\leqslant4$

6. 根据现行国家标准《建筑消防设施的维护管理》（GB 25201），下列关于档案保存期限的说法中，错误的是（　　）。

A.《消防控制室值班记录表》的存档时间不少于 1 年

B.《建筑消防设施巡查记录表》的存档时间不少于 1 年

C.《建筑消火栓系统调试记录表》的存档时间不少于 5 年

D.《建筑消防设施故障维修记录表》的存档时间不少于 5 年

7. 根据现行国家标准《消防控制室通用技术要求》（GB 25506），下列关于消防控制室的管理要求中，错误的是（　　）。

A. 实行每日 24h 专人值班制度，每班不少于两人

B. 值班人员应持有消防控制室操作职业资格证书

C. 消防控制室图形显示装置应能在接收到联动信号后 15s 内将相应信息传送给监控中心

D. 不得将应处于自动控制状态的设备设置在手动控制状态

8. 消防设施施工前，需要具备一定的技术、物质条件，以确保施工需求，保证施工质量。下列不属于消防设施施工前需要具备的基本条件的是（　　）。

A. 对到场的各类消防设施的设备、组件及材料进行现场检查，经检查合格后，方可用于施工

B. 设计单位向建设、施工、监理单位进行技术交底，明确相应技术要求

C. 经检查，与专业施工相关的基础、预埋件和预留空洞等符合设计要求

D. 施工现场及施工中使用的水、电、气能够满足连续施工的要求

9. 消防设施施工安装以经法定机构批准或者备案的消防设计文件、国家工程建设消防技术标准为根据，经批准或者备案的消防设计文件不得擅自变更，确需变更的，由（　　）修改，报经原批准机构批准后，方可用于施工安装。

A. 原施工单位　　B. 原建设单位　　C. 原消防机构　　D. 原设计单位

10. 建筑消防设施施工前需要具备一定的物质、技术条件，其中要求消防设计文件和其他技术资料齐全，下列资料中属于消防设计文件的是（　　）。

A. 火灾报警控制器安装使用说明书　　B. 湿式报警阀组强制性认证证书

C. 工程质量管理制度　　D. 消防给水系统材料表

11. 根据现行标准《建筑消防设施检测技术规程》（GA 503），下列不属于消防设施检测项目的是（　　）。

A. 消防电梯　　B. 疏散指示标志　　C. 应急广播　　D. 防火隔离带

12. 经现场检查、技术检测、竣工验收，下列关于消防设施存在产品质量问题或者施工安装质量问题处理的说法中，错误的是（ ）。

A. 更换相关消防设施的设备、组件以及材料，进行施工返工处理的，应重新组织产品现场检查、技术检测或者竣工验收

B. 更换相关消防设施的设备、组件以及材料后，经重新组织现场检查、技术检测、竣工验收，仍然不正确的，应进行返修处理

C. 返修处理后，应重新组织现场检查、技术检测或者竣工验收

D. 消防设施未经竣工验收合格的，其建设工程不得投入使用

13. 消防设施技术检测、竣工验收是各类消防设施交付使用前的重要技术保障工作，通过技术检测、竣工验收，能够统一标准，规范施工行为，及时发现消防设施施工中的质量问题，保障消防设施应有效能的最好发挥。下列关于消防设施技术检测、竣工验收的说法中，错误的是（ ）。

A. 建设单位委托具有相应资质等级的消防技术检测服务机构对消防设施施工质量进行的检查测试工作

B. 由建设单位组织设计、施工、监理等单位进行包括消防设施在内的建设工程竣工验收

C. 消防设施竣工验收分为合法性检查、一致性检查和质量验收判定三个环节

D. 设备及其组件、材料返修后进行复验时，对有抽验比例要求的，加倍抽样检查

14. 根据现行国家标准《建筑消防设施的维护管理》（GB 25201），下列关于建筑使用管理单位组织巡查频次的说法中，错误的是（ ）。

A. 公共娱乐场所营业时，每日巡查两次

B. 消防安全重点单位，每日巡查一次

C. 其他单位，每周至少巡查一次

D. 公共娱乐场所全部消防设施应保证每日至少巡查一次

15. 根据现行国家标准《消防控制室通用技术要求》（GB 25506），下列关于消防控制室值班人员接到火灾警报后的应急处置程序，第二步应该做的是（ ）。

A. 拨打“119”报警

B. 确认火灾报警联动控制开关处于自动状态

C. 确认火情

D. 启动单位内部应急疏散和灭火预案，并同时报告单位负责人

16. 根据现行国家标准《消防控制室通用技术要求》（GB 25506），下列关于消防控制室设置的说法中，错误的是（ ）。

A. 具有两个或两个以上消防控制室时，应确定主消防控制室和分消防控制室

B. 主消防控制室的消防设备应对系统内共用的消防设备进行控制，并显示其状态信息

C. 主消防控制室内的消防设备应能显示各分消防控制室内消防设备的状态信息，并

可对分消防控制室内的消防设备及其控制的消防系统和设备进行控制

D. 各分消防控制室之间的消防设备之间可以互相控制，并传输、显示状态信息

二、多项选择题（每题的备选项中有2个或2个以上符合题意。错选、漏选不得分；少选，所选的每个选项得0.5分）

1. 建筑消防设施档案主要包括两个方面的内容，即消防设施基本情况和消防设施动态管理情况，根据现行国家标准《建筑消防设施的维护管理》（GB 25201），下列属于消防设施基本情况的有（　）。

A. 建筑消防设施平面布置图　　B. 培训记录

C. 故障维修记录　　D. 系统使用说明书

E. 消防控制室值班人员基本情况

2. 消防设施施工前，需要具备一定的技术、物质条件，以确保施工需求，保证施工质量。下列关于消防设施施工前需要具备的基本条件中，说法正确的有（　）。

A. 经批准的消防设计文件以及其他技术资料齐全

B. 建设单位向施工、监理单位进行技术交底，明确相应技术要求

C. 各类消防设施的设备、组件以及材料齐全，规格型号符合设计要求

D. 专业施工相关的基础、预埋件和预留空洞等符合设计要求

E. 施工现场及施工中使用的水、电、气能够满足连续施工的要求

3. 为确保施工质量，施工中要建立健全施工质量管理体系和工程质量检验制度，施工现场配备必要的施工技术标准。下列关于消防设施施工过程质量控制的说法中，正确的有（　）。

A. 对到场的各类消防设施的设备、组件以及材料进行现场检查，经检查合格后方可用于施工

B. 每道工序完成后进行检查，经检查合格后方可进入下一道工序

C. 相关各专业工种之间交接时，进行检验认可，经建设单位检查合格后，方可进行下一道工序

D. 消防设施安装完毕，建设单位应按照相关专业调试规定进行调试

E. 施工单位应向建设单位提供质量控制资料和各类消防设施施工过程质量检查记录

4. 消防设施现场检查结束后，根据各类设施的施工及验收规范确定的工程施工质量缺陷类别，对各类消防设施的施工质量作出验收判定结论。下列验收判定结论中，正确的有（　）。

A. 当$A=0$，且$B\leqslant 2$，且$B+C\leqslant 6$时，防烟排烟系统竣工验收判定为合格

B. 当$A=0$，$B\leqslant 2$，且$B+C\leqslant$检查项的5%时，自动喷水灭火系统竣工验收判定为合格

C. 当$A=0$，且$B\leqslant 1$，且$B+C\leqslant 4$时，建筑灭火器配置竣工验收判定为合格

D. 当泡沫灭火系统验收项目有一项为不合格时，系统验收判定为不合格

E. 当气体灭火系统功能验收不合格时，系统验收判定为不合格

答案与解析

一、单项选择题

1.【答案】C

【解析】消防设施现场检查包括产品的合法性检查、一致性检查及产品质量检查。一致性检查是防止使用假冒伪劣消防产品施工，确保消防设施施工安装质量的有效手段。故本题选 C。

2.【答案】B

【解析】新研制的尚未制定国家或者行业标准的消防产品，查验其依法获得的技术鉴定证书。故本题选 B。

3.【答案】C

【解析】消防设施检测人员、保养人员应持有高级技能以上等级职业资格证书。故本题选 C。

4.【答案】D

【解析】消防设施动态管理情况。主要包括消防设施的值班记录、巡查记录、检测记录、故障维修记录以及维护保养计划表、维护保养记录、消防控制室值班人员基本情况档案及培训记录等；系统使用说明书属于消防设施基本情况。故本题选 D。

5.【答案】C

【解析】$A=0$，$B\leqslant 2$，且 $B+C\leqslant 6$ 是自动喷水灭火系统、防烟排烟系统、消防给水及消火栓系统验收的合格判定条件；$A=0$，$B\leqslant 1$，且 $B+C\leqslant 4$ 是灭火器配置验收的合格判定条件；$A=0$，$B\leqslant 2$，且 $B+C\leqslant$ 检查项的 5%，是火灾自动报警系统验收的合格判定条件。故本题选 C。

6.【答案】C

【解析】根据《建筑消防设施的维护管理》（GB 25201—2010）10.2.1 条，建筑消防设施的原始技术资料应长期保存。原始技术资料指建筑消防设施的验收文件和产品、系统使用说明书、系统调试记录、建筑消防设施平面布置图、建筑消防设施系统图等，C 错。根据 10.2.2 条，《消防控制室值班记录表》和《建筑消防设施巡查记录表》的存档时间不应少于 1 年，A、B 对。根据 10.2.3 条，《建筑消防设施检测记录表》《建筑消防设施故障维修记录表》《建筑消防设施维护保养计划表》和《建筑消防设施维护保养记录表》的存档时间不应少于五年，D 对。故本题选 C。

7.【答案】C

【解析】根据《消防控制室通用技术要求》（GB 25506—2010）7.1 条，消防控制室图形显示装置应能在接收到火灾报警信号或联动信号后10s内将相应信息按规定的通信协议格式传送给监控中心，C错。根据4.2.1条，消防控制室管理应符合下列要求：(1) 应实行每日24h专人值班制度，每班不应少于2人，A对；(2) 值班人员应持有消防控制室操作职业资格证书，B对；(3) 应确保火灾自动报警系统、灭火系统和其他联动控制设备处于正常工作状态，不得将应处于自动状态的设在手动状态，D对。故本题选C。

8.【答案】A

【解析】对到场的各类消防设施的设备、组件及材料进行现场检查，经检查合格后，方可用于施工属于消防设施施工过程质量控制。故本题选A。

9.【答案】D

【解析】经批准或者备案的消防设计文件不得擅自变更，确需变更的，由原设计单位修改，报经原批准机构批准后，方可用于施工安装。故本题选D。

10.【答案】D

【解析】消防设计文件包括消防设施设计施工图（平面图、系统图、施工详图、设备表、材料表等）图样及设计说明等；其他技术资料主要包括消防设施产品明细表、主要组件安装使用说明书及施工技术要求，各类消防设施的设备、组件以及材料等符合市场准入制度的有效证明文件和产品出厂合格证书，工程质量管理、检验制度等。故本题选D。

11.【答案】D

【解析】根据《建筑消防设施检测技术规程》(GA 503—2004)，消防设施检测项目包括：消防供配电设施、火灾自动报警系统、自动喷水灭火系统、消火栓消防炮泡沫灭火系统、气体灭火系统、消防供水、机械加压送风系统、机械排烟系统、应急照明和疏散指示标志、应急广播系统、消防专用电话、防火分隔设施、消防电梯、灭火器等。防火隔离带属于建筑防火检查内容，非消防设施，D对。故本题选D。

12.【答案】B

【解析】经现场检查、技术检测、竣工验收，消防设施的设备、组件以及材料存在产品质量问题或者施工安装质量问题，不能满足相关国家工程建设消防技术标准的，按照下列要求进行处理：(1) 更换相关消防设施的设备、组件以及材料，进行施工返工处理，重新组织产品现场检查、技术检测或者竣工验收，A对；(2) 返修处理，能够满足相关标准规定和使用要求的，按照经批准的处理技术方案和协议文件，重新组织现场检查、技术检测或者竣工验收，C对；(3) 返修或者更换相关消防设施的设备、组件以及材料的，经重新组织现场检查、技术检测、竣工验收，仍然不正确的，判定为现场检查、技术检测、竣工验收不合格，B错；(4) 未经现场检查合格的消防设施的设备、组件以及材料，不得用于施工安装；消防设施未经竣工验收合格的，其建设工程不得投入使用，D对。故本题选B。

13.【答案】C

【解析】消防设施施工结束后，建设单位委托具有相应资质等级的消防技术检测服务机构对消防设施施工质量进行的检查测试工作，A对；消防设施施工结束后，由建设单位组织设计、施工、监理等单位进行包括消防设施在内的建设工程竣工验收，B对；消防设施竣工验收分为资料检查、施工质量现场检查和质量验收判定等三个环节，C错；各项检查项目中有不合格项时，对设备及其组件、材料(管道、管件、支吊架、线槽、电线、电缆等）进行返修或者更换后，进行复验。复验时，对有抽验比例要求的，加倍抽样检查，D对。故本题选C。

14.【答案】A

【解析】根据《建筑消防设施的维护管理》（GB 25201—2010）6.1.4条，建筑消防设施巡查频次应满足下列要求：（1）公共娱乐场所营业时，应结合公共娱乐场每2h巡查一次的要求，视情况将建筑消防设施的巡查部分或全部纳入其中，但全部建筑消防设施应保证每日至少巡查一次，A错、D对；（2）消防安全重点单位，每日巡查一次，B对；（3）其他单位，每周至少巡查一次，C对。故本题选A。

15.【答案】B

【解析】根据《消防控制室通用技术要求》（GB 25506—2010）4.2.2条，消防控制室的值班应急程序应符合下列要求：（1）接到火灾警报后，值班人员应立即以最快方式确认；（2）火灾确认后，值班人员应立即确认火灾报警联动控制开关处于自动状态，同时拨打“119”报警，报警时应说明着火单位地点、起火部位、着火物种类、火势大小、报警人姓名和联系电话；（3）值班人员应立即启动单位内部应急疏散和灭火预案，并同时报告单位负责人，A对。故本题选B。

16.【答案】D

【解析】根据《消防控制室通用技术要求》（GB 25506—2010）3.4条，具有两个或两个以上消防控制室时，应确定主消防控制室和分消防控制室，A对；主消防控制室的消防设备应对系统内共用的消防设备进行控制，并显示其状态信息，B对；主消防控制室内的消防设备应能显示各分消防控制室内消防设备的状态信息，并可对分消防控制室内的消防设备及其控制的消防系统和设备进行控制，C对；各分消防控制室之间的消防设备之间可以互相传输、显示状态信息，但不应互相控制，D错。故本题选D。

二、多项选择题

1.【答案】AD

【解析】根据《建筑消防设施的维护管理》（GB 25201—2010）10.1条，建筑消防设施档案应包含建筑消防设施基本情况和动态管理情况。基本情况包括建筑消防设施的验收文件和产品、系统使用说明书、系统调试记录、建筑消防设施平面布置图、建筑消防设施系统图等原始技术资料。动态管理情况包括建筑消防设施的值班记录、巡查记录、检测记录、故障维修记录以及维护保养计划表、维护保养记录、自动消防控制室值班人员基本情况档案及培训记录。故本题选 AD。

2.【答案】ACDE

【解析】消防设施施工前，需要具备一定的技术、物质条件，以确保施工需求，保证施工质量。消防设施施工前需要具备下列基本条件：(1) 经批准的消防设计文件以及其他技术资料齐全，A 对；(2) 设计单位向建设、施工、监理单位进行技术交底，明确相应技术要求，B 错；(3) 各类消防设施的设备、组件以及材料齐全，规格型号符合设计要求，能够保证正常施工，C 对；(4) 经检查，与专业施工相关的基础、预埋件和预留空洞等符合设计要求，D 对；(5) 施工现场及施工中使用的水、电、气能够满足连续施工的要求，E 对。故本题选 ACDE。

3.【答案】ABE

【解析】为确保施工质量，施工中要建立健全施工质量管理体系和工程质量检验制度，施工现场配备必要的施工技术标准。消防设施施工过程质量控制下列要求组织实施：(1) 对到场的各类消防设施的设备、组件以及材料进行现场检查，经检查合格后方可用于施工，A 对；(2) 各工序按照施工技术标准进行质量控制，每道工序完成后进行检查，经检查合格后方可进入下一道工序，B 对；(3) 相关各专业工种之间交接时，进行检验认可，经监理工程师签证后，方可进行下一道工序，C 错；(4) 消防设施安装完毕，施工单位按照相关专业调试规定进行调试，D 错；(5) 调试结束后，施工单位向建设单位提供质量控制资料和各类消防设施施工过程质量检查记录，E 对。故本题选 ABE。

4.【答案】AC

【解析】消防给水及消火栓系统、自动喷水灭火系统、防烟排烟系统和火灾自动报警系统等工程施工质量缺陷划分为严重缺陷项（A）、重缺陷项（B）和轻缺陷项（C）。(1) 消防给水及消火栓系统、自动喷水灭火系统、防烟排烟系统的工程施工质量缺陷，当 $A=0$，且 $B\leqslant2$，且 $B+C\leqslant6$ 时，竣工验收判定为合格；否则，竣工验收判定为不合格，A 对；B 错；(2) 灭火器配置的工程施工质量缺陷，当 $A=0$，且 $B\leqslant1$，且 $B+C\leqslant4$ 时，竣工验收判定为合格；否则，竣工验收判定为不合格，C 对；(3) 火灾自动报警系统的工程施工质量缺陷，当 $A=0$，$B\leqslant2$，且 $B+C\leqslant$检查项的5%时，竣工验收判定为合格；否则，竣工验收判定为不合格；(4) 泡沫灭火系统当其功能验收不合格时，系统验收判定为不合格，D 错；(5) 气体灭火系统，当其验收项目有一项为不合格时，系统验收判定为不合格，E 错。故本题选 AC。

第二节 消防给水

一、单项选择题（每题的备选项中，只有1个最符合题意）

1. 某建筑采用临时高压消防给水系统，在屋顶设置了封闭的不锈钢消防水箱，下列关于消防水箱施工安装的描述中，错误的是（ ）。

A. 消防水箱的进出水管道采用法兰连接

B. 水箱支墩高度为600mm

C. 水箱要进行满水试验

D. 出水管位于高位消防水箱最低水位以下，并设置防止消防用水进入高位消防水箱的止回阀

2. 根据现行国家标准《消防给水及消火栓系统技术规范》（GB 50974），下列关于水泵接合器设置的描述中，正确的是（ ）。

A. 水泵接合器距室外消火栓的距离为30m

B. 地下水泵接合器进水口和井盖地面的距离不小于0.4m，且不小于井盖半径

C. 墙壁消防水泵接合器的安装高度距地面为1.1m

D. 安装时水泵接合器按接口、本体、连接管、安全阀、止回阀、放空管、控制阀的顺序进行

3. 根据现行国家标准《消防给水及消火栓系统技术规范》（GB 50974），在下列架空管道中，可以不设固定支架或防晃支架的部位是（ ）。

A. 公称直径为DN50的管道的中点

B. 长度为30m公称直径为DN40的配水干管

C. 公称直径为DN70的弯头处

D. 公称直径为DN80的三通处

4. 根据现行国家标准《消防给水及消火栓系统技术规范》（GB 50974），下列关于消防水泵维护管理的说法中，错误的是（ ）。

A. 每月应手动启动消防水泵运转一次，并检查供电电源的情况

B. 每周应模拟消防水泵自动控制的条件自动启动消防水泵运转一次

C. 每季度应对消防水泵的出流量和压力进行一次试验

D. 每日检查柴油机消防水泵储油箱的储油量

5. 高位消防水箱外壁与建筑本体结构墙面或其他池壁之间的净距，应满足施工或装配的需要，根据现行国家标准《消防给水及消火栓系统技术规范》（GB 50974），下列做法错误的是（ ）。

A. 消防水箱在施工安装时，其有管道侧面的净距为0.8m

B. 消防水箱在施工安装时，其无管道侧面的净距为0.8m

C. 设有人孔的池顶，顶板面与上面建筑本体板底的净空为0.8m

D. 管道外壁与建筑本体墙面之间的通道宽度为 0.8m

6. 根据现行国家标准《消防给水及消火栓系统技术规范》（GB 50974），下列关于消防给水管道连接方式及安装检查结果中，错误的是（　　）。

A. 配水干管与配水管连接，采用沟槽式管件

B. 直径为 80mm 的管道采用螺纹活接头

C. 消防给水管穿过墙体或楼板时加设套管，套管高出楼面或地面 50mm

D. 管网安装完毕后，对其进行强度试验、冲洗和严密性试验

7. 根据现行国家标准《消防给水及消火栓系统技术规范》（GB 50974），应每（　　）对电动阀和电磁阀的供电和启闭性能进行检测。

A. 日　　B. 月　　C. 季　　D. 年

8. 根据现行国家标准《消防给水及消火栓系统技术规范》（GB 50974），下列关于供水设施维护管理的说法中，错误的是（　　）。

A. 每月应对减压阀组进行一次放水试验

B. 每月对气压水罐的压力和有效容积等进行一次检测

C. 每季度应对减压阀的流量和压力进行一次试验

D. 每季度对室外阀门井中进水管上的控制阀门进行一次检查

9. 当消防水泵吸水口处无吸水井时，吸水口处应设置旋流防止器，根据现行国家标准《消防给水及消火栓系统技术规范》（GB 50974），当采用旋流防止器时，其淹没深度不应小于（　　）mm。

A. 100　　B. 200　　C. 400　　D. 600

10.（　　）水箱，水质不受污染，能防止钢板锈蚀，安装方便迅速，不受土建进度的限制，结构合理，坚固美观，不变形不漏水，适用性广。

A. 钢筋混凝土现场灌注　　B. 不锈钢

C. 搪瓷钢板　　D. 玻璃钢

11. 消防技术服务机构对某建筑内设置的消防水泵进行检查，根据现行国家标准《消防给水及消火栓系统技术规范》（GB 50974），下列检查结果中，错误的是（　　）。

A. 每台消防水泵的最小额定流量为 12L/s

B. 消防水泵的流量扬程性能曲线是一条无驼峰，无拐点的光滑曲线，零流量时的压力为设计工作压力的 130%

C. 当出流量为设计流量的 150% 时，消防水泵出口压力为设计工作压力的 60%

D. 每个泵组中设置了 3 台型号一致的消防水泵

12. 某建筑采用临时消防给水系统，消防水池采用相同管径的两路可靠补水，在火灾延续时间内连续补充的水量为 $40m^3$。该建筑内设置了自动喷水灭火系统和室内消火栓系统。经计算得知，在火灾延续时间内，建筑内的自动喷水灭火系统用水量为 $30\ m^3$，室内外消火栓系统总共用水量为 $90m^3$。根据现行国家标准《消防给水及消火栓系统技术规范》（GB 50974），该建筑的消防水池的有效容积不应小于（　　）m^3。

A. 160　　B. 120　　C. 100　　D. 80

13. 下列建筑均采用临时高压消防给水系统，根据现行国家标准《消防给水及消火栓系统技术规范》(GB 50974)，关于建筑高位消防水箱设置的描述中，错误的是（　　）。

A. 某建筑高度156m的综合体建筑由商场、写字楼等部分构成，地上一到五层商场建筑面积120000m^2，高位消防水箱有效容积为50m^3

B. 某建筑高层住宅高度为67m，高位消防水箱有效容积18m^3

C. 某工业建筑室内消防给水设计流量为26L/s，高位消防水箱有效容积18m^3

D. 总建筑面积15000m^2的地上3层商店建筑，高位消防水箱有效容积不应小于36m^3

14. 某建筑的消防给水系统设计工作压力为0.5MPa，配水管网采用钢丝网骨架塑料管，现对此系统给水网管进行水压强度试验，根据现行国家标准《消防给水及消火栓系统技术规范》(GB 50974)，其试验压力应为（　　）MPa。

A. 0.5　　B. 0.75　　C. 0.8　　D. 1.0

15. 某建筑的消防给水系统设计工作压力为1.5MPa，配水管网拟采用架空敷设方式，根据现行国家标准《消防给水及消火栓系统技术规范》(GB 50974)，该系统可采用（　　）管道。

A. 球墨铸铁管　　B. 钢丝网骨架塑料复合管

C. 热浸镀锌加厚钢管　　D. 无缝钢管

16. 根据现行国家标准《消防给水及消火栓系统技术规范》(GB 50974)，下列不符合消防水源的维护管理规定的是（　　）。

A. 每季度监测市政给水管网的压力和供水能力

B. 每年对天然河、湖等地表水消防水源的常水位、枯水位、洪水位，以及枯水位流量或蓄水量等进行一次检测

C. 每年对水井等地下水消防水源的常水位、最低水位、最高水位和出水量等进行一次测定

D. 每月对消防水池、高位消防水池、高位消防水箱等消防水源设施的水位等进行一次检测；消防水池（箱）玻璃水位计两端用于水位观察的角阀应处于常开状态

二、多项选择题（每题的备选项中有2个或2个以上符合题意。错选、漏选不得分；少选，所选的每个选项得0.5分）

1. 根据现行国家标准《消防给水及消火栓系统技术规范》(GB 50974)，下列关于采用消防水泵串联分区供水的做法中，正确的有（　　）。

A. 当采用消防水泵转输水箱串联供水时，转输水箱兼作低区的高位消防水箱使用

B. 当采用消防水泵转输水箱串联供水时，转输水箱的有效容积为98m^3

C. 当采用消防水泵转输水箱串联供水时，转输水箱溢流水回流到消防水池

D. 当采用消防水泵直接串联分区供水时，在串联消防水泵出水管上设置止回阀

E. 当采用消防水泵转输水箱串联供水时，采取了确保供水可靠性的措施，且消防水

泵从低区到高区能依次顺序启动

2. 根据现行国家标准《消防给水及消火栓系统技术规范》（GB 50974），建筑室内消火栓系统工程质量缺陷应划分为三类：严重缺陷项（A），重缺陷项（B），轻缺陷项（C），下列属于严重缺陷项的有（　　）。

A. 高位消防水箱的有效容积错误　　B. 消防水泵房设置的应急照明照度错误

C. 消防水泵启动控制置于手动挡　　D. 消防水泵备用泵无法正常切换

E. 稳压泵频繁启动

3. 根据现行国家标准《消防给水及消火栓系统技术规范》（GB 50974），下列关于建筑消防给水系统架空管道及其支吊架的说法中，正确的有（　　）。

A. 设计的吊架在管道的每一支撑点处应能承受5倍于充满水的管重

B. 管道支架的支撑点宜设在建筑物的结构上，其结构在管道悬吊点应至少能承受充满水的管道重量

C. 当管道穿梁安装时，穿梁处宜增设一个吊架

D. 消防给水管严禁穿过伸缩缝及沉降缝

E. 通过及敷设在有腐蚀性气体的房间内时，管外壁应刷防腐漆或缠绕防腐材料

4. 根据现行国家标准《消防给水及消火栓系统技术规范》（GB 50974），下列关于建筑消防给水系统管道连接方式的说法中，正确的有（　　）。

A. 螺纹连接时宜采用密封胶带作为螺纹接口的密封，密封带应在阳螺纹上施加

B. 当需要采用补芯时，三通上可用一个，四通上不应超过二个

C. 当采用刚性接头时，每隔一个刚性接头应设置一个挠性接头

D. 机械三通开孔间距不应小于0.5m，机械四通开孔间距不应小于1m

E. 配水干管（立管）与配水管（水平管）连接，应采用沟槽式管件或机械三通，不应采用机械四通

5. 根据现行国家标准《消防给水及消火栓系统技术规范》（GB 50974），下列关于电动驱动消防水泵自动巡检功能检查的说法中，正确的有（　　）。

A. 巡检周期不宜大于24h，且应能按需要任意设定

B. 当有起泵信号时，应立即退出巡检，进入工作状态

C. 发现故障时，应有声光报警，并应有记录和储存功能

D. 以低频交流电源逐台驱动消防水泵，使每台消防水泵低速转动的时间不应少于5min

E. 自动巡检时，应设置电源自动切换功能的检查

6. 根据现行国家标准《消防给水及消火栓系统技术规范》（GB 50974），下列关于室内外消防给水管道布置的说法中，正确的有（　　）。

A. 消防给水管道应采用阀门分成若干独立段，每段内室外消火栓的数量不宜超过3个

B. 当室外消防给水采用一路消防供水时可采用枝状管网

C. 当室内消火栓不超过10个时，可布置成枝状

D. 室内消火栓给水管网与自动喷水灭火系统合用消防泵时，供水管路沿水流方向应在报警阀后分开设置

E. 任何消防管道的给水流速不应大于7m/s

答案与解析

一、单项选择题

1. **【答案】** C

【解析】 根据《建筑给水排水及采暖工程施工质量验收规范》（GB 50242—2002）4.4.3条，敞口水箱是无压的，做满水试验检验其是否渗漏即可。而密闭水箱（罐）是与系统连在一起的，其水压试验应与系统相一致，即以其工作压力的1.5倍做水压试验。故本题选C。

2. **【答案】** A

【解析】 根据《消防给水及消火栓系统技术规范》（GB 50974）5.4.7条，水泵接合器应设在室外便于消防车使用的地点，且距室外消火栓或消防水池的距离不宜小于15m，并不宜大于40m，A对。根据5.4.8条，墙壁消防水泵接合器的安装高度距地面宜为0.70m；与墙面上的门、窗、孔、洞的净距离不应小于2.0m，且不应安装在玻璃幕墙下方；地下消防水泵接合器的安装，应使进水口与井盖底面的距离不大于0.4m，且不应小于井盖的半径，B、C错。根据12.3.6条，消防水泵接合器的安装，应按接口、本体、连接管、止回阀、安全阀、放空管、控制阀的顺序进行，D错。故本题选A。

3. **【答案】** B

【解析】 根据《消防给水及消火栓系统技术规范》（GB 50974）12.3.20条，下列部位应设置固定支架或防晃支架：（1）配水管宜在中点设一个防晃支架，当管径小于DN50mm时可不设；（2）配水干管及配水管，配水支管的长度超过15m，每15m长度内应至少设一个防晃支架，当管径不大于DN40mm时可不设；（3）管径大于DN50mm的管道拐弯、三通及四通位置处应设一个防晃支架。故本题选B。

4. **【答案】** D

【解析】 根据《消防给水及消火栓系统技术规范》（GB 50974—2014）14.0.4条，每日应对柴油机消防水泵的启动电池的电量进行检测，每周应检查储油箱的储油量，每月应手动启动柴油机消防水泵运行一次，D错。故本题选D。

5. **【答案】** A

【解析】 根据《消防给水及消火栓系统技术规范》（GB 50974—2014）5.2.6条，高位消防水箱外壁与建筑本体结构墙面或其他池壁之间的净距，应满足施工或装

配的需要，无管道的侧面，净距不宜小于0.7m；安装有管道的侧面，净距不宜小于1.0m，且管道外壁与建筑本体墙面之间的通道宽度不宜小于0.6m，设有人孔的水箱顶，其顶面与其上面的建筑物本体板底的净空不应小于0.8m。故A错，净距不宜小于1.0m。故本题选A。

6.【答案】B

【解析】根据《消防给水及消火栓系统技术规范》（GB 50974—2014）12.3.11条，管径大于DN50的管道不应使用螺纹活接头，在管道变径处应采用单体异径接头，B错。A对：配水干管（立管）与配水管（水平管）连接，应采用沟槽式管件，不应采用机械三通；C对：消防给水管穿过墙体或楼板时要加设套管，套管长度不小于墙体厚度，或高出楼面或地面50mm；D对：管网安装完毕后，要对其进行强度试验、冲洗和严密性试验。故本题选B。

7.【答案】B

【解析】根据《消防给水及消火栓系统技术规范》（GB 50974—2014）14.0.6条，每月对电动阀和电磁阀的供电和启闭性能进行检测，B对。故本题选B。

8.【答案】C

【解析】根据《消防给水及消火栓系统技术规范》（GB 50974—2014）14.0.5条，每年应对减压阀的流量和压力进行一次试验，C错；每月应对减压阀组进行一次放水试验，A对；每月对气压水罐的压力和有效容积等进行一次检测，B对；每季度对室外阀门井中进水管上的控制阀门进行一次检查，并应核实其处于全开启状态，D对。故本题选C。

9.【答案】B

【解析】根据《消防给水及消火栓系统技术规范》（GB 50974—2014）5.1.13条，消防水泵吸水口的淹没深度应满足消防水泵在最低水位运行安全的要求，吸水管喇叭口在消防水池最低有效水位下的淹没深度应根据吸水管喇叭口的水流速度和水力条件确定，但不应小于600mm，当采用旋流防止器时，淹没深度不应小于200mm。故本题选B。

10.【答案】C

【解析】搪瓷钢板水箱，水质不受污染，能防止钢板锈蚀，安装方便迅速，不受土建进度的限制，结构合理，坚固美观，不变形不漏水，适用性广，C对；钢筋混凝土现场灌注的水箱受土建进度的限制，施工周期长，A错；不锈钢价格高，B错；玻璃钢不是钢板，而是一种纤维强化塑料，D错。故本题选C。

11.【答案】C

【解析】根据《消防给水及消火栓系统技术规范》（GB 50974—2014）5.1.4条，单台消防水泵的最小额定流量不应小于10L/s，最大额定流量不宜大于320L/s，A对。根据5.1.6条，消防水泵流量扬程性能曲线应为无驼峰，无拐点的光滑曲线，零流量时的压力不应大于设计工作压力的140%，且宜大于设计工作压力的

120%，B 对；当出流量为设计流量的 150% 时，其出口压力不应低于设计工作压力的 65%，C 错；消防给水同一泵组的消防水泵型号宜一致，且工作泵不宜超过 3 台，D 对。故本题选 C。

12.【答案】C

【解析】根据《消防给水及消火栓系统技术规范》（GB 50974—2014）4.3.4 条，当消防水池采用两路消防供水且在火灾情况下连续补水能满足消防要求时，消防水池的有效容积应根据计算确定，但不应小于 $100m^3$，当仅设有消火栓系统时，不应小于 $50m^3$。消防水池的有效容积 = 火灾持续时间内消防用水量 - 补水量，则消防水池的有效容积应为 90 + 30 - 40 = 80（m^3）。综上该建筑的消防水池的有效容积不应小于 $100m^3$。故本题选 C。

13.【答案】A

【解析】根据《消防给水及消火栓系统技术规范》（GB 50974—2014）5.2.1 条，一类高层公共建筑，不应小于 $36m^3$，但当建筑高度大于 100m 时，不应小于 $50m^3$，当建筑高度大于 150m 时，不应小于 $100m^3$，A 错；一类高层住宅，不应小于 $18m^3$，当一类高层住宅建筑高度超过 100m 时，不应小于 $36m^3$，B 对；工业建筑室内消防给水设计流量当小于或等于 25L/s 时，不应小于 $12m^3$，大于 25L/s 时，不应小于 $18m^3$，C 对；总建筑面积大于 $10000m^2$ 且小于 $30000m^2$ 的商店建筑，且未超过 100m，不应小于 $36m^3$，D 对。故本题选 A。

14.【答案】C

【解析】根据《消防给水及消火栓系统技术规范》（GB 50974—2014）12.4.2 条，采用钢丝网骨架塑料管时，水压强度试验的试验压力应为 1.5 倍的工作压力，且不小于 0.8MPa。题中设计工作压力为 0.5MPa，$0.5 \times 1.5 = 0.75 < 0.8$（MPa），则水压强度试验的试验压力应为 0.8MPa。故本题选 C。

15.【答案】C

【解析】根据《消防给水及消火栓系统技术规范》（GB 50974—2014）8.2.8 条，架空管道当系统工作压力小于等于 1.20MPa 时，可采用热浸锌镀锌钢管；当系统工作压力大于 1.20MPa 时，应采用热浸镀锌加厚钢管或热浸镀锌无缝钢管；当系统工作压力大于 1.60MPa 时，应采用热浸镀锌无缝钢管。故本题选 C。

16.【答案】D

【解析】根据《消防给水及消火栓系统技术规范》（GB 50974—2014）14.0.3 条，每月对消防水池、高位消防水池、高位消防水箱等消防水源设施的水位等进行一次检测；消防水池（箱）玻璃水位计两端的角阀在不进行水位观察时应关闭。故本题选 D。

二、多项选择题

1.【答案】ABC

【解析】根据《消防给水及消火栓系统技术规范》（GB 50974—2014）6.2.3条，采用消防水泵串联分区供水时，宜采用消防水泵转输水箱串联供水方式，并应符合下列规定：(1) 当采用消防水泵转输水箱串联时，转输水箱的有效储水容积不应小于60m³，转输水箱可作为高位消防水箱，A、B对；(2) 串联转输水箱的溢流管宜连接到消防水池，C对；(3) 当采用消防水泵直接串联时，应采取确保供水可靠性的措施，且消防水泵从低区到高区应能依次顺序启动；(4) 当采用消防水泵直接串联时，应校核系统供水压力，并应在串联消防水泵出水管上设置减压型倒流防止器，D错。根据11.0.11条，当消防给水分区供水采用转输消防水泵时，转输泵宜在消防水泵启动后再启动，E错。故本题选ABC。

2.【答案】AC

【解析】根据《消防给水及消火栓系统技术规范》（GB 50974—2014）13.2.18条及附录F，高位消防水箱、高位消防水池和消防水池等的有效容积和水位测量装置不正确，属于严重缺陷项（A）；消防水泵房设置的应急照明、安全出口不正确，属于重缺陷项（B）；消防水泵启动控制没有设置在自动挡，属于严重缺陷项（A）；备用泵启动和相互切换不正常，属于重缺陷项（B）；稳压泵频繁启动，属于重缺陷项（B）。故本题选AC。

3.【答案】AE

【解析】根据《消防给水及消火栓系统技术规范》（GB 50974—2014）12.3.20条，设计的吊架在管道的每一支撑点处应能承受5倍于充满水的管重，且管道系统支撑点应支撑整个消防给水系统，A对；管道支架的支撑点宜设在建筑物的结构上，其结构在管道悬吊点应能承受充满水管道重量另加至少114kg的阀门、法兰和接头等附加荷载，B错；当管道穿梁安装时，穿梁处宜作为一个吊架，C错。根据12.3.19条，消防给水管必须穿过伸缩缝及沉降缝时，应采用波纹管和补偿器等技术措施，D错；通过及敷设在有腐蚀性气体的房间内时，管外壁应刷防腐漆或缠绕防腐材料，E对。故本题选AE。

4.【答案】AB

【解析】根据《消防给水及消火栓系统技术规范》（GB 50974—2014）12.3.11条，螺纹连接时宜采用密封胶带作为螺纹接口的密封，密封带应在阳螺纹上施加，A对。根据12.3.12条，当需要采用补芯时，三通上可用一个，四通上不应超过二个，B对；有振动的场所和埋地管道应采用柔性接头，其他场所宜采用刚性接头，当采用刚性接头时，每隔4～5个刚性接头应设置一个挠性接头，C错；机械三通连接时，应检查机械三通与孔洞的间隙，各部位应均匀，然后再紧固到位；机械三通开孔间距不应小于1m，机械四通开孔间距不应小于2m，D错；配水干管（立管）与配水管（水平管）连接，应采用沟槽式管件，不应采用机械三通，E 错。故本题选 AB。

5.【答案】BCE

【解析】根据《消防给水及消火栓系统技术规范》（GB 50974—2014）11.0.16 条，电动驱动消防水泵自动巡检时，巡检功能应符合下列规定：（1）巡检周期不宜大于 7d，且应能按需要任意设定，A 错；（2）以低频交流电源逐台驱动消防水泵，使每台消防水泵低速转动的时间不应少于 2min，D 错；（3）对消防水泵控制柜一次回路中的主要低压器件宜有巡检功能，并应检查器件的动作状态；（4）当有启泵信号时，应立即退出巡检，进入工作状态，B 对；（5）发现故障时，应有声光报警，并应有记录和储存功能，C 对；（6）自动巡检时，应设置电源自动切换功能的检查，E 对。故本题选 BCE。

6.【答案】BE

【解析】根据《消防给水及消火栓系统技术规范》（GB 50974—2014）8.1.4 条，消防给水管道应采用阀门分成若干独立段，每段内室外消火栓的数量不宜超过 5 个，A 错；室外消防给水采用两路消防供水时应采用环状管网，但当采用一路消防供水时可采用枝状管网，B 对。根据 8.1.5 条，室内消火栓系统管网应布置成环状，当室外消火栓设计流量不大于 20L/s，且室内消火栓不超过 10 个时，可布置成枝状，C 错。根据 8.1.7 条，室内消火栓给水管网宜与自动喷水等其他水灭火系统的管网分开设置；当合用消防泵时，供水管路沿水流方向应在报警阀前分开设置，D 错。根据 8.1.8 条，消防给水管道的设计流速不宜大于 2.5m/s，任何消防管道的给水流速不应大于 7m/s，E 对。故本题选 BE。

第三节　消火栓系统

一、单项选择题（每题的备选项中，只有 1 个最符合题意）

1. 某建筑安装的室内消火栓系统的工作压力为 0.8MPa，现在对此系统给水网管（钢管）进行水压测试。根据现行国家标准《消防给水及消火栓系统技术规范》（GB 50974），检测人员的下列做法中，错误的是（　　）。

A. 水压强度试验的试验压力为 1.2MPa

B. 水压强度试验的测试点设在系统管网的最低点

C. 对管网注水时，应将管网内的空气排净，缓慢升压，达到试验压力后，稳压 30min 后观察管网的泄漏变形情况

D. 进行水压严密性试验的试验压力为 0.8MPa，稳压 24h 后观察泄漏情况

2. 根据现行国家标准《消防给水及消火栓系统技术规范》（GB 50974），下列关于室内消火栓箱设置的说法中，错误的是（　　）。

A. 如设计未要求，栓口中心距地面应为 1.1m，允许安装偏差 ±20mm

B. 消火栓箱体安装的垂直度允许偏差为±3mm

C. 消火栓箱门的开启角度应不小于160°

D. 阀门的设置位置应便于操作使用，阀门的中心距箱侧面为140mm，距箱后内表面为100mm，允许偏差±5mm

3. 根据现行国家标准《消防给水及消火栓系统技术规范》（GB 50974），消火栓进场时要进行进场检查，消火栓固定接口要进行密封性能试验，以无渗漏无损伤为合格，下列试验方法正确的是（　　）。

A. 试验数量宜从每批中抽查1%，但不应少于5个，应缓慢而均匀地升压1.6MPa，应保压2min。当两个及两个以上不合格时，不应使用该批消火栓

B. 试验数量宜从每批中抽查1%，但不应少于10个，应缓慢而均匀地升压1.6MPa，应保压2min。当两个及两个以上不合格时，不应使用该批消火栓

C. 试验数量宜从每批中抽查1%，但不应少于5个，应缓慢而均匀地升压1.6MPa，应保压5min。当两个及两个以上不合格时，不应使用该批消火栓

D. 试验数量宜从每批中抽查1%，但不应少于10个，应缓慢而均匀地升压1.6MPa，应保压5min。当两个及两个以上不合格时，不应使用该批消火栓

4. 根据现行国家标准《消防给水及消火栓系统技术规范》（GB 50974），下列设有室内消火栓的场所中，应设置消防水泵接合器的是（　　）。

A. 设有消防给水的4层住宅楼

B. 地上5层的行政楼

C. 室内消火栓设计流量为10L/s平战结合的人防工程

D. 地上4层的玩具厂房

5. 根据现行国家标准《消防给水及消火栓系统技术规范》（GB 50974），室内消火栓系统供水管路的铅封、锁链应每（　　）进行一次检查，当有破坏或损坏时应及时修理更换。

A. 年　　B. 季度　　C. 月　　D. 日

6. 对于设置临时高压给水系统的建筑，高位消防水箱设置高度应保证最不利点消火栓的静水压力。根据现行国家标准《消防给水及消火栓系统技术规范》（GB 50974），对于建筑高度为151m的住宅建筑，其最不利点消火栓静水压力不应低于（　　）MPa。

A. 0.15　　B. 0.10　　C. 0.07　　D. 0.05

7. 某住宅高度为18m，设置了干式消防竖管，根据现行国家标准《消防给水及消火栓系统技术规范》（GB 50974），下列做法中，错误的是（　　）。

A. 干式消防竖管上设有供消防车供水的接口

B. 干式消防竖管设置在楼梯间休息平台处

C. 干式消防竖管上配置室内消火栓箱

D. 竖管顶端设置自动排气阀

8. 消火栓系统的选择应与环境相适应，根据现行国家标准《消防给水及消火栓系统技术规范》（GB 50974），下列说法中，错误的是（　　）。

A. 市政消火栓和建筑室外消火栓应采用湿式消火栓系统

B. 室内环境温度不低于4℃且不高于70℃的场所，应采用湿式室内消火栓系统

C. 建筑高度不大于27m的多层民用建筑设置室内湿式消火栓系统确有困难时，可设置干式消防竖管

D. 严寒、寒冷等冬季结冰地区城市隧道及其他构筑物的消火栓系统宜采用干式消火栓系统和干式室外消火栓

9. 室内环境温度低于4℃或高于70℃的场所，宜采用干式消火栓系统，根据现行国家标准《消防给水及消火栓系统技术规范》（GB 50974），下列关于建筑干式消火栓系统的描述中，错误的是（　　）。

A. 干式消火栓系统的充水时间为2.6min

B. 在供水干管上采用的电动阀，开启时间为42s

C. 消火栓箱内设置了消火栓按钮，可直接开启供水干管上的电动阀

D. 在系统管道的最高处设置快速排气阀

10. 下列关于消防接口抗跌落性能检查的说法中，正确的是（　　）。

A. 应从距混凝土地面（1.5±0.05）m高处自由跌落，反复进行5次

B. 应从距混凝土地面（1.5±0.05）m高处自由跌落，反复进行2次

C. 应从距混凝土地面（2.0±0.02）m高处自由跌落，反复进行5次

D. 应从距混凝土地面（2.0±0.02）m高处自由跌落，反复进行2次

11. 某市区道路宽80m，市政消火栓采用地下式室外消火栓，根据现行国家标准《消防给水及消火栓系统技术规范》（GB 50974），下列设置中，错误的是（　　）。

A. 地下消火栓井的直径为1.8m

B. 地下消火栓有直径为100mm和65mm的栓口各一个

C. 沿道路的一侧均匀设置，布置间距为120m

D. 距路边1m，距建筑外墙边缘6m

12. 根据现行国家标准《消防给水及消火栓系统技术规范》（GB 50974），下列关于室内消火栓的设置说法中，错误的是（　　）。

A. 设有室内消火栓的建筑物，其各层均应设置消火栓

B. 室内消火栓的布置应保证有2支水枪的2股充实水柱同时到达室内任何部位

C. 消防电梯前室应设室内消火栓

D. 同一建筑内的消火栓应采用同一厂家的栓口、水枪和水带及配件

13. 根据现行国家标准《消防给水及消火栓系统技术规范》（GB 50974），下列关于建筑消火栓系统维护管理的说法中，错误的是（　　）。

A. 每季度应对消火栓进行一次外观和漏水检查

B. 每季度应对消防水泵接合器的接口及附件检查一次

C. 每月应对系统过滤器进行至少一次排渣

D. 每年应检查消防水池、消防水箱等蓄水设施的结构材料是否完好

14. 下列关于消防水枪检查的说法中，错误的是（　　）。

A. 使用小刀轻刮水枪铝制件表面，是否进行过阳极氧化处理

B. 将水枪以喷嘴垂直朝上、喷嘴垂直朝下以及水枪轴线处于水平三个位置

C. 从离地（2.0±0.02）m 高处（从水枪的最低点算起）自由跌落到混凝土地面上

D. 测试水枪的密封性能，缓慢加压至最大工作压力的 1.5 倍，保压 5min，水枪不应出现裂纹、断裂或影响正常使用的残余变形

15. 根据现行国家标准《消防给水及消火栓系统技术规范》（GB 50974），下列关于室内消火栓及消防软管卷盘或轻便水龙安装方法的描述中，错误的是（　　）。

A. 试验用消火栓栓口处设置了压力表

B. 暗装的消火栓箱没有破坏隔墙的耐火性能

C. 消火栓栓口安装在门轴侧，出水方向与设置消火栓的墙面成 90°

D. 双向开门消火栓箱耐火极限为 1h

16. 建筑室内消火栓系统架空管道外应刷红色油漆或涂红色环圈标志，根据现行国家标准《消防给水及消火栓系统技术规范》（GB 50974），下列做法错误的是（　　）。

A. 管道上注明管道名称和水流方向标识

B. 红色环圈标志的宽度为 40mm

C. 红色环圈标志的间隔为 2m

D. 在一个独立的单元内红色环圈至少有一处

17. 根据现行国家标准《消防给水及消火栓系统技术规范》（GB 50974），下列建筑室外消火栓设置的描述中，正确的是（　　）。

A. 设置在地下人防工程，距离出入口 14m 设置室外消火栓

B. 距离加油站外 7m 设置室外消火栓

C. 液化烃罐罐区距罐壁 7m 设置的室外消火栓计入该罐可使用数量

D. 工艺装置区室外消火栓的设置间距为 120m

18. 根据现行国家标准《消防给水及消火栓系统技术规范》（GB 50974），下列建筑消火栓系统阀门设置的描述中，错误的是（　　）。

A. 阀门井内埋地管道的阀门采用带启闭刻度的暗杆闸阀

B. 室内架空管道的阀门采用普通明杆闸阀

C. 室外架空管道的阀门采用带启闭刻度的暗杆闸阀

D. 埋地管道的阀门采用耐腐蚀的明杆闸阀

19. 某建筑室内消火栓系统部分采用 DN80 架空管道，根据现行国家标准《消防给水及消火栓系统技术规范》（GB 50974），其连接方式应采用（　　）连接。

A. 焊接　　B. 卡箍　　C. 螺纹　　D. 卡压

20. 某建筑室外消火栓系统部分管道采用埋地金属管道，根据现行国家标准《消防给

水及消火栓系统技术规范》（GB 50974），下列关于管道管顶覆土的做法中，错误的是（　　）。

A. 管道最小管顶覆土按照地面荷载、埋深荷载和冰冻线对管道的综合影响确定

B. 管道最小管顶覆土深度为 0. 30m

C. 在机动车道下时管道最小管顶覆土深度为 0. 90m

D. 管道最小管顶覆土在冰冻线以下 0. 70m

21. 根据现行国家标准《消防给水及消火栓系统技术规范》（GB 50974），下列关于室外消火栓设置的描述中，错误的是（　　）。

A. 每个室外消火栓的出流量按 10L/s 计算

B. 室外消火栓沿建筑周围均匀布置

C. 建筑消防扑救面一侧设置两个室外消火栓

D. 由于在室外消防给水引入管设有倒流防止器，水头损失过大导致室外消火栓不能满足规范要求，故在该倒流防止器后增设一个室外消火栓

22. 根据现行国家标准《消防给水及消火栓系统技术规范》（GB 50974），下列关于室内消火栓配置的描述中，错误的是（　　）。

A. 室内消火栓配置当量喷嘴直径为 16mm 的消防水枪

B. 设计流量为 2. 5L/s 的室内消火栓配置当量喷嘴直径为 13mm 的消防水枪

C. 轻便水龙配置当量喷嘴直径 11mm 的消防水枪

D. 消防软管卷盘配置当量喷嘴直径 6mm 的消防水枪

23. 某一建筑高度为 30m 的住宅设置了室内消火栓系统，根据现行国家标准《消防给水及消火栓系统技术规范》（GB 50974），下列说法中，错误的是（　　）。

A. 室内消火栓宜设置在楼梯间及其休息平台

B. 应在屋顶设置带有压力表的试验消火栓

C. 户内宜在生活给水管道上预留一个接 DN25 消防软管或轻便水龙的接口

D. 户内宜配置轻便消防水龙

24. 某建筑高度为 110m 的综合楼，室内消火栓系统采用高压消防给水系统供水，高位消防水池设置在屋顶设备间内，由当地市政管网两路可靠补水。根据现行国家标准《消防给水及消火栓系统技术规范》（GB 50974），下列关于于高位消防水池的做法中，错误的是（　　）。

A. 设置两条给水管向高位消防水池供水

B. 总有效容积不应小于室内消防用水量的 50%

C. 设置蓄水有效容积相等且可独立使用的两格

D. 采用耐火极限不低于 2. 00h 的防火隔墙和 1. 50h 的不燃性楼板与其他部位隔开

25. 根据现行国家标准《消防给水及消火栓系统技术规范》（GB 50974），下列关于消火栓泵吸水管和出水管上设置压力表的说法中，错误的是（　　）。

A. 出水管上压力表的最大量程不应低于其设计工作压力的 2 倍，且不应低于 1. 60MPa

B. 吸水管上压力表的最大量程应根据工程具体情况确定，但不应低于0.50MPa

C. 吸水管上真空表的最大量程宜为 -0.10MPa

D. 压力表的直径不应小于100mm，应采用直径不小于6mm的管道与消防水泵进出口管相接

26. 某商住楼建筑高度54m，每层建筑面积8000m^2，地上一到四层为商场，四层以上为住宅。该建筑室内消火栓系统采用临时高压消防给水系统供水，根据现行国家标准《消防给水及消火栓系统技术规范》（GB 50974），该建筑高位消防水箱的有效容积不应小于（　　）m^3。

A. 18　　B. 36　　C. 50　　D. 100

27. 根据现行国家标准《消防给水及消火栓系统技术规范》（GB 50974），下列关于建筑消火栓系统中高位消防水箱的做法中，错误的是（　　）。

A. 进水管的管径为DN50，满足消防水箱8h充满水的要求

B. 出水管采用防止旋流器，淹没深度按180mm计算

C. 溢流管的喇叭口直径为进水管直径的4倍

D. 采用生活给水系统补水，进水管淹没出流并在进水管上设置25mm的虹吸破坏孔以防止倒流

28. 某建筑高度为24m的白兰地成品库设有室内消火栓系统和湿式自动喷水灭火系统，因条件所限，设置高位消防水箱确有困难，故只设了稳压泵和气压罐，根据现行国家标准《消防给水及消火栓系统技术规范》（GB 50974），下列做法中，错误的是（　　）。

A. 稳压泵的启泵压力高出消防主泵启泵压力0.08MPa

B. 系统最不利点处水灭火设施在准工作状态时的静水压力为0.18MPa

C. 稳压泵启泵次数约为8次/h

D. 气压罐的有效水容积为180L

二、多项选择题（每题的备选项中有2个或2个以上符合题意。错选、漏选不得分；少选，所选的每个选项得0.5分）

1. 东北地区某建筑安装了干式消火栓系统，现在对此系统给水网管进行测试。根据现行国家标准《消防给水及消火栓系统技术规范》（GB 50974），检测人员的下列做法中，正确的有（　　）。

A. 水压试验时环境温度为4℃，检测人员采取了防冻措施

B. 水压强度试验的测试点设在系统管网的最不利点

C. 对干式消火栓系统分别做了水压试验和气压试验

D. 试压用的压力表共2只，精度均为1.5级

E. 水压试验采用生活用水进行

2. 根据现行国家标准《消防给水及消火栓系统技术规范》（GB 50974），下列关于某建筑内室内消火栓系统消防水泵调试的描述中，正确的有（　　）。

A. 消防水泵从接到启泵信号到水泵正常运转的自动启动时间为2.5min

B. 机械应急启动消防水泵时，消防水泵在报警后2.5min内正常工作

C. 以备用电源切换方式切换启动消防水泵时，消防水泵在58s内正常运行

D. 以自动直接启动或手动直接启动消防水泵时，消防水泵在58s内投入正常运行

E. 触发同一防火分区内的两只感烟探测器，消防水泵在58s内投入正常运行

3. 根据现行国家标准《消防给水及消火栓系统技术规范》（GB 50974），下列场所设置的室内消火栓系统中，消火栓栓口动压不应小于0.35MPa，且消防水枪充实水柱应按13m计算的有（　　）。

A. 总建筑面积为150000m^{2}的大型商场

B. 建筑高度为27m服装仓库

C. 室内消火栓设计流量为30L/s的综合楼

D. 室内净空高度为11m的中庭

E. 建筑高度为49m的办公楼

4. 对某高层办公楼设置的室内消火栓系统进行验收前检测，检测结果如下：（1）消防水泵控制柜的防护等级为IP25；（2）消防水池未安装水位测量装置；（3）关掉主电源，主、备电源不能正常切换；（4）室内消火栓的安装高度为0.7m。根据现行国家标准《自动喷水灭火系统施工及验收规范》（GB 50261），下列关于该系统施工质量缺陷判定及系统验收结果判定结论中，正确的有（　　）。

A. 检测结果中有严重缺陷1项

B. 检测结果中有重缺陷2项

C. 检查结果中有轻缺陷2项

D. 该项目整体质量不合格

E. 该项目整体质量合格

5. 某建筑室内消火栓系统管网进行水压强度试验之后，对此系统给水网管进行冲洗。根据现行国家标准《消防给水及消火栓系统技术规范》（GB 50974），检测人员的下列说法中，正确的有（　　）。

A. 管网冲洗的水流方向应与灭火时管网的水流方向一致

B. 管网冲洗宜分区、分段进行；水平管网冲洗时，其排水管位置应低于冲洗管网

C. 管网冲洗宜设临时专用排水管道，排水管道的截面面积不应小于被冲洗管道截面面积的4倍

D. 冲洗直径大于DN80的管道时，在不损伤管道的情况下应对其死角和底部进行振动

E. 管网冲洗应连续进行，采用白布检查，直至无铁锈、尘土、水渍及其他异物出现

6. 根据现行国家标准《消防给水及消火栓系统技术规范》（GB 50974），下列关于建筑室内消火栓系统架空管道安装的做法中，正确的有（　　）。

A. 管道穿过地下室外墙、构筑物墙壁以及屋面等有防水要求处时，加设防水套管

B. 消防给水管穿过建筑物承重墙或基础时预留洞口，洞口高度为50mm

C. 消防给水管穿过楼板时加设套管，套管长度高出地面20mm

D. 消防给水管可能发生冰冻时，采取了防冻技术措施

E. 套管与管道的间隙采用不燃材料填塞，管道的接口采用套管保护

7. 根据现行国家标准《消防给水及消火栓系统技术规范》（GB 50974），下列关于建筑室内消火栓系统钢丝网骨架塑料复合管道连接方式的说法中，正确的有（ ）。

A. 钢丝网骨架塑料复合管给水管道与金属管道的连接，应采用法兰或钢塑过渡接头连接

B. 钢塑过渡接头的钢丝网骨架塑料复合管管端与聚乙烯管道连接时，可采用电熔连接

C. 钢丝网骨架塑料复合管道钢塑过渡接头钢管端与钢管应采用法兰连接，严禁采用焊接连接

D. 钢丝网骨架塑料复合管给水管道与直径小于或等于 DN50 的镀锌管道的连接，宜采用锁紧型承插式连接

E. 管道各种连接应采用相应的专用连接工具

8. 根据现行国家标准《消防给水及消火栓系统技术规范》（GB 50974），下列关于消防水泵接合器安装要求中，正确的有（ ）。

A. 水泵接合器的安装，应按接口、本体、连接管、止回阀、安全阀、控制阀的顺序进行

B. 水泵接合器接口距室外消火栓或消防水池的距离不宜小于 5m，并不宜大于 40m

C. 系统采用分区或对不同系统供水时，必须标明水泵接合器的供水区域及系统区别的永久性固定标志

D. 墙壁消防水泵接合器与墙面上的门的净距离不应小于 5m

E. 地下消防水泵接合器的安装，应使进水口与井盖底面的距离不大于 0.4m，且不应小于井盖的直径

9. 建筑消火栓系统施工前应进行进场检查，根据现行国家标准《消防给水及消火栓系统技术规范》（GB 50974），系统下列主要设备、系统组件、管材管件及其他设备、材料，应经国家消防产品质量监督检验中心检测合格的有（ ）。

A. 消火栓　　B. 流量开关　　C. 稳压泵　　D. 消防水箱

E. 沟槽连接件

10. 根据现行国家标准《消防给水及消火栓系统技术规范》（GB 50974），下列关于消火栓的调试和测试的做法和检测结果中，正确的有（ ）。

A. 打开试验消火栓，检测消防水泵在 65s 后自动启动

B. 打开试验消火栓，测试其出流量、压力和充实水柱的长度

C. 根据消防水泵的铭牌核实水泵供水能力

D. 检查旋转型消火栓的性能

E. 测试减压稳压型消火栓的阀后动压为 0.65MPa

11. 消防技术服务机构对某建筑消防设施进行检查，根据现行国家标准《消防给水及消火栓系统技术规范》（GB 50974），下列关于消防排水的检查结果中，正确的有（ ）。

A. 消防电梯的集水井的有效容量为 1.00m^3

B. 消防电梯的排水泵的排水量为 20L/s

C. 末端试水装置处的排水立管管径为 DN80

D. 报警阀处的排水立管为 DN80

E. 减压阀处的排水立管为 DN80

12. 根据现行国家标准《消防给水及消火栓系统技术规范》(GB 50974)，下列关于建筑室内消火栓设置的描述中，错误的有（ ）。

A. 老年人照料设施，室内消防软管卷盘的设置间距为 30.0m

B. 人防工程中体积为 1000m^3 的剧场，室内消火栓设置间距为 50.0m

C. 建筑高度为 15m 的地上 3 层家具仓库，室内消火栓设置间距为 50.0m

D. 建筑高度为 18m 的地上 6 层住宅建筑，室内消火栓设置间距为 50.0m

E. 建筑面积为 280m^2 的商业服务网点，室内消火栓设置间距为 50.0m

答案与解析

一、单项选择题

1.【答案】A

【解析】根据《消防给水及消火栓系统技术规范》(GB 50974) 12.4.2 条，采用钢管时，当系统工作压力小于等于 1MPa 时，水压强度试验的试验压力应为 1.5 倍的工作压力，且不小于 1.4MPa。题中室内消火栓系统的工作压力为 0.8MPa，水压强度试验的试验压力应至少为 1.4MPa，A 错。故本题选 A。

2.【答案】C

【解析】根据《消防给水及消火栓系统技术规范》(GB 50974—2014) 12.3.9 条，消火栓栓口中心距地面应为 1.1m，特殊地点的高度可特殊对待，允许偏差 ±20mm，A 对。根据 12.3.10 条，消火栓的启闭阀门设置位置应便于操作使用，阀门的中心距箱侧面应为 140mm，距箱后内表面应为 100mm，允许偏差 ±5mm，D 对；箱体安装的垂直度允许偏差为 ±3mm，B 对；安装后消火栓箱门的开启不应小于 120°，C 错。故本题选 C。

3.【答案】A

【解析】根据《消防给水及消火栓系统技术规范》(GB 50974—2014) 12.2.3 条，消火栓固定接口应进行密封性能试验，应以无渗漏、无损伤为合格。试验数量宜从每批中抽查 1%，但不应少于 5 个，应缓慢而均匀地升压 1.6MPa，应保压 2min。当两个及两个以上不合格时，不应使用该批消火栓。当仅有 1 个不合格时，应再抽查 2%，但不应少于 10 个，并应重新进行密封性能试验；当仍有不合格时，亦不应使用该批消火栓。故本题选 A。

4.【答案】A

【解析】根据《消防给水及消火栓系统技术规范》（GB 50974—2014）5.4.1条，下列场所的室内消火栓给水系统应设置消防水泵接合器：（1）高层民用建筑；（2）设有消防给水的住宅、超过五层的其他多层民用建筑；（3）超过2层或建筑面积大于10000m^{2}的地下或半地下建筑（室）、室内消火栓设计流量大于10L/s平战结合的人防工程；（4）高层工业建筑和超过四层的多层工业建筑；（5）城市交通隧道。根据5.4.2条，自动喷水灭火系统、水喷雾灭火系统、泡沫灭火系统和固定消防炮灭火系统等水灭火系统，均应设置消防水泵接合器。故本题选A。

5.【答案】C

【解析】根据《消防给水及消火栓系统技术规范》（GB 50974—2014）14.0.6条，系统上所有的控制阀门均应采用铅封或锁链固定在开启或规定的状态，每月应对铅封、锁链进行一次检查，当有破坏或损坏时应及时修理更换。故本题选C。

6.【答案】C

【解析】根据《消防给水及消火栓系统技术规范》（GB 50974—2014）5.2.2条，高位消防水箱的设置位置应高于其所服务的水灭火设施，且最低有效水位应满足水灭火设施最不利点处的静水压力，一类高层公共建筑，不应低于0.10MPa，但当建筑高度超过100m时，不应低于0.15MPa；高层住宅、二类高层公共建筑、多层公共建筑，不应低于0.07MPa，多层住宅不宜低于0.07MPa；工业建筑不应低于0.10MPa，当建筑体积小于20000m^{3}时，不宜低于0.07MPa；住宅建筑无论是二类高层、一类高层还是超高层均取0.07MPa，C对。故本题选C。

7.【答案】C

【解析】根据《消防给水及消火栓系统技术规范》（GB 50974—2014）7.4.13条，建筑高度不大于27m的住宅，当设置消火栓时，可采用干式消防竖管，并应符合下列规定：（1）干式消防竖管宜设置在楼梯间休息平台，且仅应配置消火栓栓口，B对，C错；（2）干式消防竖管应设置消防车供水接口，A对；（3）消防车供水接口应设置在首层便于消防车接近和安全的地点；（4）竖管顶端应设置自动排气阀，D对。故本题选C。

8.【答案】C

【解析】根据《消防给水及消火栓系统技术规范》（GB 50974—2014）7.1.1条，市政消火栓和建筑室外消火栓应采用湿式消火栓系统，A对。根据7.1.2条，室内环境温度不低于4℃，且不高于70℃的场所，应采用湿式室内消火栓系统，B对。根据7.1.4条，建筑高度不大于27m的多层住宅建筑设置室内湿式消火栓系统确有困难时，可设置干式消防竖管，C错。根据7.1.5条，严寒、寒冷等冬季结冰地区城市隧道及其他构筑物的消火栓系统，应采取防冻措施，并宜采用干式消火栓系统和干式室外消火栓，D对。故本题选C。

9.【答案】B

【解析】根据《消防给水及消火栓系统技术规范》（GB 50974—2014）7.1.6 条，干式消火栓系统的充水时间不应大于5min，A 对；在供水干管上宜设干式报警阀、雨淋阀或电磁阀、电动阀等快速启闭装置，当采用电动阀时开启时间不应超过30s，B 错；当采用雨淋阀、电磁阀和电动阀时，在消火栓箱处应设置直接开启快速启闭装置的手动按钮，C 对；在系统管道的最高处应设置快速排气阀，D 对。故本题选 B。

10.【答案】A

【解析】根据《消防产品现场检查判定规则》（GA588—2012）6.9.2.2 条，内扣式接口以扣爪垂直朝下的位置、卡式接口和螺纹式接口以接口的轴线呈水平状态，从离地 1.5 m ±0.05m 高处（从接口的最低点算起）自由跌落到混凝土地面上五次。接口坠落五次后，目测和进行连接检查。故本题选 A。

11.【答案】C

【解析】根据《消防给水及消火栓系统技术规范》（GB 50974—2014）7.2.1 条，当采用地下式室外消火栓，地下消火栓井的直径不宜小于 1.5m，A 对。根据7.2.2 条，室外地下式消火栓应有直径为 100mm 和 65mm 的栓口各一个，B 对。根据 7.2.3 条，市政消火栓宜在道路的一侧设置，并宜靠近十字路口，但当市政道路宽度超过 60m 时，应在道路的两侧交叉错落设置市政消火栓，C 错。根据7.2.6 条，市政消火栓距路边不宜小于 0.5m，并不应大于 2.0m；市政消火栓距建筑外墙或外墙边缘不宜小于 5.0m，D 对。故本题选 C。

12.【答案】D

【解析】根据《消防给水及消火栓系统技术规范》（GB 50974—2014）12.3.9 条，同一建筑物内设置的消火栓、消防软管卷盘和轻便水龙应采用统一规格的栓口、消防水枪和水带及配件。即无需采用同一厂家，只要统一规格就可以，D 错。故本题选 D。

13.【答案】C

【解析】根据《消防给水及消火栓系统技术规范》（GB 50974—2014）14.0.9 条，每年应对系统过滤器进行至少一次排渣，并应检查过滤器是否处于完好状态，当堵塞或损坏时应及时检修。故本题选 C。

14.【答案】D

【解析】根据《消防水枪》（GB 8181—2005）6.5.4 条，需测试水枪的密封性能：打开水枪的开关，水枪的进水端通过接口与试验装置相连，封闭水枪的出水端。加压过程中必须先排除枪体内的空气，然后缓慢加压至最大工作压力的 1.5 倍，保压 2min，检查结果应正确。故本题选 D。

15.【答案】C

【解析】根据《消防给水及消火栓系统技术规范》（GB 50974—2014）12.3.9条，试验用消火栓栓口处应设置压力表，A对；消火栓栓口出水方向宜向下或与设置消火栓的墙面成90°角，栓口不应安装在门轴侧，C错。根据12.3.10条，室内消火栓箱的安装应平正、牢固，暗装的消火栓箱不应破坏隔墙的耐火性能，B对；双向开门消火栓箱应有耐火等级应符合设计要求，当设计没有要求时应至少满足1h耐火极限的要求，D对。故本题选C。

16.【答案】D

【解析】根据《消防给水及消火栓系统技术规范》（GB 50974—2014）12.3.24条，架空管道外应刷红色油漆或涂红色环圈标志，并应注明管道名称和水流方向标识。红色环圈标志，宽度不应小于20mm，间隔不宜大于4m，在一个独立的单元内环圈不宜少于2处，A、B、C对，D错。故本题选D。

17.【答案】A

【解析】根据《消防给水及消火栓系统技术规范》（GB 50974—2014）7.3.4条，人防工程、地下工程等建筑应在出入口附近设置室外消火栓，且距出入口的距离不宜小于5m，并不宜大于40m，A对。根据7.3.5条，停车场的室外消火栓宜沿停车场周边设置，且与最近一排汽车的距离不宜小于7m，距加油站或油库不宜小于15m，B错。根据7.3.6条，甲、乙、丙类液体储罐区和液化烃罐罐区等构筑物的室外消火栓，应设在防火堤或防护墙外，数量应根据每个罐的设计流量经计算确定，但距罐壁15m范围内的消火栓，不应计算在该罐可使用的数量内，故C错。根据7.3.7条，工艺装置区等采用高压或临时高压消防给水系统的场所，其周围应设置室外消火栓，数量应根据设计流量经计算确定，且间距不应大于60.0m。当工艺装置区宽度大于120.0m时，宜在该装置区内的路边设置室外消火栓，D错。故本题选A。

18.【答案】D

【解析】根据《消防给水及消火栓系统技术规范》（GB 50974—2014）8.3.1条，阀门选择应符合下列规定：（1）埋地管道的阀门宜采用带启闭刻度的暗杆闸阀，D错；当设置在阀门井内时可采用耐腐蚀的明杆闸阀，A对；（2）室内架空管道的阀门宜采用蝶阀、明杆闸阀或带启闭刻度的暗杆闸阀等，B对；（3）室外架空管道宜采用带启闭刻度的暗杆闸阀或耐腐蚀的明杆闸阀，C对。故本题选D。

19.【答案】B

【解析】根据《消防给水及消火栓系统技术规范》（GB 50974—2014）8.2.9条，架空管道的连接宜采用沟槽连接件（卡箍）、螺纹、法兰、卡压等方式，不宜采用焊接连接。当管径小于或等于DN50时，应采用螺纹和卡压连接，当管径大于DN50时，应采用沟槽连接件连接、法兰连接，当安装空间较小时应采用沟槽连接件连接。故本题选B。

20.【答案】B

【解析】根据《消防给水及消火栓系统技术规范》（GB 50974—2014）8.2.6 条，埋地金属管道的管顶覆土应符合下列规定：（1）管道最小管顶覆土应按地面荷载、埋深荷载和冰冻线对管道的综合影响确定，A 对；（2）管道最小管顶覆土不应小于 0.70m，B 错；但当在机动车道下时管道最小管顶覆土应经计算确定，并不宜小于 0.90m，C 对；（3）管道最小管顶覆土应至少在冰冻线以下 0.30m，D 对。故本题选 B。

21.【答案】D

【解析】根据《消防给水及消火栓系统技术规范》（GB 50974—2014）7.3.2 条，建筑室外消火栓的数量应根据室外消火栓设计流量和保护半径经计算确定，保护半径不应大于 150.0m，每个室外消火栓的出流量宜按 10～15L/s 计算，A 对。根据 7.3.3 条，室外消火栓宜沿建筑周围均匀布置，且不宜集中布置在建筑一侧，B 对；建筑消防扑救面一侧的室外消火栓数量不宜少于 2 个，C 对。根据 7.3.10 条，室外消防给水引入管当设有倒流防止器，且火灾时因其水头损失导致室外消火栓不能满足规范要求时，应在该倒流防止器前设置一个室外消火栓，D 错。故本题选 D。

22.【答案】C

【解析】根据《消防给水及消火栓系统技术规范》（GB 50974—2014）7.4.2 条，室内消火栓宜配置当量喷嘴直径 16mm 或 19mm 的消防水枪，但当消火栓设计流量为 2.5L/s 时宜配置当量喷嘴直径 11mm 或 13mm 的消防水枪；消防软管卷盘和轻便水龙应配置当量喷嘴直径 6mm 的消防水枪。故本题选 C。

23.【答案】C

【解析】根据《消防给水及消火栓系统技术规范》（GB 50974—2014）7.4.7 条，住宅的室内消火栓宜设置在楼梯间及其休息平台，A 对。根据 7.4.9 条，设有室内消火栓的建筑应设置带有压力表的试验消火栓，多层和高层建筑应在其屋顶设置，B 对。根据 7.4.14 条，住宅户内宜在生活给水管道上预留一个接 DN15 消防软管或轻便水龙的接口，C 错。根据《建筑设计防火规范》（GB 50016—2014）（2018 年版）8.2.4 条，高层住宅建筑的户内宜配置轻便消防水龙，D 对。故本题选 C。

24.【答案】C

【解析】根据《消防给水及消火栓系统技术规范》（GB 50974—2014）4.3.11 条，除可一路消防供水的建筑物外，向高位消防水池供水的给水管不应少于两条，A 对；当高层民用建筑采用高位消防水池供水的高压消防给水系统时，高位消防水池储存室内消防用水量确有困难，但火灾时补水可靠，其总有效容积不应小于室内消防用水量的 50%，B 对；高层民用建筑高压消防给水系统的高位消防水池总有效容积大于 200m^3 时，宜设置蓄水有效容积相等且可独立使用的两格；当建筑高度大于100m时应设置独立的两座。每格或座应有一条独立的出水管向消防给水系统供水；该建筑为超高层，应设独立的两座，C错；高位消防水池设置在建筑物内时，应采用耐火极限不低于2.00h的防火隔墙和1.50h的不燃性楼板与其他部位隔开，并应设甲级防火门，D对。故本题选C。

25.【答案】B

【解析】根据《消防给水及消火栓系统技术规范》（GB 50974—2014）5.1.17条，消防水泵吸水管和出水管上应设置压力表，并应符合下列规定：消防水泵出水管压力表的最大量程不应低于其设计工作压力的2倍，且不应低于1.60MPa，A对；消防水泵吸水管宜设置真空表、压力表或真空压力表，压力表的最大量程应根据工程具体情况确定，但不应低于0.70MPa，真空表的最大量程宜为-0.10MPa，B错，C对；压力表的直径不应小于100mm，应采用直径不小于6mm的管道与消防水泵进出口管相接，并应设置关断阀门，D对。故本题选B。

26.【答案】C

【解析】根据《消防给水及消火栓系统技术规范》（GB 50974—2014）5.2.1条，临时高压消防给水系统的高位消防水箱的有效容积应满足初期火灾消防用水量的要求，一类高层公共建筑，不应小于36m^3；总建筑面积大于10000m^2且小于30000m^2的商店建筑，不应小于36m^3，总建筑面积大于30000m^2的商店，不应小于50m^3，当与本条前款规定不一致时应取其较大值。该建筑商场总建筑面积为32000m^2，故高位消防水箱的有效容积不应小于50m^3。故本题选C。

27.【答案】D

【解析】根据《消防给水及消火栓系统技术规范》（GB 50974—2014）5.2.5条，进水管的管径应满足消防水箱8h充满水的要求，但管径不应小于DN32，进水管宜设置液位阀或浮球阀，A对；高位消防水箱的最低有效水位应根据出水管喇叭口和防止旋流器的淹没深度确定，当采用出水管喇叭口时，淹没深度不应小于600mm；当采用防止旋流器时应根据产品确定，且不应小于150mm的保护高度，B对；溢流管的直径不应小于进水管直径的2倍，且不应小于DN100，溢流管的喇叭口直径不应小于溢流管直径的1.5~2.5倍，即溢流管的喇叭口直径不应小于进水管直径的3~5倍，C对；当进水管为淹没出流时，应在进水管上设置防止倒流的措施或在管道上设置虹吸破坏孔和真空破坏器，虹吸破坏孔的孔径不宜小于管径的1/5，且不应小于25mm。但当采用生活给水系统补水时，进水管不应淹没出流，D错。故本题选D。

28.【答案】D

【解析】根据《消防给水及消火栓系统技术规范》（GB 50974—2014）5.3.3条，稳压泵的设计压力应保持系统自动启泵压力设置点处的压力在准工作状态时大于系统设置自动启泵压力值，且增加值宜为0.07~0.10MPa，A对；稳压泵的设计压力应保持系统最不利点处水灭火设施在准工作状态时的静水压力应大于

0.15MPa，B 对。根据 5.3.4 条，设置稳压泵的临时高压消防给水系统应设置防止稳压泵频繁启停的技术措施，当采用气压水罐时，其调节容积应根据稳压泵启泵次数不大于 15 次/h 计算确定，但有效储水容积不宜小于 150L，C 对。根据《自动喷水灭火系统设计规范》（GB 50084—2017）10.3.3 条，采用临时高压给水系统的自动喷水灭火系统，当可不设置高位消防水箱时，系统应设气压供水设备。气压供水设备的有效水容积，应按系统最不利处 4 只喷头在最低工作压力下的 5min 用水量确定。一般情况一只喷头的流量约为 1L/s，则气压罐的有效水容积约为 4×1×5×60L＝1200L，D 错。故本题选 D。

二、多项选择题

1.【答案】ACE

【解析】根据《消防给水及消火栓系统技术规范》（GB 50974—2014）12.4.5 条，水压试验时环境温度不宜低于 5℃，当低于 5℃时，水压试验应采取防冻措施，A 对。根据 12.4.3 条，水压强度试验的测试点应设在系统管网的最低点，B 错。根据 12.4.1 条，干式消火栓系统应做水压试验和气压试验，C 对。冲试压用的压力表不应少于 2 只；精度不应低于 1.5 级，量程应为试验压力值的 1.5～2 倍，D 错；水压试验和水冲洗宜采用生活用水进行，不应使用海水或含有腐蚀性化学物质的水，E 对。故本题选 ACE。

2.【答案】BC

【解析】根据《消防给水及消火栓系统技术规范》（GB 50974—2014）11.0.3 条，消防水泵应确保从接到启泵信号到水泵正常运转的自动启动时间不应大于 2min，A 错。根据 11.0.12 条，消防水泵机械应急启动时，应确保消防水泵在报警 5.0min 内正常工作，B 对。根据 13.1.4 条，以备用电源切换方式或备用泵切换启动消防水泵时，消防水泵应分别在 1min 或 2min 内投入正常运行，C 对。以自动直接启动或手动直接启动消防水泵时，消防水泵应在 55s 内投入正常运行，且应无不良噪声和振动，D 错。根据《火灾自动报警系统设计规范》（GB 50116—2013）4.3.1 条，消火栓系统的联动控制应由消火栓系统出水干管上设置的低压压力开关、高位消防水箱出水管上设置的流量开关或报警阀压力开关等信号作为触发信号，直接控制启动消火栓泵；当设置消火栓按钮时，消火栓按钮的动作信号应作为报警信号及启动消火栓泵的联动触发信号。故 E 错。故本题选 BC。

3.【答案】BDE

【解析】根据《消防给水及消火栓系统技术规范》（GB 50974—2014）7.4.12 条，高层建筑、厂房、库房和室内净空高度超过 8m 的民用建筑等场所，消火栓栓口动压不应小于 0.35MPa，且消防水枪充实水柱应按 13m 计算；其他场所，消火栓栓口动压不应小于 0.25MPa，且消防水枪充实水柱应按 10m 计算，B、D、E 对。故本题选 BDE。

4.【答案】ABD

【解析】根据《消防给水及消火栓系统技术规范》（GB 50974—2014）13.2.18 条及附录F，消防水泵控制柜的安装位置和防护等级不正确，属于重缺陷项（B）；高位消防水箱、高位消防水池和消防水池等的有效容积和水位测量装置不正确，属于严重缺陷项（A）；主、备电源不能正常切换，属于重缺陷项（B）；室内消火栓的安装高度不正确，属于轻缺陷项（C）；系统验收合格判定应为 $A=0$，且 $B\leqslant 2$，且 $B+C\leqslant 6$ 为合格。故本题选 ABD。

5.【答案】AB

【解析】根据《消防给水及消火栓系统技术规范》（GB 50974—2014）12.4.9 条，管网冲洗的水流方向应与灭火时管网的水流方向一致，A 对。根据 12.4.8 条，管网冲洗的水流流速、流量不应小于系统设计的水流流速、流量；管网冲洗宜分区、分段进行；水平管网冲洗时，其排水管位置应低于冲洗管网，B 对。根据 12.4.11 条，管网冲洗宜设临时专用排水管道，其排放应畅通和安全。排水管道的截面面积不应小于被冲洗管道截面面积的 60%，C 错。根据 12.4.1 条，冲洗管道直径大于 DN100 时，应对其死角和底部进行振动，但不应损伤管道，D 错。根据 12.4.10 条，管网冲洗应连续进行。当出口处水的颜色、透明度与入口处水的颜色、透明度基本一致时，冲洗方可结束；采用白布检查，直至无铁锈、尘土、水渍及其他异物出现，是管网吹扫时的要求，E 错。故本题选 AB。

6.【答案】AD

【解析】根据《消防给水及消火栓系统技术规范》（GB 50974—2014）12.3.19 条，消防给水管穿过地下室外墙、构筑物墙壁以及屋面等有防水要求处时，应设防水套管，A 对；消防给水管穿过建筑物承重墙或基础时，应预留洞口，洞口高度应保证管顶上部净空不小于建筑物的沉降量，不宜小于 0.1m，并应填充不透水的弹性材料，B 错；消防给水管穿过墙体或楼板时应加设套管，套管长度不应小于墙体厚度，或应高出楼面或地面 50mm，C 错；消防给水管可能发生冰冻时，应采取防冻技术措施，D 对；消防给水管必须穿过伸缩缝及沉降缝时，应采用波纹管和补偿器等技术措施，E 错。故本题选 AD。

7.【答案】ABDE

【解析】根据《消防给水及消火栓系统技术规范》（GB 50974—2014）12.3.13 条，钢丝网骨架塑料复合管给水管道与金属管道或金属管道附件的连接，应采用法兰或钢塑过渡接头连接，与直径小于或等于 DN50 的镀锌管道或内衬塑镀锌管的连接，宜采用锁紧型承插式连接，A、D 对；管道各种连接应采用相应的专用连接工具，E 对。根据 12.3.16 条，钢塑过渡接头的钢丝网骨架塑料复合管管端与聚乙烯管道连接，应符合热熔连接或电熔连接，B 对；钢塑过渡接头钢管端与钢管应采用法兰连接，不得采用焊接连接，当必须焊接时，应采取降温措施，C 错。故本题选 ABDE。

8.【答案】AC

【解析】根据《消防给水及消火栓系统技术规范》（GB 50974—2014）12.3.6 条，消防水泵接合器的安装，应按接口、本体、连接管、止回阀、安全阀、放空管、控制阀的顺序进行，止回阀的安装方向应使消防用水能从消防水泵接合器进入系统，A 对；水泵接合器接口距室外消火栓或消防水池的距离不宜小于15m，并不宜大于40m，B 错；墙壁水泵接合器与墙面上的门、窗，孔、洞的净距离不应小于2.0m，且不应安装在玻璃幕墙下方，D 错；地下消防水泵接合器的安装，应使进水口与井盖底面的距离不大于0.4m，且不应小于井盖的半径，E 错。故本题选 AC。

9.【答案】ABE

【解析】根据《消防给水及消火栓系统技术规范》（GB 50974—2014）12.2.1 条，消防水泵、消火栓、消防水带、消防水枪、消防软管卷盘或轻便水龙、报警阀组、电动（磁）阀、压力开关、流量开关、消防水泵接合器、沟槽连接件等系统主要设备和组件，应经国家消防产品质量监督检验中心检测合格；稳压泵、气压水罐、消防水箱、自动排气阀、信号阀、止回阀、安全阀、减压阀、倒流防止器、蝶阀、闸阀、流量计、压力表、水位计等，应经相应国家产品质量监督检验中心检测合格；A、B、E 对。故本题选 ABE。

10.【答案】ABD

【解析】根据《消防给水及消火栓系统技术规范》（GB 50974—2014）13.1.8 条，消火栓的调试和测试应符合下列规定：（1）试验消火栓动作时，应检测消防水泵是否在本规范规定的时间内自动启动，A 对；（2）试验消火栓动作时，应测试其出流量、压力和充实水柱的长度，B 对；并应根据消防水泵的性能曲线核实消防水泵供水能力，C 错；（3）应检查旋转型消火栓的性能能否满足其性能要求，D 对；（4）应采用专用检测工具，测试减压稳压型消火栓的阀后动静压是否满足设计要求。根据 7.6.2 条，室内消火栓栓口的出水压力不应大于 0.50MPa，E 错。故本题选 ABD。

11.【答案】BC

【解析】根据《消防给水及消火栓系统技术规范》（GB 50974—2014）9.2.3 条，消防电梯的井底排水设施应符合下列规定：（1）排水泵集水井的有效容量不应小于2.00m^3，A 错；（2）排水泵的排水量不应小于 10L/s，B 对。根据 9.3.1 条，消防给水系统试验装置处应设置专用排水设施，排水管径应符合下列规定：（1）自动喷水灭火系统等自动水灭火系统末端试水装置处的排水立管管径，应根据末端试水装置的泄流量确定，并不宜小于 DN75，C 对；（2）报警阀处的排水立管宜为 DN100，D 错；（3）减压阀处的压力试验排水管道直径应根据减压阀流量确定，但不应小于 DN100，E 错。故本题选 BC。

12.【答案】CD

【解析】根据《建筑设计防火规范》（GB 50016—2014）（2018 年版）8.2.4 条，老年人照料设施内应设置与室内供水系统直接连接的消防软管卷盘，消防软管卷盘的设置间距不应大于 30.0m，A 对。根据《消防给水及消火栓系统技术规范》（GB 50974）7.4.10 条，消火栓按 2 支消防水枪的 2 股充实水柱布置的建筑物，消火栓的布置间距不应大于 30.0m；消火栓按 1 支消防水枪的 1 股充实水柱布置的建筑物，消火栓的布置间距不应大于 50.0m。根据 3.5.2 条，人防工程中体积 $V\leqslant1000m^3$ 的展览厅、影院、剧场、礼堂等同时使用消防水枪数可按 1 支确定，B 对。根据 7.4.6 条，室内消火栓的布置应满足同一平面有 2 支消防水枪的 2 股充实水柱同时达到任何部位的要求，但建筑高度小于或等于 24.0m 且体积小于或等于 $5000m^3$ 的多层仓库、建筑高度小于或等于 54m 且每单元设置一部疏散楼梯的住宅，以及本规范表 3.5.2 中规定可采用 1 支消防水枪的场所，可采用 1 支消防水枪的 1 股充实水柱到达室内任何部位，C、D 错。根据 7.4.15 条，跃层住宅和商业网点的室内消火栓应至少满足一股充实水柱到达室内任何部位，并宜设置在户门附近，E 对。故本题选 CD。

第四节　自动喷水灭火系统

一、单项选择题（每题的备选项中，只有 1 个最符合题意）

1. 某体育馆改造，拟增设自动喷水灭火系统，根据现行国家标准《自动喷水灭火系统施工及验收规范》（GB 50261），下列关于该自动喷水灭火系统工程施工单位的质量管理说法中，正确的是（　　）。

A. 系统施工应按建设单位要求编写施工方案

B. 施工现场应具有必要的施工技术标准、健全的施工质量管理体系和工程质量检验制度

C. 施工图应经审查批准或备案后方可施工，经主管部门批准，可在施工图审查批准或备案前施工

D. 建设、设计单位应在施工前向施工、监理单位进行技术交底

2. 某新建高层住宅楼，设计有自动喷水灭火系统，施工前施工单位对系统组件、管件及其他设备、材料进行现场检查，根据现行国家标准《自动喷水灭火系统施工及验收规范》（GB 50261），下列关于该现场检查的说法中，错误的是（　　）。

A. 系统组件、管件及其他设备、材料，应符合设计要求和国家现行有关标准，并应具有出厂合格证或质量认证书

B. 报警阀组应经国家消防产品质量监督检验中心检测合格

C. 稳压泵应经国家消防产品质量监督检验中心检测合格

D. 止回阀应经相应国家产品质量监督检验中心检测合格

3. 某新建幼儿园，设计有自动喷水灭火系统，施工前施工单位对系统组件、管件及其他设备、材料进行现场检查，根据现行国家标准《自动喷水灭火系统施工及验收规范》（GB 50261），下列组件不需要检查水流方向永久性标志的是（　　）。

A. 水流指示器　　B. 过滤器　　C. 压力开关　　D. 报警阀

4. 某新建旅馆，建筑高度18m，设计有自动喷水灭火系统，供水设施安装与施工完成后进行检查，根据现行国家标准《自动喷水灭火系统施工及验收规范》（GB 50261），下列检查结果正确的是（　　）。

A. 喷淋泵安装时环境温度为5℃，未采取防冻措施

B. 高位消防水箱泄水管与生活用水的排水系统直接相连

C. 组装式消防水泵接合器按接口、本体、联接管、安全阀、止回阀、放空管、控制阀的顺序进行

D. 消防气压给水设备出水管未设止回阀

5. 某新建五星级酒店，设计有自动喷水灭火系统，8500只喷头安装完成后进行检查，根据现行国家标准《自动喷水灭火系统施工及验收规范》（GB 50261），下列检查结果中，正确的是（　　）。

A. 喷头在系统试压后、冲洗合格前安装

B. 为了美观大方，酒店走道内喷头采用水性环保漆涂成白色

C. 喷头使用专用扳手安装，并利用喷头的框架施拧

D. 抽查6处共1800只喷头，检查喷头溅水盘与吊顶、门、窗、洞口或障碍物的距离

6. 某新建高层金融电信楼，设计有自动喷水灭火系统，系统安装完成后进行检查，根据现行国家标准《自动喷水灭火系统施工及验收规范》（GB 50261），下列检查结果中，错误的是（　　）。

A. 信号阀安装在水流指示器后的管道上，与水流指示器的间距为300mm

B. 自动排气阀安装在配水干管顶部、配水管的末端

C. 压力开关的引出线采用防水套管锁定

D. 水力警铃安装在值班室附近的外墙上

7. 某寒冷地区新建汽车库，室内温度最低均为零下10℃，设计有干式自动喷水灭火系统，系统安装完成后对干式报警阀组进行检查，根据现行国家标准《自动喷水灭火系统施工及验收规范》（GB 50261），下列检查结果中，正确的是（　　）。

A. 干式报警阀组安装在停车区合适位置处

B. 安全排气阀安装在气源和报警阀之间，且靠近气源

C. 报警阀气室注入高度80mm的清水

D. 报警阀正面与墙的距离为1.0m

8. 某新建摄影棚，设计有雨淋系统，系统安装完成后对雨淋报警阀组进行检查，根据现行国家标准《自动喷水灭火系统施工及验收规范》（GB 50261），下列检查结果中，错误的是（　　）。

A. 雨淋阀组采用电动开启和手动开启方式

B. 压力表安装在雨淋阀的配水管一侧

C. 雨淋阀组先安装水源控制阀、雨淋阀，再进行辅助管道的连接

D. 安装雨淋阀组的地面设有排水设施

9. 某海边码头，新建一餐厅，设计有自动喷水灭火系统，管网安装完毕后对其进行系统试压，根据现行国家标准《自动喷水灭火系统施工及验收规范》（GB 50261），下列关于系统试压说法中，正确的是（　　）。

A. 水压试验可就近采用海水

B. 不能参与试压的设备、仪表、阀门及附件应加以隔离或拆除；加设的临时盲板应具有突出于法兰的边耳，且应做明显标志

C. 系统试压完成后，应及时拆除影响后续施工的临时盲板

D. 系统试压完成后，应及时批准试压方案

10. 某新建门诊楼，建筑高度 20m，设计有自动喷水灭火系统，系统设计工作压力为 0.8MPa，管网安装完毕后对其进行系统试压，根据现行国家标准《自动喷水灭火系统施工及验收规范》（GB 50261），该系统水压强度试验压力不低于（　　）MPa。

A. 0.8　　B. 1.0　　C. 1.2　　D. 1.4

11. 某新建书库，设计有预作用系统，系统设计工作压力为 0.9MPa，管网安装完毕后对其进行气压试验，根据现行国家标准《自动喷水灭火系统施工及验收规范》（GB 50261），下列关于该系统气压试验做法中，错误的是（　　）。

A. 用气压严密性试验代替水压严密性试验

B. 气压严密性试验的介质采用压缩空气

C. 气压严密性试验试验压力为 0.28MPa，稳压 24h

D. 压力降 0.01MPa，判定气压严密性试验合格

12. 某新建广播电视楼，设计有湿式自动喷水灭火系统，管网安装完毕后对其进行管网冲洗，根据现行国家标准《自动喷水灭火系统施工及验收规范》（GB 50261），下列关于该系统管网冲洗的说法中，正确的是（　　）。

A. 管网冲洗应在水压强度试验和水严密性和水压严密性试验合格后进行

B. 室内部分的冲洗应按配水管、配水干管、配水支管的顺序进行

C. 管网冲洗的水流流速、流量不应小于系统设计的流速、流量

D. 管网冲洗结束后，必须采用压缩空气吹干

13. 某新建图书馆，建筑高度 20m，设计采用临时高压消防给水并设有湿式自动喷水灭火系统，自动喷水灭火系统设计流量为 35L/s，系统安装完成后由施工单位组织实施自动喷水灭火系统调试，根据现行国家标准《自动喷水灭火系统施工及验收规范》（GB 50261），下列关于水源测试的描述中，正确的是（　　）。

A. 高位消防水箱设置在屋顶，容积为 $18m^3$

B. 消防水池的水位显示装置仅设置就地显示装置

C. 消防用水与生活用水共用消防水池，生活水泵吸水管在消防水位处设置 φ25 真空破坏孔

D. 采用移动式消防水泵对系统的 2 个消防水泵接合器做供水试验，供水能力正确

14. 某新建档案馆，设计有临时高压消防给水系统的湿式自动喷水灭火系统，系统安装完成后由施工单位组织实施自动喷水灭火系统调试，根据现行国家标准《自动喷水灭火系统施工及验收规范》(GB 50261)，下列关于消防水泵调试的描述中，错误的是（　　）。

A. 以自动方式启动消防水泵，消防水泵 40s 时投入正常运行

B. 以手动方式启动消防水泵，消防水泵 50s 时投入正常运行

C. 以备用电源切换方式启动消防水泵，消防水泵 65s 时投入正常运行

D. 以备用泵切换方式启动消防水泵，消防水泵 105s 时投入正常运行

15. 某档案馆，设有临时高压消防给水系统的湿式自动喷水灭火系统，委托有资质的消防技术服务机构对其年度检测。检测中发现湿式报警阀组漏水，其可能的原因不包括（　　）。

A. 排水阀门未完全关闭　　B. 系统侧管道接口渗漏

C. 复位杆未复位或者损坏　　D. 阀瓣密封垫老化或者损坏

16. 某木结构古建筑，设有湿式自动喷水灭火系统，委托有资质的消防技术服务机构对其年度检测，根据现行规范《建筑消防设施检测技术规程》(GA 503)，下列关于该系统功能测试技术要求说法中，错误的是（　　）。

A. 开启末端试水装置后 1min，其出水压力不应低于 0. 05MPa

B. 报警阀动作后，距水力警铃 3m 远处的声压级不应低于 70dB

C. 应在开启末端试水装置后 5min 内自动启动消防水泵

D. 消防控制设备应显示水流指示器、压力开关及消防水泵的反馈信号

17. 某机场航站楼，设有湿式自动喷水灭火系统，委托有资质的消防技术服务机构对其年度检测，根据现行规范《建筑消防设施检测技术规程》(GA 503)，下列关于该系统功能测试检测方法说法中，错误的是（　　）。

A. 开启最不利处末端试水装置，查看压力表显示

B. 测量自开启末端试水装置到出水压力达到 0. 05MPa 的时间

C. 用声级计测量水力警铃声强值。

D. 系统恢复正常

18. 某商场，总建筑面积为 4000m^2，设有湿式自动喷水灭火系统，由具有资格的值班人员对其进行巡查。根据现行规范《建筑消防设施的维护管理》(GB 25201)，下列关于该系统巡查内容的说法中，错误的是（　　）。

A. 喷头外观及距周边障碍物或保护对象的距离

B. 报警阀组外观

C. 充气设备外观及运行状况

D. 末端试水装置外观及现场环境

19. 某制药车间，设有湿式自动喷水灭火系统，委托有资质的消防技术服务机构对其年度检测。根据现行规范《建筑消防设施的维护管理》（GB 25201），不属于该系统检测内容的是(　　)。

A. 水流指示器　　B. 末端试水装置　　C. 联动控制功能　　D. 水源控制阀

20. 某高层综合楼，设有自动喷水灭火系统，由施工单位对其进行管网安装。根据现行国家标准《自动喷水灭火系统施工及验收规范》（GB 50261），热镀锌钢管、涂覆钢管、不锈钢管、铜管均可采用的安装方式是（　　）。

A. 钎焊连接　　B. 卡压连接　　C. 粘接连接　　D. 沟槽式连接

21. 某高层住宅楼，设有自动喷水灭火系统，由施工单位对其进行管网安装，根据现行国家标准《自动喷水灭火系统施工及验收规范》（GB 50261），下列关于该系统管网采用的氯化聚氯乙烯（PVC－C）管道安装的说法中，错误的是（　　）。

A. 氯化聚氯乙烯（PVC－C）管材与氯化聚氯乙烯（PVC－C）管件的连接，应采用卡压连接

B. 氯化聚氯乙烯（PVC－C）管材与法兰式管道、阀门及管件的连接，应采用氯化聚氯乙烯（PVC－C）法兰与其他材质法兰对接连接

C. 氯化聚氯乙烯（PVC－C）管材与螺纹式管道、阀门及管件的连接，应采用内丝接头的注塑管件螺纹连接

D. 氯化聚氯乙烯（PVC－C）管材与沟槽式（卡箍）管道、阀门及管件的连接，应采用沟槽（卡箍）注塑管件连接

22. 某地下商场，总建筑面积 10000m^2，设有自动喷水灭火系统，由施工单位对其进行管网安装，根据现行国家标准《自动喷水灭火系统施工及验收规范》（GB 50261），下列关于该系统管网安装的说法中，错误的是（　　）。

A. 管网安装前应校直管道

B. 管网安装前应清除管道内部的杂物

C. 管网安装时应随时清除管道内部的杂物

D. 在具有腐蚀性的场所，管网安装后应按设计要求对管道、管件等进行防腐处理

23. 某地上 4 层商场，总建筑面积 20000m^2，设有自动喷水灭火系统，由施工单位对其进行管网安装。根据现行国家标准《自动喷水灭火系统施工及验收规范》（GB 50261），下列关于该系统沟槽式管件连接的做法中，错误的是（　　）。

A. 沟槽式管件材质为球墨铸铁，橡胶密封圈的材质为 EPDM（三元乙丙橡胶）

B. 沟槽式管件连接时，其管道连接沟槽和开孔均采用专用滚槽机和开孔机加工，并做防腐处理

C. 配水干管与配水管连接采用机械三通

D. 埋地的沟槽式管件的螺栓、螺帽均做防腐处理

24. 某地下停车场，设有自动喷水灭火系统，由施工单位对其进行管网安装，根据现行国家标准《自动喷水灭火系统施工及验收规范》（GB 50261），下列关于该系统沟螺纹

连接的说法中，错误的是（　　）。

A. 管道不宜采用机械切割，切割面不得有飞边、毛刺

B. 当管道变径时，宜采用异径接头

C. 当需要采用补芯时，三通上可用 1 个，四通上不应超过 2 个

D. 公称直径大于 50mm 的管道不宜采用活接头

25. 某卷烟仓库，设有自动喷水火火系统，配水管道采用内外壁热镀锌钢管，由施工单位对其进行管网安装。根据现行国家标准《自动喷水灭火系统施工及验收规范》（GB 50261），下列关于该系统管网安装的说法中，错误的是（　　）。

A. 安装应采用螺纹、沟槽式管件或法兰连接

B. 法兰连接应采用焊接法兰，不得采用螺纹法兰，焊接法兰焊接处应做防腐处理，并宜重新镀锌后再连接

C. 螺纹连接的密封填料应均匀附着在管道的螺纹部分；拧紧螺纹时，不得将填料挤入管道内；连接后，应将连接处外部清理干净

D. 沟槽式连接时，沟槽式管件的凸边应卡进沟槽后再紧固螺栓，两边应同时紧固，紧固时发现橡胶圈起皱应更换新橡胶圈

26. 某高层办公楼，设有自动喷水灭火系统，管网安装完成后对其安装质量进行检查。根据现行国家标准《自动喷水灭火系统施工及验收规范》（GB 50261），下列检查结果中，正确的是（　　）。

A. 公称直径 100mm 的管道距离顶板的安装距离为 150mm

B. 管道吊架与喷头之间的距离为 200mm

C. 管道穿过办公室楼板的套管顶部高出装饰地面 20mm

D. 配水管做红色环圈标志，宽度 20mm，间距 5m

27. 某医院，设有湿式自动喷水灭火系统，部分场所采用消防洒水软管，由施工单位对其进行管网安装，根据现行国家标准《自动喷水灭火系统施工及验收规范》（GB 50261），下列关于消防洒水软管安装的描述中，错误的是（　　）。

A. 消防洒水软管安装相应的支架系统进行固定，确保连接喷头处锁紧

B. 消防洒水软管波纹段与接头处 60mm 之内无弯曲

C. 洁净室区域的消防洒水软管采用橡胶圈密封的组装形式的软管

D. 风烟管道处的消防洒水软管采用全不锈钢材料制作的编织网形式焊接型软管

二、多项选择题（每题的备选项中有 2 个或 2 个以上符合题意。错选、漏选不得分；少选，所选的每个选项得 0.5 分）

1. 某新建商场，设计有自动喷水灭火系统，根据现行国家标准《自动喷水灭火系统施工及验收规范》（GB 50261），下列关于该自动喷水灭火系统工程施工单位的质量管理说法中，正确的是（　　）。

A. 施工过程中要进行质量控制，各工序应按施工技术标准进行质量控制，每道工序

完成后，应进行检查，检查合格后方可进行下道工序

B. 施工后，使用的水、电、气确保满足施工要求

C. 自动喷水灭火系统施工前，应对系统组件、管件及其他设备、材料进行现场检查，检查不合格者应谨慎使用

D. 施工过程中要进行质量控制，相关各专业工种之间应进行交接检验，并经监理工程师签证后方可进行下道工序

E. 施工过程中要进行质量控制，施工过程质量检查组织应由建设单位组织施工单位人员组成

2. 某新建办公楼，设计有湿式自动喷水灭火系统，施工前同时到货的喷头是北京某消防设备公司生产的产品型号为 ZSTX－20 喷头（260 只）和产品型号为 ZSTZ－20 喷头（280 只），施工单位对喷头进行密封性能试验。根据现行国家标准《自动喷水灭火系统施工及验收规范》（GB 50261），下列关于对此次到货的喷头的密封性能试验的描述中，错误的有（　　）。

A. 分别抽查两种型号喷头各 5 只

B. 试验压力为 3.0MPa，保压时间 3min

C. 一只喷头不合格，不得使用同型号所有喷头

D. 一只喷头不合格，再抽查同型号喷头 10 只

E. 两只喷头不合格，这 540 只喷头严禁使用

3. 某新建养老院，设计有湿式自动喷水灭火系统，施工前施工单位对 5 个报警阀组进行现场检验。根据现行国家标准《自动喷水灭火系统施工及验收规范》（GB 50261），下列关于此次报警阀组现场检验的描述中，错误的有（　　）。

A. 抽查 3 个报警阀组进行渗漏试验

B. 报警阀额定工作压力 1.6MPa，渗漏试验的试验压力 2.0MPa

C. 渗漏试验保压时间 5min

D. 报警阀有商标、型号、规格等永久性标志，无水流方向标志

E. 水力警铃的铃锤转动灵活、无阻滞现象

4. 某新建高层邮政楼，设计有湿式自动喷水灭火系统，水流指示器安装完成后进行检查，根据现行国家标准《自动喷水灭火系统施工及验收规范》（GB 50261），下列检查结果中，属于主控项目且描述正确的有（　　）。

A. 水流指示器的引出线裸露

B. 水流指示器的安装在管道试压和冲洗合格前进行

C. 水流指示器的电器元件部位水平安装在竖直管道上

D. 水流指示器动作方向与水流方向一致

E. 安装后的水流指示器浆片动作灵活

5. 某新建高层指挥调度楼，设计有湿式自动喷水灭火系统，系统安装完成后对湿式报警阀组进行检查，根据现行国家标准《自动喷水灭火系统施工及验收规范》（GB

50261)，下列检查结果中，正确的有（ ）。

A. 水源控制阀采用信号阀，未设置可靠的锁定装置

B. 报警水流通道上的过滤器安装在延迟器后，且便于排渣

C. 报警阀组在供水管网试压、冲洗合格后安装

D. 报警阀左侧与墙的距离为0.8m

E. 报警阀凸出部位之间的距离为0.6m

6. 某新建商场，建筑高度15m，地上4层，均为品牌服饰营业厅；地下1层，为自选超市和设备用房。该商场设计有湿式自动喷水灭火系统，系统设计工作压力为1.0MPa，管网安装完毕后对其进行水压试验，根据现行国家标准《自动喷水灭火系统施工及验收规范》(GB 50261)，下列关于该系统水压试验的描述中，正确的有（ ）。

A. 水压强度试验采用生活用水进行，试验压力为1.4MPa

B. 水压强度试验的测试点设置首层管网的最低点

C. 达到水压强度试验压力后稳压30min，管网无泄漏、无变形，压力降0.03MPa

D. 水压严密性试验在水压强度试验后，管网冲洗前进行

E. 水压严密性试验试压压力为1.0MPa，稳压24h，无渗漏

7. 某新建疗养院，设计有高压消防给水系统的湿式自动喷水灭火系统，系统安装完成后由施工单位组织实施系统调试。根据现行国家标准《自动喷水灭火系统施工及验收规范》(GB 50261)，下列调试内容中，是主控项目的有（ ）。

A. 水源测试　　B. 报警阀调试　　C. 排水设施调试　　D. 联动试验

E. 消防水泵调试

8. 某新建病房楼，设计有高压消防给水系统的湿式自动喷水灭火系统，系统安装完成后由施工单位组织实施调试。根据现行国家标准《自动喷水灭火系统施工及验收规范》(GB 50261)，下列关于该系统调试应具备条件的说法中，错误的有（ ）。

A. 高位消防水池应储存调试所需的水量

B. 高位消防水箱应储存调试所需的水量

C. 系统管网内应充满水

D. 与系统配套的火灾自动报警系统应处于工作状态

E. 消防气压给水设备的水位、水压应符合设计要求

9. 下列关于湿式自动喷水灭火系统洒水喷头选型的检查结果中，正确的有（ ）。

A. 不做吊顶的场所，配水支管布置在梁下，采用下垂型洒水喷头

B. 吊顶下布置的洒水喷头，采用直立型洒水喷头

C. 顶板为水平面的住宅建筑，采用边墙型洒水喷头

D. 顶板为水平面，且无梁、通风管道等障碍物影响喷头洒水的场所，采用扩大覆盖面积洒水喷头

E. 学校宿舍采用家用喷头

10. 某音乐厅，设置了临时高压消防给水系统的湿式自动喷水灭火系统，根据现行国

家标准《自动喷水灭火系统施工及验收规范》（GB 50261），下列关于该系统检查维护项目的说法中，正确的有（　　）。

A. 每个季度电磁阀应检查并应做启动试验

B. 每个季度应对系统所有的末端试水阀进行一次放水试验

C. 每个季度应对系统所有报警阀旁的放水试验阀进行一次放水试验

D. 每个季度应利用末端试水装置对水流指示器进行试验

E. 每个季度消防水泵应启动运转一次

11. 某寒冷地区礼堂，设置了湿式自动喷水灭火系统，根据现行国家标准《自动喷水灭火系统施工及验收规范》（GB 50261），下列关于该系统检查维护项目的说法中，正确的有（　　）。

A. 每月应对喷头进行一次外观及备用数量检查

B. 每月消防水泵接合器的接口及附件应检查一次

C. 寒冷季节，每天应检查设置储水设备的房间，保持室温不低于4℃。

D. 每月应对控制阀门的铅封、锁链进行一次检查

E. 每月应对水源控制阀、报警阀组进行外观检查

12. 某南方地区，一新建商场，设置有中央空调系统，设有临时高压消防给水系统的湿式自动喷水灭火系统，系统竣工后由建设单位组织工程验收。根据现行国家标准《自动喷水灭火系统施工及验收规范》（GB 50261），下列验收结果中，属于严重缺陷项的有（　　）。

A. 报警阀压力开关动作，消防水泵未启动

B. 手动启动消防水泵，50s 时投入正常运行

C. 消防水泵启动后，消防控制室未接收到反馈信号

D. 走道喷头采用黄色玻璃泡闭式喷头

E. 湿式报警阀动作，水力警铃未发出报警声音

13. 某新建书库，设有临时高压消防给水系统的预作用系统，该系统为仅由火灾自动报警系统联动开启预作用装置的预作用系统，系统竣工后由建设单位组织工程验收。根据现行国家标准《自动喷水灭火系统施工及验收规范》（GB 50261），下列验收结果中，属于重缺陷项的有（　　）。

A. 消防水泵的主备电自动切换装置设置在配电室

B. 直立型的标准覆盖面积洒水喷头布置间距为 3.6m

C. 消防水泵控制柜设在手动启动挡

D. 水流指示器动作，消防控制室未收到反馈信号

E. 配水管道充水时间为 110s

14. 某新建网吧，设有临时高压消防给水系统的湿式自动喷水灭火系统，系统竣工后由建设单位组织工程验收。根据现行国家标准《自动喷水灭火系统施工及验收规范》（GB 50261），下列验收结果中，属于轻缺陷项的有（　　）。

A. 安装总数 350 只型号 ZSTYZ－20 直立型洒水喷头的备品为 12 只

B. 水源控制阀关闭

C. 水平设置的管道坡向泄水阀，坡度为1‰

D. 消防水泵房未设置应急照明

E. 水力警铃声强为68dB

15. 某食品生产车间，设有湿式自动喷水灭火系统，委托有资质的消防技术服务机构对其年度检测。检测中发现某个报警阀启动后，报警管路不排水，其可能的原因有(　　)。

A. 报警管路控制阀关闭　　B. 延迟器下部孔板溢出水孔堵塞

C. 水力警铃进水口处喷嘴被堵塞　　D. 报警管路过滤器被堵塞

E. 湿式报警阀组渗漏

16. 某图书馆，设有预作用自动喷水灭火系统，委托有资质的消防技术服务机构对其年度检测，检测中发现预作用装置报警阀漏水，其可能的原因有（　　）。

A. 预作用装置前的供水控制阀未打开

B. 阀瓣密封垫老化或者损坏

C. 复位杆未复位或者损坏

D. 复位或者试验后，未将管道内的积水排完

E. 排水控制阀门未关紧

答案与解析

一、单项选择题

1. 【答案】B

【解析】根据《自动喷水灭火系统施工及验收规范》（GB 50261—2017）3.1.2 条，系统施工应按设计要求编写施工方案，A 错；施工现场应具有必要的施工技术标准、健全的施工质量管理体系和工程质量检验制度，B 对。根据 3.1.3 条，施工图应经审查批准或备案后方可施工，C 错；设计单位应在施工前向施工、建设、监理单位进行技术交底，D 错。故本题选 B。

2. 【答案】C

【解析】根据《自动喷水灭火系统施工及验收规范》（GB 50261—2017）3.2.1 条，所有组件及材料均应符合国家标准，具有合格证或质量认证书，A 对；报警阀为消防强制认证设备，B 对；稳压泵不属于消防强制认证设备的组件，C 错；止回阀不属于消防强制认证设备的组件，D 对。故本题选 C。

3. 【答案】C

【解析】根据《自动喷水灭火系统施工及验收规范》（GB 50261—2017）3.2.8 条及 3.2.9 条，水流指示器、水泵接合器、减压阀、止回阀、过滤器、泄压阀、多功能水泵控制阀应有水流方向的永久性标志；报警阀应有水流方向的永久性标志。

故本题选 C。

4.【答案】A

【解析】根据《自动喷水灭火系统施工及验收规范》（GB 50261—2017）4.1.4 条，供水设施安装时，环境温度不应低于5℃，A 对；根据4.3.4 条，消防水池，高位消防水箱的溢流管、泄水管不得与生产或生活用水的排水系统直接相连，应采用间接排水方式，B 错。根据4.4.2 条及4.5.1 条，组装式消防水泵接合器按接口、本体、联接管、止回阀、安全阀、放空管、控制阀的顺序进行，C 错；消防气压给水设备出水管应设止回阀，D 错。故本题选 A。

5.【答案】D

【解析】根据《自动喷水灭火系统施工及验收规范》（GB 50261—2017）5.2.1 条、5.2.2 条及5.2.3 条，应在系统试压、冲洗合格后进行，A 错；严禁给喷头、隐蔽式喷头的装饰盖板附加任何装饰性涂层，B 错；喷头安装应使用专用扳手，严禁利用喷头的框架施拧，C 错；根据5.2.5 条，喷头安装时，溅水盘与吊顶、门、窗、洞口或障碍物的距离应符合设计要求。抽查20%，且不得少于5 处，D 对。故本题选 D。

6.【答案】A

【解析】根据《自动喷水灭火系统施工及验收规范》（GB 50261—2017）5.4.4 条、5.4.6 条、5.4.7 条及5.4.9 条，信号阀应安装在水流指示器前的管道上，A 错。故本题选 A。

7.【答案】C

【解析】根据《自动喷水灭火系统施工及验收规范》（GB 50261—2017）5.3.1 条及5.3.4 条，A 错：应安装不发生冰冻的场所；B 错：应靠近报警阀；C 对：气室应注入50～100mm 的清水；D 错：报警阀正面与墙的距离不应小于1.2m。故本题选 C。

8.【答案】B

【解析】根据《自动喷水灭火系统施工及验收规范》（GB 50261—2017）5.3.1 条及5.3.5 条，压力表应安装在雨淋阀的水源一侧，B 错。故本题选 B。

9.【答案】B

【解析】根据《自动喷水灭火系统施工及验收规范》（GB 50261—2017）6.1.3 条、6.1.5 条及6.1.12 条，A 错：不得使用海水；C 错：应及时拆除所有盲板；D 错：系统试压前试压冲洗方案已经批准；B 对。故本题选 B。

10.【答案】D

【解析】根据《自动喷水灭火系统施工及验收规范》（GB 50261—2017）6.2.1 条，当系统设计工作压力等于或小于1.0MPa 时，水压强度试验压力应为设计工作压力的1.5 倍，并不应低于1.4MPa。故本题选 D。

11.【答案】A

【解析】根据《自动喷水灭火系统施工及验收规范》（GB 50261—2017）6.1.2

条、6.3.1条及6.3.2条，预作用系统应做水压试验和气压试验，A错。故本题选A。

12.【答案】C

【解析】根据《自动喷水灭火系统施工及验收规范》（GB 50261—2017）6.1.4条、6.4.1条及6.4.6条，A错：应在水压强度试验后，水压严密性试验前进行；B错：应按配水干管、配水管、配水支管的顺序；D错：结束后，应将管网内的水排除干净，必要时采用压缩空气吹干。故本题选C。

13.【答案】C

【解析】根据《自动喷水灭火系统施工及验收规范》（GB 50261—2017）7.2.2条，有效容积不小于18m^3，A错；消防控制室还应设置显示消防水池水位的装置，B错；共用时，应采取确保消防用水量不作他用的技术措施，C对；消防水泵接合器数量不足，D错。故本题选C。

14.【答案】C

【解析】根据《自动喷水灭火系统施工及验收规范》（GB 50261—2017）7.2.3条，A对：55s内；B对：55s内；C错：1min内；D对：2min内。故本题选C。

15.【答案】C

【解析】湿式报警阀无复位杆。故本题选C。

16.【答案】A

【解析】根据《建筑消防设施检测技术规程》（GA 503—2004）4.6.5.1条，开启末端试水装置后，出水压力不应低于0.05MPa，1min是干式系统的要求，A错。故本题选A。

17.【答案】B

【解析】根据《建筑消防设施检测技术规程》（GA 503—2004）5.6.5.1条，测量自开启末端试水装置到出水压力达到0.05MPa的时间，这是干式系统的要求，B错。故本题选B。

18.【答案】C

【解析】根据《建筑消防设施的维护管理》（GB 25201—2010）附录C，湿式系统无充气设备，C错。故本题选C。

19.【答案】D

【解析】根据《建筑消防设施的维护管理》（GB 25201—2010）附录D，水源控制阀不属于检测内容。故本题选D。

20.【答案】D

【解析】根据《自动喷水灭火系统施工及验收规范》（GB 50261—2017）5.1.6条、5.1.7条及5.1.8条，热镀锌钢管、涂覆钢管安装应采用螺纹、沟槽式管件或法兰连接；薄壁不锈钢管安装应采用环压、卡凸式、卡压、沟槽式、法兰等连接；铜管安装应采用钎焊、卡套、卡压、沟槽式等连接。故本题选D。

21.【答案】A

【解析】根据《自动喷水灭火系统施工及验收规范》（GB 50261—2017）5.1.9条，氯化聚氯乙烯（PVC－C）管材与氯化聚氯乙烯（PVC－C）管件的连接应采用承插式粘接连接，A错；氯化聚氯乙烯（PVC－C）管材与法兰式管道、阀门及管件的连接，应采用氯化聚氯乙烯（PVC－C）法兰与其他材质法兰对接连接，B对；氯化聚氯乙烯（PVC－C）管材与螺纹式管道、阀门及管件的连接应采用内丝接头的注塑管件螺纹连接，C对；氯化聚氯乙烯（PVC－C）管材与沟槽式（卡箍）管道、阀门及管件的连接，应采用沟槽（卡箍）注塑管件连接，D对。故本题选A。

22.【答案】D

【解析】根据《自动喷水灭火系统施工及验收规范》（GB 50261—2017）5.1.10条，在具有腐蚀性的场所，安装前应按设计要求对管道、管件等进行防腐处理。故本题选D。

23.【答案】C

【解析】根据《自动喷水灭火系统施工及验收规范》（GB 50261—2017）5.1.11条，配水干管（立管）与配水管（水平管）连接，应采用沟槽式管件，不应采用机械三通。故本题选C。

24.【答案】A

【解析】根据《自动喷水灭火系统施工及验收规范》（GB 50261—2017）5.1.12条，管道宜采用机械切割。故本题选A。

25.【答案】B

【解析】根据《自动喷水灭火系统施工及验收规范》（GB 50261—2017）5.1.6条、5.1.11条、5.1.12条及5.1.13条，法兰连接可采用焊接法兰或螺纹法兰。故本题选B。

26.【答案】C

【解析】根据《自动喷水灭火系统施工及验收规范》（GB 50261—2017）5.1.14条、5.1.15条、5.1.16条及5.1.18条，公称直径大于或等于100mm的管道其距离顶板、墙面的安装距离不宜小于200mm，A错；管道支架、吊架与喷头之间的距离不宜小于300mm，B错；穿过墙体或楼板时应加设套管，套管长度不得小于墙体厚度，穿过楼板的套管其顶部应高出装饰地面20mm；穿过卫生间或厨房楼板的套管，其顶部应高出装饰地面50mm，C对；配水干管、配水管应做红色或红色环圈标志。红色环圈标志，宽度不应小于20mm，间隔不宜大于4m，D错。故本题选C。

27.【答案】C

【解析】根据《自动喷水灭火系统施工及验收规范》（GB 50261—2017）5.1.24条，应用在洁净室区域的消防洒水软管应采用全不锈钢材料制作的编织网形式焊接软管，不得采用橡胶圈密封的组装形式的软管，C 错。故本题选 C。

二、多项选择题

1.【答案】AD

【解析】根据《自动喷水灭火系统施工及验收规范》（GB 50261—2017）3.1.3 条、3.1.5 条及 3.1.7 条，A 对：各工序应按施工技术标准进行质量控制，每道工序完成后，应进行检查，检查合格后方可进行下道工序；B 错：该选项为施工前准备；C 错：检查不合格者不得使用；D 对：相关各专业工种之间应进行交接检验，并经监理工程师签证后方可进行下道工序；E 错：应由监理工程师组织。故本题选 AD。

2.【答案】CE

【解析】根据《自动喷水灭火系统施工及验收规范》（GB 50261—2017）3.2.7 条，2 种型号的喷头应分别作为一批喷头进行密封性能试验；每批中抽查 1%，并不得少于 5 只，2 批共 10 只，A 对；试验压力应为 3.0MPa，保压时间不得少于 3min，B 对；仅有一只不合格时，应再抽查 2%，并不得少于 10 只，C 错；有一只喷头不合格，说明只有一批需要重新试验，D 对；2 只喷头可能分别是两批的，不一定不得使用，E 错。故本题选 CE。

3.【答案】ABD

【解析】根据《自动喷水灭火系统施工及验收规范》（GB 50261—2017）3.2.8 条，A 错：应全数检查；B 错：试验压力应为额定工作压力的 2 倍；D 错：报警阀应有水流方向标志。故本题选 ABD。

4.【答案】DE

【解析】根据《自动喷水灭火系统施工及验收规范》（GB 50261—2017）5.4.1 条及 5.4.9 条，A 错：一般项目；B 错：应在管道试压和冲洗合格后进行；C 错：应竖直安装在水平管道上侧。故本题选 DE。

5.【答案】CDE

【解析】根据《自动喷水灭火系统施工及验收规范》（GB 50261—2017）5.3.1 条、5.3.2 条及 5.3.3 条，A 错：应有明显开闭标志和可靠的锁定设施；B 错：过滤器应安装在延迟器前；C、D、E 对。故本题选 CDE。

6.【答案】CE

【解析】根据《自动喷水灭火系统施工及验收规范》（GB 50261—2017）6.2.1 条、6.2.2 条及 6.2.3 条，A 错：试验压力应为设计工作压力的 1.5 倍；B 错：测试点应设在系统管网的最低点；D 错：应在水压强度试验和管网冲洗合格后进行。故本题选 CE。

7.【答案】AB

【解析】根据《自动喷水灭火系统施工及验收规范》（GB 50261—2017）7.2.2 条、7.2.3 条、7.2.5 条、7.2.6 条及 7.2.7 条，水源测试、消防水泵调试、稳压泵调试、报警阀调试为主控项目，但高压系统无消防水泵；排水设施调试、联动试验为一般项目。故本题选 AB。

8.【答案】ABE

【解析】根据《自动喷水灭火系统施工及验收规范》（GB 50261—2017）7.1.2 条，A 错：储存设计要求的水量；B 错：高压消防给水系统无高位消防水箱；E 错：高压消防给水系统无消防气压给水设备。故本题选 ABE。

9.【答案】CDE

【解析】根据《自动喷水灭火系统设计规范》（GB 50084—2017）6.1.3 条，湿式系统的洒水喷头选型应符合下列规定：不做吊顶的场所，当配水支管布置在梁下时，应采用直立型洒水喷头，A 错；吊顶下布置的洒水喷头，应采用下垂型洒水喷头或吊顶型洒水喷头，B 错；顶板为水平面的轻危险级、中危险级Ⅰ级住宅建筑、宿舍、旅馆建筑客房、医疗建筑病房和办公室，可采用边墙型洒水喷头，C 对；顶板为水平面，且无梁、通风管道等障碍物影响喷头洒水的场所，可采用扩大覆盖面积洒水喷头，D 对；住宅建筑和宿舍、公寓等非住宅类居住建筑宜采用家用喷头，E 对。故本题选 CDE。

10.【答案】BC

【解析】根据《自动喷水灭火系统施工及验收规范》（GB 50261—2017）9.0.4 条、9.0.5 条、9.0.6 条及 9.0.17 条，A 错：应为每月；D 错：应为每月；E 错：应为每月。故本题选 BC。

11.【答案】ABD

【解析】根据《自动喷水灭火系统施工及验收规范》（GB 50261—2017）9.0.7 条、9.0.10 条、9.0.13 条、9.0.16 条及 9.0.18 条，C 错：保持室温不低于 5℃；E 错：应为每日。故本题选 ABD。

12.【答案】AD

【解析】根据《自动喷水灭火系统施工及验收规范》（GB 50261—2017）附录 F，B 错：该选项不是缺陷项；C 错：该选项为重缺陷项；E 错：该选项为轻缺陷项。故本题选 AD。

13.【答案】AB

【解析】根据《自动喷水灭火系统施工及验收规范》（GB 50261—2017）附录 F，C 错：该选项为轻缺陷项；D 错：该选项为轻缺陷项；E 错：该选项不是缺陷项。故本题选 AB。

14.【答案】BC

【解析】根据《自动喷水灭火系统施工及验收规范》（GB 50261—2017）附录 F，A 错：该选项不是缺陷项；D 错：该选项为重缺陷项；E 错：该现象为重缺陷项。故本题选 BC。

15.【答案】AD

【解析】报警阀启动后报警管路不排水的原因：（1）报警管路控制阀关闭；（2）报警管路过滤器被堵塞。故本题选 AD。

16.【答案】BCE

【解析】预作用装置报警阀漏水的原因：(1) 排水控制阀门未关紧；(2) 阀瓣密封垫老化或者损坏；(3) 复位杆未复位或者损坏。故本题选 BCE。

第五节 水喷雾灭火系统

一、单项选择题（每题的备选项中，只有 1 个最符合题意）

1. 某消防技术服务机构承接了某单位的消防系统维保工作，在对油浸变压器室的水喷雾灭火系统进行试验后，发现几小时后自动滴水球阀还一直有水流出，下列原因分析中，最可能导致该现象的是（　　）。

A. 系统侧管道中余水未排净

B. 雨淋报警阀组快速复位装置管道堵塞

C. 系统试验阀未关闭

D. 雨淋报警阀组快速复位阀关闭

2. 某消防技术服务机构在对水喷雾灭火系统进行维保时发现，水喷雾灭火系统的稳压泵频繁启动，下列不可能导致此种情况发生的是（　　）。

A. 控制稳压泵启停的电接点压力表上、下限差值太小

B. 水喷雾灭火系统的水泵接合器的止回阀泄漏

C. 气压水罐的胶囊漏水

D. 滴水球阀漏水

3. 下列关于水喷雾火火系统进行联动试验的说法中，正确的是（　　）。

A. 采用模拟火灾信号启动系统时，一个手动报警按钮信号应能启动系统

B. 采用传动管启动的系统，启动 1 只喷头应能启动系统

C. 当为手动控制的系统时，应以手动方式至少进行 2 次试验

D. 当为自动控制的系统时，应以自动方式进行 1 次试验

4. 某消防服务机构对某单位的水喷雾灭火系统进行维保检查时，对系统组件检查结束后，对该系统进行联动试验，该雨淋报警阀组公称直径为 200mm，联动信号发出后，雨淋阀应在（　　）s 内启动。

A. 15　　B. 30　　C. 45　　D. 60

5. 对保护油浸变压器的水喷雾灭火系统进行调试，下列关于调试过程及结果的描述中，错误的是（　　）。

A. 公称直径 250mm 的报警阀，在 40s 时启动

B. 系统的响应时间为 50s

C. 当报警管路水压为 0.05MPa 时，水力警铃在 3m 远处为 70dB

D. 试验排出的水直接排向下水管道

6. 水喷雾灭火系统管道施工完毕后，对管道进行水压试验，下列关于该系统水压试验说法中，错误的是（　　）。

A. 试验环境温度为5℃

B. 系统设计工作压力为1.4MPa，试验压力为2.1MPa

C. 试验测试点选在系统最不利点

D. 试验方法：管道充满水，排净空气，用试压装置缓慢升压，当压力升至试验压力后，稳压10min，管道无损坏、变形，再将试验压力降至设计压力，稳压30min，以压力不降、无渗漏为合格

7. 下列关于水喷雾灭火系统验收的描述中，错误的是（　　）。

A. 对喷头进行验收时，喷头的安装位置、安装高度、间距及与梁等障碍物的距离抽查设计喷头数量的5%，总数不少于20个，合格率不小于95%时为合格

B. 喷头的数量、规格、型号应进行全数检查

C. 不同型号、规格的喷头的备用量不应小于其实际安装总数的1%，且每种备用喷头数不应少于5只

D. 不同型号、规格的喷头的备用量不应小于其实际安装总数的1%，且每种备用喷头数不应少于10只

8. 水喷雾灭火系统进行验收时，下列情况中，可以判定为验收合格的是（　　）。

A. 系统验收时，严重缺陷项1项，重缺陷项1项，轻缺陷项2项

B. 系统验收时，严重缺陷项1项，重缺陷项0项，轻缺陷项2项

C. 系统验收时，严重缺陷项0项，重缺陷项3项，轻缺陷项1项

D. 系统验收时，严重缺陷项0项，重缺陷项2项，轻缺陷项4项

9. 下列不属于水喷雾灭火系统验收严重缺陷项的是（　　）。

A. 过滤器的设置不符合设计要求

B. 消防水箱的有效容积不符合设计要求

C. 消防水泵在主电源下启动时间超过规定时间

D. 自动系统的消防水泵启动控制处于手动启动位置

10. 下列关于水喷雾灭火系统维护管理的说法中，错误的是（　　）。

A. 维护管理人员应经过消防专业培训，应熟悉水喷雾灭火系统的原理、性能和操作与维护规程

B. 自动控制的消防泵应每周自动启动

C. 每季度应检查电磁阀并进行启动试验，动作失常时应及时更换

D. 每季度应对系统进行一次放水试验，检查系统启动、报警功能以及出水情况是否正常

二、多项选择题（每题的备选项中有2个或2个以上符合题意。错选、漏选不得分；少选，所选的每个选项得0.5分）

1. 水喷雾灭火系统进行验收时，施工单位需提供资料包括（　　）。

A. 系统验收申请报告　　B. 系统施工过程调试记录

C. 系统施工过程质量检查记录　　D. 经审核批准的设计施工图、设计说明书

E. 系统竣工图

2. 水喷雾灭火系统验收合格后，施工单位应向建设单位提供的文件资料包括（　　）。

A. 系统竣工图　　B. 系统施工过程检查记录

C. 系统质量控制资料核查记录　　D. 系统验收记录

E. 经审核批准的设计施工图、设计说明书、设计变更通知书

答案与解析

一、单项选择题

1.【答案】A

【解析】若雨淋报警阀组快速复位装置管道堵塞或雨淋报警阀组快速复位阀关闭，系统将不能复位，则有大量水流出，滴水球阀会关闭，故不会出现流水的情况，B、D错。水喷雾灭火系统是开式系统，系统试验阀未关闭不会导致阀门打开或关闭不严，C错。故本题选A。

2.【答案】D

【解析】控制稳压泵启停的电接点压力表上、下限差值太小，调节的范围过小，所以稳压泵容易频繁气动，A对。选项B、C会导致系统漏水，压力降低，可能导致稳压泵频繁启动，正确。滴水球阀在准工作状态是和外界相通的，如果有水到滴水球阀处就会漏出，属正常现象，故D不会导致稳压泵频繁启动。故本题选D。

3.【答案】B

【解析】电动启动水喷雾灭火系统需要两个火警信号确认火灾，系统才可以启动，A错。根据《水喷雾灭火系统技术规范》（GB 50219—2014）8.4.11条，联动试验应符合下列规定：采用传动管启动的系统，启动1只喷头，相应的分区雨淋报警阀、压力开关和消防水泵及其他联动设备均应能及时动作并发出相应的信号。检查方法：当为手动控制时，以手动方式进行1~2次试验；当为自动控制时，以自动和手动方式各进行1~2次试验，并用压力表、流量计、秒表计量。B对，C、D错。故本题选B。

4.【答案】A

【解析】根据《水喷雾灭火系统技术规范》（GB 50219—2014）8.4.8条，雨淋报警阀调试宜利用检测、试验管道进行。自动和手动方式启动的雨淋报警阀应在15s

之内启动；公称直径大于200mm的雨淋报警阀调试时，应在60s之内启动。故本题选A。

5.【答案】D

【解析】根据《水喷雾灭火系统技术规范》（GB 50219—2014）8.4.8条，雨淋报警阀调试宜利用检测、试验管道进行。公称直径大于200mm的雨淋报警阀调试时，应在60s之内启动，雨淋报警阀调试时，当报警水压为0.05MPa时，水力警铃应发出报警铃声。A、C对。根据3.1.2条，水喷雾灭火系统用关于灭火时响应时间不应大于60s，B对。试验排出的水应采用间接排水，不能直接排入下水管道，D错。故本题选D。

6.【答案】C

【解析】根据《水喷雾灭火系统技术规范》（GB 50219—2014）8.3.15条，管道安装完毕应进行水压试验，并应符合下列规定：(1) 试验宜采用清水进行，试验时，环境温度不宜低于5℃，当环境温度低于5℃，当环境温度低于5℃时，应采取防冻措施；(2) 试验压力应为设计压力的1.5倍；(3) 试验的测试点宜设在系统管网的最低点；(4) 试验合格后，应按本规范表D.0.4记录。检查方法：管道充满水，排净空气，用试压装置缓慢升压，当压力升至试验压力后，稳压10min，管道无损坏、变形，再将试验压力降至设计压力，稳压30min，以压力不降、无渗漏为合格。故A、B、D对，C错。故本题选C。

7.【答案】D

【解析】根据《水喷雾灭火系统技术规范》（GB 50219—2014）9.0.12条，喷头的验收应符合下列规定：(1) 喷头的数量、规格、型号应符合设计要求。检查数量：全数检查；(2) 喷头的安装位置、安装高度、间距及与梁等障碍物的距离偏差均应符合设计要求和本规范的相关规定。检查数量：抽查设计喷头数量的5%，总数不少于20个，合格率不小于95%时为合格；(3) 不同型号、规格的喷头的备用量不应小于其实际安装总数的1%，且每种备用喷头数不应少于5只。故本题选D。

8.【答案】D

【解析】根据《水喷雾灭火系统技术规范》（GB 50219—2014）9.0.16条，系统验收应按本规范表F记录，系统工程质量验收判定条件应符合下列要求：当无严重缺陷项、重要缺陷项不多于2项，且重要缺陷项与轻微缺陷项之和不多于6项时，可判定系统验收为合格；其他情况，应判定为不合格。故本题选D。

9.【答案】D

【解析】根据《水喷雾灭火系统技术规范》（GB 50219—2014）9.0.16条，系统验收应按本规范表F记录，系统工程质量验收判定条件应符合下列要求：系统工程质量缺陷应按表3-5-1划分为严重缺陷项、重要缺陷项和轻微缺陷项。故本题选D。

表 3-5-1　水喷雾灭火系统验收缺陷项目划分

项　目	对应本规范的条款要求
严重缺陷项	第 9.0.7 条，第 9.0.9 条第 3 款、第 4 款，第 9.0.11 条第 1 款，第 9.0.12 条第 1 款，第 9.0，14 条，第 9.0.15 条
重要缺陷项	第 9.0.8 条，第 9.0.9 条第 1 款、第 2 款、第 5 款，第 9.0.10 条第 1 款、第 2 款、第 3 款、第 4 款、第 6 款，第 9.0.11 条第 3 款，第 9.0.12 条第 2 款，第 9.0.13 条
轻微缺陷项	第 9.0.10 条第 5 款，第 9.0.11 第 2 款、第 4 款，第 9.0.12 条第 3 款

10.【答案】C

【解析】根据《水喷雾灭火系统技术规范》（GB 50219—2014）10.0.2 条，维护管理人员应经过消防专业培训，应熟悉水喷雾灭火系统的原理、性能和操作与维护规程，A 对。根据 10.0.5 条，每周应对消防水泵和备用动力进行一次启动试验。当消防水泵为自动控制启动时，应每周模拟自动控制的条件启动运转一次，B 对。根据 10.0.6 条，每月应对系统的下列项目进行一次检查：应检查电磁阀并进行启动试验，动作失常时应及时更换。C 错。根据 10.0.7 条，每季度应对系统的下列项目进行一次检查：应对系统进行一次放水试验，检查系统启动、报警功能以及出水情况是否正常。D 对。故本题选 C。

二、多项选择题

1.【答案】ABCD

【解析】根据《水喷雾灭火系统技术规范》（GB 50219—2014）9.0.3 条，系统验收时，应提供下列资料：（1）经审核批准的设计施工图、设计说明书、设计变更通知书；（2）主要系统组件和材料的符合市场准入制度要求的有效证明文件和产品出厂合格证，材料和系统组件进场检验的复验报告；（3）系统及其主要组件的安装使用和维护说明书；（4）施工单位的有效资质文件和施工现场质量管理检查记录；（5）系统施工过程质量检查记录；（6）系统试压记录、管网冲洗记录和隐蔽工程验收记录；（7）系统施工过程调试记录；（8）系统验收申请报告。故本题选 ABCD。

2.【答案】ABCD

【解析】根据《水喷雾灭火系统技术规范》（GB 50219—2014）9.0.5 条，系统验收合格后，施工单位应向建设单位提供下列文件资料：（1）系统竣工图；（2）系统施工过程检查记录；（3）隐蔽工程验收记录；（4）系统质量控制资料核查记录；（5）系统验收记录；（6）其他相关文件、记录、资料清单等。故本题选 ABCD。

第六节　细水雾灭火系统

一、单项选择题（每题的备选项中，只有1个最符合题意）

1. 在对细水雾灭火系统进行检查时，下列情况中，错误的是（　　）。

A. 过滤器采用的是不锈钢材质

B. 过滤器采用的是铜合金材质

C. 过滤器的网孔孔径等于喷头最小喷孔孔径的80%

D. 系统在储水箱进水口处设置了过滤器，在出水口或控制阀前未设置过滤器

2. 下列关于细水雾灭火系统的选型和控制方式的描述中，正确的是（　　）。

A. 非密集柜储存的档案库选用瓶组式闭式细水雾灭火系统

B. 保护油浸变压器室的局部应用的瓶组式开式细水雾灭火系统具有自动和手动两种启动方式

C. 保护液压站的全淹没应用的瓶组式开式细水雾灭火系统具有自动和手动两种启动方式

D. 保护电缆隧道的泵组式全淹没开式细水雾灭火系统具有自动和手动两种启动方式

3. 细水雾灭火系统稳压泵频繁启停的原因中，错误的是（　　）。

A. 管道有渗漏　　B. 安全泄压阀密封不好

C. 稳压泵流量过小　　D. 测试阀未关紧

4. 细水雾灭火系统高压泵组连接处渗漏，下列不会导致此种情况的是（　　）。

A. 连接件松动　　B. 连接处O形密封圈或密封垫损坏

C. 连接件损坏　　D. 水泵出水压力高

5. 在准工作状态下，细水雾灭火系统的稳压泵在系统压力降低后启动，但不能在规定时间内使系统恢复到正常的工作压力，下列可能导致此种情况的原因中，错误的是(　　)。

A. 管道内残存过多空气

B. 管道有渗漏，且渗漏量不小于稳压泵流量

C. 稳压泵出口压力过低

D. 稳压泵前未设过滤器

6. 下列关于细水雾灭火系统喷头安装的说法中，错误的是（　　）。

A. 喷头的安装应在管道试压、吹扫合格后进行

B. 喷头应采用专用扳手安装，不得对喷头进行拆装、改动

C. 不带装饰罩的喷头，其连接管管端螺纹不应露出吊顶；带装饰罩的喷头应紧贴吊顶；带有外置式过滤网的喷头，其过滤网可伸入支干管内

D. 喷头与管道的连接宜采用端面密封或O形圈密封，不应采用聚四氟乙烯、麻丝、黏结剂等作密封材料

7. 消防施工人员在细水雾灭火系统管道安装固定后对管道进行冲洗和试压，下列做法中，错误的是（　　）。

A. 管道安装固定后应先试压，压力试验合格后再冲洗

B. 管道安装前应分段进行清洗，安装固定后冲洗的流速不应低于设计流速

C. 管道压力试验的试验压力应为系统工作压力的 1.5 倍，试验的测试点宜设在系统管网的最低点

D. 压力试验方法：管道充满水、排净空气，用试压装置缓慢升压，当压力升至试验压力后，稳压 5min，管道无损坏、变形，再将试验压力降至设计压力，稳压 120min，以压力不降、无渗漏、目测管道无变形为合格

8. 下列关于细水雾灭火系统喷头检查、验收和维护管理的描述中，错误的是(　　)。

A. 细水雾喷头进场检验应分别按不同型号规格抽查 1%，且不得少于 5 只；少于 5 只时，全数检查

B. 系统验收时应检查喷头的备用量，不同型号规格喷头的备用量不应小于其实际安装总数的 1%，且每种备用喷头数不应少于 5 只

C. 每季度应检查喷头的外观及备用数量是否正确

D. 喷头进场检查时，除检查喷头外观外，还应检查喷头的标志和数量是否正确

9. 下列关于细水雾灭火系统验收的描述中，错误的是（　　）。

A. 开式系统分区控制阀组应能采用手动和自动方式可靠动作

B. 闭式系统分区控制阀组应能采用手动和自动方式可靠动作

C. 开式系统应至少选择一个系统或一个防护区或一个保护对象进行冷喷试验

D. 泵组应进行自动启动和手动启动的检查

10. 细水雾灭火系统在使用过程中的维护管理是保证系统能正常发挥作用的关键。下列关于细水雾灭火系统维护管理的说法中，错误的是（　　）。

A. 每季度应检查储水箱和储水容器的水位及储气容器内的气体压力是否符合设计要求

B. 每日应检查系统的主备电源接通的情况和储水设备房间的温度，确保温度不低于 5℃

C. 每月应检查分区控制阀动作是否正常

D. 每季度应通过泄放试验阀对泵组系统进行一次放水试验，并应检查泵组启动、主备泵切换及报警联动功能是否正常

二、多项选择题（每题的备选项中有 2 个或 2 个以上符合题意。错选、漏选不得分；少选，所选的每个选项得 0.5 分）

1. 下列关于细水雾灭火系统组件设置的说法中，错误的有（　　）。

A. 开式系统应按防护区设置分区控制阀

B. 闭式系统应按防护区设置分区控制阀

C. 开式系统应按楼层或防火分区设置分区控制阀

D. 闭式系统应按楼层或防火分区设置分区控制阀

E. 分区控制阀平时应处于关闭状态

2. 下列关于细水雾灭火系统喷头布置的描述中，正确的有（　　）。

A. 闭式喷头的感温组件与顶棚或梁底的距离不宜小于75mm，并不宜大于150mm

B. 当场所内设置吊顶时，闭式喷头可贴邻吊顶布置

C. 局部应用方式的开式系统，其喷头布置应能保证细水雾完全包络或覆盖保护对象或部位，喷头与保护对象的距离不宜小于0.7m

D. 局部应用方式的开式系统当变压器高度超过4m时，喷头宜分层布置

E. 局部应用方式的开式系统，当冷却器距变压器本体超过0.7m时，应在其间隙内增设喷头

答案与解析

一、单项选择题

1.【答案】D

【解析】根据《细水雾灭火系统技术规范》（GB 50898—2013）3.5.9条，在储水箱进水口处应设置过滤器，出水口或控制阀前应设置过滤器，过滤器的设置位置应便于维护、更换和清洗等。D错。根据3.5.10条，过滤器应符合下列规定：(1) 过滤器的材质应为不锈钢、铜合金，或其他耐腐蚀性能不低于不锈钢、铜合金的材料；(2) 过滤器的网孔孔径不应大于喷头最小喷孔孔径的80%。故本题选D。

2.【答案】D

【解析】根据《细水雾灭火系统技术规范》（GB 50898—2013）3.1.4条，系统宜选用泵组系统，闭式系统不应采用瓶组系统，A错。根据3.6.1条，瓶组系统应具有自动、手动和机械应急操作控制方式，其机械应急操作应能在瓶组间内直接手动启动系统，B、C错。泵组系统应具有自动、手动控制方式，D对。故本题选D。

3.【答案】C

【解析】管道渗漏，安全泄压阀密封不好，测试阀未关紧，都会引起管道压力降低，会引起稳压泵启动，补压后再泄漏会再次启动稳压泵。而稳压泵流量小，不会引起稳压泵频繁启动，而是启动后不容易停止。故本题选C。

4.【答案】D

【解析】连接件松动，连接处O形密封圈或密封垫损坏，连接件损坏都会引起连接处渗漏，如果组件选择适当，水泵出水压力高不会引起渗漏，但如果组件选择的和工作压力不匹配，可能会渗漏，但这属于组件选择的问题。故本题选D。

5.【答案】D

【解析】稳压泵前没要求设置过滤器，故对稳压泵的工作情况没有影响。故本题选 D。

6.【答案】C

【解析】根据《细水雾灭火系统技术规范》（GB 50898—2013）4.3.11 条，喷头的安装应在管道试压、吹扫合格后进行，并应符合下列规定：（1）应根据设计文件逐个核对其生产厂标志、型号、规格和喷孔方向，不得对喷头进行拆装、改动；（2）应采用专用扳手安装；（3）不带装饰罩的喷头，其连接管管端螺纹不应露出吊顶；带装饰罩的喷头应紧贴吊顶；带有外置式过滤网的喷头，其过滤网不应伸入支干管内；（4）喷头与管道的连接宜采用端面密封或 O 形圈密封，不应采用聚四氟乙烯、麻丝、黏结剂等作密封材料。故本题选 C。

7.【答案】A

【解析】根据《细水雾灭火系统技术规范》（GB 50898—2013）4.3.9 条，管道冲洗合格后，管道应进行压力试验，并应符合下列规定：（1）试验压力应为系统工作压力的 1.5 倍；（2）试验的测试点宜设在系统管网的最低点，对不能参与试压的设备、仪表、阀门及附件应加以隔离或在试验后安装；检查方法：管道充满水、排净空气，用试压装置缓慢升压，当压力升至试验压力后，稳压 5min，管道无损坏、变形，再将试验压力降至设计压力，稳压 120min，以压力不降、无渗漏、目测管道无变形为合格。A 错，C，D 对。根据 4.3.7 条，管道安装前应分段进行清洗。根据 4.3.8 条，冲洗流速不应低于设计流速，B 对。故本题选 A。

8.【答案】C

【解析】根据《细水雾灭火系统技术规范》（GB 50898—2013）4.2.6 条，细水雾喷头的进场检验应符合下列要求：（1）喷头的商标、型号、制造厂及生产时间等标志应齐全、清晰；（2）喷头的数量等应满足设计要求；（3）喷头外观应无加工缺陷和机械损伤；（4）喷头螺纹密封面应无伤痕、毛刺、缺丝或断丝现象。检查数量：分别按不同型号规格抽查 1%，且不得少于 5 只；少于 5 只时，全数检查。A、D 对。根据 5.0.8 条，喷头验收应符合下列规定：不同型号规格喷头的备用量不应小于其实际安装总数的 1%，且每种备用喷头数不应少于 5 只，B 对。根据 6.0.8 条，每月应对系统的下列项目进行一次检查：应检查喷头的外观及备用数量是否正确，C 错。故本题选 C。

9.【答案】B

【解析】根据《细水雾灭火系统技术规范》（GB 50898—2013）5.0.6 条，控制阀的验收应符合下列规定：（1）开式系统分区控制阀组应能采用手动和自动方式可靠动作。A 对；（2）闭式系统分区控制阀组应能采用手动方式可靠动作，B 错。根据 5.0.10 条，开式系统应进行冷喷试验，其响应时间应符合设计要求。检查数量：至少一个系统、一个防护区或一个保护对象。C 对。根据 5.0.4 条，泵组验收应符合下列规定：泵组应能自动启动和手动启动，D 对。故本题选 B。

10.【答案】A

【解析】根据《细水雾灭火系统技术规范》（GB 50898—2013）6.0.8 条，每月应对系统的下列项目进行一次检查：(1) 应检查分区控制阀动作是否正常；(2) 应检查储水箱和储水容器的水位及储气容器内的气体压力是否符合设计要求。A 错，C 对。根据6.0.7 条，每日应对系统的下列项目进行一次检查：(1) 应检查系统的主备电源接通情况；(2) 寒冷和严寒地区，应检查设置储水设备的房间温度，房间温度不应低于5℃，B 对。根据6.0.9 条，每季度应对系统的下列项目进行一次检查：应通过泄放试验阀对泵组系统进行一次放水试验，并应检查泵组启动、主备泵切换及报警联动功能是否正常，D 对。故本题选 A。

二、多项选择题

1.【答案】BCE

【解析】根据《细水雾灭火系统技术规范》（GB 50898—2013）3.3.2 条，开式系统应按防护区设置分区控制阀。每个分区控制阀上或阀后邻近位置，宜设置泄放试验阀。A 对，C 错。根据3.3.3 条，闭式系统应按楼层或防火分区设置分区控制阀。分区控制阀应为带开关锁定或开关指示的阀组。B 错，D 对。根据3.3.4 条，分区控制阀宜靠近防护区设置，并应设置在防护区外便于操作、检查和维护的位置。开式系统的分区控制阀平时关闭，闭式系统的分区控制阀平时开启。E 错。故本题选 BCE。

2.【答案】ABDE

【解析】根据《细水雾灭火系统技术规范》（GB 50898—2013）3.2.2 条，闭式系统的喷头布置应能保证细水雾喷放均匀、完全覆盖保护区域，并应符合下列规定：喷头的感温组件与顶棚或梁底的距离不宜小于75mm，并不宜大于150mm。当场所内设置吊顶时，喷头可贴邻吊顶布置。A、B 对。根据3.2.4 条，采用局部应用方式的开式系统，其喷头布置应能保证细水雾完全包络或覆盖保护对象或部位，喷头与保护对象的距离不宜小于0.5m。用于保护室内油浸变压器时，喷头的布置尚应符合下列规定：(1) 当变压器高度超过4m 时，喷头宜分层布置；(2) 当冷却器距变压器本体超过0.7m 时，应在其间隙内增设喷头。C 错，D、E 对。故本题选 ABDE。

第七节　气体灭火系统

一、单项选择题（每题的备选项中，只有1 个最符合题意）

1. 下列关于气体灭火系统组件功能的描述中，错误的是（　　）。

A. 选择阀是组合分配系统中用来控制灭火剂经管网释放到预定防护区或保护对象的

阀门

B. 集流管是将多个灭火剂瓶组的灭火剂汇集在一起，再分配到各防护区的汇流管路

C. 低泄高封阀安装在灭火剂瓶组或集流管上，以防止瓶组或管道非正常受压时爆炸

D. 瓶头阀安装在容器上，具有封存、释放、充装等功能

2. 消防技术服务机构的人员对某计算机房设置的组合分配式七氟丙烷气体灭火系统进行检查，下列检查结果中，错误的是（　　）。

A. 泄压口设置在防护区净高的3/4位置

B. 系统采用氮气增压输送

C. 气体驱动装置储存容器内的气体压力为设计压力的95%

D. 集流管上的泄压装置的安装方向未朝向操作面

3. 下列关于气体灭火系统组件的说法中，正确的是（　　）。

A. 驱动气体控制管路单向阀装于用于防止灭火剂从集流管向灭火剂瓶组返流

B. 同一规格的驱动气体储存容器，其高度差不宜超过20mm

C. 信号反馈装置可以将灭火剂的压力或流量信号转换为电信号，并反馈到控制中心

D. 输送启动气体的管道宜采用不锈钢管

4. 某档案室划分为4个防护区，设置组合分配式七氟丙烷气体灭火系统，系统施工结束后调试人员对该系统进行调试。下列有关该系统调试的说法中，正确的是（　　）。

A. 4个防护区都应进行模拟启动试验，并合格

B. 只需随机选择一个防护区进行模拟启动试验，并合格

C. 模拟启动试验可选择手动、自动或机械应急方式

D. 模拟喷气试验时可采用七氟丙烷灭火剂且其储存容器的数量不应少于1个

5. 消防设施检查机构的人员，对某通信机房内安装的组合分配式IG541气体灭火系统进行检查时，发现的下列情况中，正确的是（　　）。

A. 储存容器瓶采用无缝容器

B. 喷头安装在梁下，距顶板的距离为0.8m

C. 为了使喷头喷洒的均匀，在防护区内采用了四通管道进行分流

D. 机械应急装置设置在防护区内便于操作的地方

6. 根据现行国家标准《气体灭火系统施工及验收规范》（GB 50263），在季检时对高压二氧化碳储存容器逐个进行称重检查，灭火剂的净重不得小于设计储存量的（　　）。

A. 10%　　B. 5%　　C. 90%　　D. 95%

7. 根据现行国家标准《气体灭火系统施工及验收规范》（GB 50263），下列关于气体灭火系统灭火剂储存装置安装的说法中，错误的是（　　）。

A. 集流管外表面宜涂红色油漆

B. 集流管上的泄压装置的泄压方向应朝向操作面

C. 连接储存容器与集流管间的单向阀的流向指示箭头应指向介质流动方向

D. 低压二氧化碳灭火系统的灭火系统的安全阀应通过专用泄压管道接到室外

8. 某施工单位对新到场气体灭火系统灭火剂储存容器进行进场前检查，根据现行国家标准《气体灭火系统施工及验收规范》（GB 50263），检查的数量应为（　　）。

A. 到场数量的10%　　B. 到场数量的20%

C. 到场数量的30%　　D. 全部

9. 根据现行国家标准《气体灭火系统施工及验收规范》（GB 50263），下列关于在组合分配式气体灭火系统中选择阀安装的说法中，错误的是（　　）。

A. 当选择阀安装高度超过1.5m时应采取便于操作的措施

B. 采用螺纹连接的选择阀，其与管网连接处可采用活接

C. 选择阀的流向指示箭头应指向介质流动的方向

D. 选择阀上应设置标明防护区名称的永久性标志

10. 根据现行国家标准《气体灭火系统施工及验收规范》（GB 50263），下列关于气体灭火系统阀驱动装置安装的说法中，错误的是（　　）。

A. 安装以拉索式机械驱动装置时，应保证重物在下落行程中无阻挡，其下落行程应保证驱动所需距离，且不得大于25mm

B. 电磁驱动装置驱动器的电气连接线应沿固定灭火剂储存容器的支、框架或墙面固定

C. 气动驱动装置的管道安装后应做气压严密性试验，并合格

D. 拉索式机械驱动装置的拉索转弯处应采用专用导向滑轮

11. 根据现行国家标准《气体灭火系统施工及验收规范》（GB 50263），下列关于气体灭火系统中气动驱动装置管道安装的说法中，错误的是（　　）。

A. 气动驱动装置水平管道应采用管卡固定

B. 气动驱动装置水平管道管卡的间距可设置为0.5m

C. 气动驱动装置竖直管道应在其始端或终端设防晃支架或采用管卡固定

D. 气动驱动装置水平管道转弯处应增设1个管卡

12. 根据现行国家标准《气体灭火系统施工及验收规范》（GB 50263），对安装完毕的气体灭火系统进行检查，下列检查结果中，正确的是（　　）。

A. 管道末端的防晃支架与末端喷嘴间的距离为60cm

B. 穿楼板套管的长度高出楼板30mm

C. 选择阀上有标明保护对象的永久性标志牌，并应便于观察

D. 气体喷放指示灯安装在防护区出口的正上方

13. 某施工单位安装二氧化碳灭火系统时，采用防晃支架对系统管道固定，根据现行国家标准《气体灭火系统施工及验收规范》（GB 50263），公称直径为100mm的主干管道穿越建筑物楼层时每层应设置至少（　　）个防晃支架。

A. 4　　B. 3　　C. 2　　D. 1

14. 根据现行国家标准《气体灭火系统施工及验收规范》（GB 50263），下列关于气体灭火系统灭火剂输送管道安装的说法中，错误的是（　　）。

A. 采用螺纹连接时，安装后的螺纹根部应有 2~3 条外露螺纹

B. 采用螺纹连接时，管材宜采用机械切割

C. 采用法兰连接时，应采用双垫或者偏垫连接的螺栓

D. 灭火剂输送管道与选择阀等个别连接部位需采用法兰焊接连接时，应对被焊接损坏的防腐层进行二次防腐处理

15. 根据现行国家标准《气体灭火系统施工及验收规范》(GB 50263)，气体灭火系统灭火剂输送管道设置在下列场所时，其外表面宜涂红色油漆且不可涂色环的有（　　）。

A. 吊顶内部　　B. 活动静电地板下方

C. 成排管道的上方　　D. 无吊顶房间的顶部

16. 根据现行国家标准《气体灭火系统施工及验收规范》(GB 50263)，下列关于气体灭火系统控制组件安装的说法中，错误的是（　　）。

A. 防护区内火灾探测器的安装应符合现行国家标准《火灾自动报警系统施工及验收规范》GB 50166

B. 设置在防护区处的手动、自动转换开关应安装在防护区出口便于操作的部位，安装高度为中心点距地面 1.5m

C. 手动启动、停止按钮应安装在防护区出口便于操作的部位，安装高度为中心点距地面 1.5m

D. 气体喷放指示灯宜安装在防护区入口的正上方

17. 根据现行国家标准《气体灭火系统施工及验收规范》(GB 50263)，IG541 气体灭火系统通常采用（　　）检查灭火剂是否泄漏。

A. 称重装置　　B. 压力计显示器　　C. 气体检漏仪　　D. 液位测量装置

18. 消防技术服务机构对某文物资料库设置的气体灭火系统维护管理，根据现行国家标准《气体灭火系统施工及验收规范》(GB 50263)，下列选项中，属于年度检查项目的是（　　）。

A. 喷嘴孔口有无堵塞

B. 可燃物种类、分部情况，防护分区的开口情况

C. 模拟启动试验

D. 灭火剂储存容器的内的压力

19. 某弱电机房划分为一个防护区，采用预制七氟丙烷气体灭火系统保护，系统调试完毕后某消防设施检测机构的工作人员对其进行检测。根据现行国家标准《气体灭火系统设计规范》(GB 50370)，下列检测结果中，错误的是（　　）。

A. 系统内设置了 5 台预制灭火装置，5 台预制灭火装置同时启动时，动作响应时差为 1s

B. 灭火剂释放后，防护区内的通风口自动关闭

C. 防护区的门采用 B1.00 防火门

D. 系统设有自动控制和手动控制方式，未设置机械应急操作控制方式

20. 根据现行国家标准《气体灭火系统施工及验收规范》（GB 50263），储存容器中充装的二氧化碳质量损失大于（　　）时，二氧化碳灭火系统的检漏装置应正确报警。

A. 10%　　B. 5%　　C. 15%　　D. 20%

二、多项选择题（每题的备选项中有 2 个或 2 个以上符合题意。错选、漏选不得分；少选，所选的每个选项得 0.5 分）

1. 某场所设置在地下一层，平时无人，场所内安装组合分配式二氧化碳灭火系统保护，并设有专用的储存容器间。下列关于该系统安装情况的检查结果中，错误的有（　　）。

A. 系统设置机械应急操作装置

B. 每个防护区内都设置一个选择阀

C. 储存容器和集流管之间采用不锈钢软管连接

D. 防护区的门能向疏散方向开启，并需要手动将门关闭

E. 防护区内未设置机械排风装置

2. 根据现行国家标准《气体灭火系统施工及验收规范》（GB 50263），下列关于气体灭火系统模拟喷气试验的说法中，正确的有（　　）。

A. 高压二氧化碳灭火系统试验采用的储存容器数应为选定试验的防护区或保护对象设计用量所需容器总数的 5%，且不少于 1 个

B. IG541 混合气体灭火系统试验采用可采用压缩空气且其储存容器数应为选定试验的防护区或保护对象设计用量所需容器总数的 10%，且不少于 1 个

C. 卤代烷灭火系统模拟喷气试验宜采用卤代烷灭火剂、氮气或压缩空气进行

D. 低压二氧化碳灭火系统采用二氧化碳灭火剂进行模拟喷气试验，试验要选定输送管道最长的防护区或保护对象进行，喷放量不小于设计用量的 10%

E. 卤代烷灭火系统模拟喷气试验为压缩空气时，可采用与保护对象不同的灭火剂存储容器

3. 根据现行国家标准《气体灭火系统施工及验收规范》（GB 50263），下列关于气体灭火系统设备与输送管道验收的说法中，正确的有（　　）。

A. 灭火剂储存容器的数量、型号和规格应全数检查

B. 集流管的材料、规格、连接方式、布置及其泄压装置的泄压方向应按全数的 20% 检查

C. 储存压力检查按储存容器按全数检查

D. 低压二氧化碳储存容器按全数的 20% 检查

E. 喷嘴的数量、型号、规格、安装位置和方向应全数检查

4. 根据现行国家标准《气体灭火系统施工及验收规范》（GB 50263），对气体灭火系统进行维护管理，下列属于气体灭火系统每月检查内容的有（　　）。

A. 高压二氧化碳灭火剂储存容器应无碰撞变形及其他机械性损伤

B. 七氟丙烷管网灭火系统减压装置等全部系统组件应无碰撞变形及其他机械性损伤

C. IG541 灭火系统灭火剂和驱动气体储存容器内的压力，不得小于设计储存压力 90%

D. 储存装置间的设备、灭火剂输送管道和支吊架的固定，应无松动

E. 低压二氧化碳灭火系统储存装置的液位计检查，灭火剂损失 10% 时应及时补充

5. 某消防检测机构对某有人员值班的配电机房 IG541 气体灭火系统进行模拟喷气试验，试验结果如下，根据现行国家标准《气体灭火系统施工及验收规范》（GB 50263），错误的有（　　）。

A. 气体喷射未延时

B. 有关控制阀门工作正常

C. 储存容器间内的设备和对应防护区或保护对象的灭火剂输送管道无明显晃动和机械性损坏

D. 信号反馈装置动作后气体防护区门外的气体喷放指示灯未亮

E. 有关声、光报警信号正确

6. 消防技术服务机构对某电视发射塔安装的 IG541 混合气体灭火系统进行验收前检测。根据现行国家标准《气体灭火系统施工及验收规范》（GB 50263），在模拟启动试验环节，正确的检测方法有（　　）。

A. 手动模拟启动试验时，按下手动启动按钮，观察相关声光报警系统及启动输出端负载的动作信号、联动设备动作是否正常

B. 手动模拟启动试验时，使压力信号反馈装置动作，观察相关防护区门外的气体喷放指示灯动作是否正常

C. 自动模拟启动试验时，用人工模拟火警使防护区内的任一火灾探测器动作，观察火警信号输出后，相关报警设备动作是否正常；再用人工模拟火警使防护区内的另一火灾探测器动作，观察相关声光报警及启动输出端负载的动作信号、联动设备动作是否正常

D. 可用一个与灭火系统驱动装置启动电压、电流相同的负载代替灭火系统驱动装置进行模拟启动试验

E. 手动模拟启动试验与自动模拟启动试验任选一项即可

7. 关于对某综合办工楼所设置的七氟丙烷灭火系统进行模拟喷气试验，根据现行国家标准《气体灭火系统施工及验收规范》（GB 50263），下列操作方法中，错误的有（　　）。

A. 采用七氟丙烷作为模拟喷气试验的灭火剂

B. 采用压缩空气作为模拟喷气实验的灭火剂

C. 试验灭火剂储存容器的数量不应少于灭火剂存储容器数量的 5%，且不得少于 1 个

D. 在试验时，随机抽取一个防护分区进行模拟喷气试验，并合格

E. 试验灭火剂储存容器的数量不应少于灭火剂存储容器数量的 20%，且不得少于 1 个

8. 根据现行国家标准《气体灭火系统施工及验收规范》（GB 50263），对气体灭火系

统的维护管理中，下列内容属于每季度应检查项的有（　　）。

A. 对高压二氧化碳储存容器逐个进行称重检查，灭火剂净重不得小于设计储存量的90%

B. 可燃物的种类、分部情况，防护区的开口情况应符合设计规定

C. 对每个防护分区进行一次模拟启动试验

D. 连接管道应无变形、裂纹及老化

E. 至少抽取一个防护分区进行模拟喷气试验

9. 根据现行国家标准《气体灭火系统施工及验收规范》（GB 50263），关于气体灭火系统验收的说法中，正确的有（　　）。

A. 在对组合分配系统进行模拟喷气试验时，应抽取的防护区总数的20%（不足5个的按5个计）检查

B. 在检查灭火剂的储存压力时，按存储容器总数的20%（不足5个的按5个计）抽样检查

C. 驱动气瓶和选择阀的机械应急操作处均应有标明防护区的用永久性标志

D. 柜式气体灭火装置应抽取一套进行模拟喷气试验

E. 低压二氧化碳系统储存容器的灭火剂充装量应全数检查

10. 根据现行国家标准《气体灭火系统施工及验收规范》（GB 50263），下列关于某建筑组合分配系统安装检查的结果中，错误的有（　　）。

A. 灭火剂储存装置上泄压装置的泄压方向便于人员观察和操作

B. 连接存储容器与集流管之间的单向阀箭头指向集流管方向

C. 管道穿过楼板处的套管公称直径比管道公称直径大3级，穿墙套管长度与楼板厚度相等

D. 气体喷放指示灯安装在防护区内出口处的正上方

E. 手动启动、停止按钮安装在防护区内出口处便于操作的部位

答案与解析

一、单项选择题

1. 【答案】C

【解析】选择阀在组合分配系统中，用来控制灭火剂经管网释放到预定防护区或保护对象的阀门，选择阀和防护区一一对应，A对；集流管是将多个灭火剂瓶组的灭火剂汇集一起，再分配到各防护区的汇流管路，B对；低泄高封阀是为了防止系统由于驱动气体泄漏的累积而引起系统的误动作而在管路中设置的阀门，根据《气体灭火系统及部件》（GB 25972—2010）5.17条，组合分配系统的集流管上应安装低泄高封阀。驱动气体控制管路上应安装低泄高封阀，C错；瓶头阀安装在容器

上，具有封存、释放、充装、超压泄放等功能，D 对。故本题选 C。

2. 【答案】C

【解析】根据《气体灭火系统施工及验收规范》（GB 50263—2007）3.2.7 条，防护区应设置泄压口，七氟丙烷灭火系统的泄压口应位于防护区净高的2/3以上，A 对。根据3.3.9 条，七氟丙烷灭火系统应采用氮气增压输送，B 对。根据4.3.4 条，气动驱动装置储存容器内气体压力不应低于设计压力，且不得超过设计压力的5%，C 错。根据5.2.7 条，集流管上的泄压装置的泄压方向不应朝向操作面，D 对。故本题选 C。

3. 【答案】C

【解析】灭火剂流通管路单向阀装于连接管与集流管之间，防止灭火剂从集流管向灭火剂瓶组返流，驱动气体控制管路单向阀装于启动管路上，用来控制气体流动方向，启动特定的阀门，A 错；同一规格的灭火剂储存容器，其高度差不宜超过20mm，同一规格的驱动气体储存容器，其高度差不宜超过10mm，B 错；信号反馈装可以将灭火剂的压力或流量信号转换为电信号，并反馈到控制中心，C 对；输送启动气体的管道宜采用铜管，D 错。故本题选 C。

4. 【答案】A

【解析】根据《气体灭火系统施工及验收规范》（GB 50263—2007）6.2.1 条，调试时，应对所有防护区或保护对象按本规范第 E.2 节进行系统手动、自动模拟启动试验，并应合格，A 对，B、C 错。根据 E.3.1 条，卤代烷灭火系统模拟喷气试验不应采用卤代烷灭火剂，宜采用氮气也可采用压缩空气。氮气或压缩空气储存容器与被试验的防护区或保护对象用的灭火剂储存容器的结构、型号、规格应相同，连接与控制方式应一致，氮气或压缩空气的充装压力按设计要求执行。氮气或压缩空气储存容器数不应少于灭火剂储存容器数的20%，且不应少于1个，D 错。故本题选 A。

5. 【答案】A

【解析】根据《气体灭火系统设计规范》（GB 50370—2005）4.3.2 条，IG541 混合气体储存容器应采用无缝容器，A 对。根据3.1.13 条，喷头宜贴近防护区顶面安装，距顶面的最大距离不宜大于0.5m，B 错。根据3.1.11 条，管网上不应采用四通管件进行分流，C 错。根据5.0.5 条，机械应急操作装置应设在储瓶间内或防护区疏散出口门外便于操作的地方，D 错。故本题选 A。

6. 【答案】C

【解析】根据《气体灭火系统施工及验收规范》（GB 50263—2007）8.0.7 条，对高压二氧化碳储存容器逐个进行称重检查，灭火剂的净重不得小于设计储存量的90%。故本题选 C。

7. 【答案】B

【解析】根据《气体灭火系统施工及验收规范》（GB 50263—2007）5.2.10 条，集流管外表面宜涂红色油漆，A 对。根据5.2.7 条，集流管上的泄压装置的泄压方向不应朝向操作面，B 错。根据5.2.8 条，连接储存容器与集流管间的单向阀的流向指示箭头应指向介质流动方向，C 对。根据5.2.2 条，低压二氧化碳灭火系统的安全阀应通过专用泄压管接到室外，D 对。故本题选 B。

8.【答案】D

【解析】根据《气体灭火系统施工及验收规范》（GB 50263—2007）4.3.2 条，灭火剂储存容器及容器阀、单向阀、连接管、集流管、安全泄放装置、选择阀、阀驱动装置、喷嘴、信号反馈装置、检漏装置、减压装置等系统组件应符合下列规定：品种、规格、性能等应符合国家现行产品标准和设计要求。检查数量：全数检查。检查方法：核查产品出厂合格证和市场准入制度要求的法定机构出具的有效证明文件 。故本题选 D。

9.【答案】A

【解析】根据《气体灭火系统施工及验收规范》（GB 50263—2007）5.3.1 条，选择阀操作手柄应安装在操作面一侧，当安装高度超过 1.7m 时应采取便于操作的措施，A 错。根据5.3.2 条，采用螺纹连接的选择阀，其与管网连接处宜采用活接，B 对。根据5.3.3 条，选择阀的流向指示箭头应指向介质流动方向，C 对。根据5.3.4 条，选择阀上应设置标明防护区或保护对象名称或编号的永久性标志牌，D 对。故本题选 A。

10.【答案】A

【解析】根据《气体灭火系统施工及验收规范》（GB 50263—2007）5.4.2 条，安装以重力式机械驱动装置时，应保证重物在下落行程中无阻档，其下落行程应保证驱动所需距离，且不得小于25mm，A 错。根据5.4.3 条，电磁驱动装置驱动器的电气连接线应沿固定灭火剂储存容器的支、框架或墙面固定，B 对。根据5.4.6 条，气动驱动装置的管道安装后应做气压严密性试验，并合格，C 对。根据5.4.1 条，拉索转弯处应采用专用专项滑轮，D 对。故本题选 A。

11.【答案】C

【解析】根据《气体灭火系统施工及验收规范》（GB 50263—2007）5.4.5 条，气动驱动装置的管道安装应符合下列规定：（1）管道布置应符合设计要求。（2）竖直管道应在其始端和终端设防晃支架或采用管卡固定。（3）水平管道应采用管卡固定，管卡的间距不宜大于0.6m，转弯处应增设 1 个管卡。故本题选 C。

12.【答案】C

【解析】根据《气体灭火系统施工及验收规范》（GB 50263—2007）5.5.3 条，管道末端应采用防晃支架固定，支架与末端喷嘴间的距离不应大于 500mm，A 错。根据5.5.2 条，穿墙套管长度应与墙厚相等，穿楼板套管长度应高出地板 50mm，B 错。根据5.3.4 条，选择阀上应设置标明防护区或保护对象名称或编号的永久性标志牌，并应便于观察，C 对。根据5.8.4 条，气体喷放指示灯宜安装在防护区入口的正上方，D 错。故本题选 C。

13.【答案】D

【解析】根据《气体灭火系统施工及验收规范》（GB 50263—2007）5.5.3 条，公称直径大于或等于 50mm 的主干管道垂直方向和水平方向至少应各安装 1 个防晃支架，当穿过建筑物楼层时每层应设 1 个防晃支架当水平管道改变方向时应增设防晃支架。故本题选 D。

14.【答案】C

【解析】根据《气体灭火系统施工及验收规范》（GB 50263—2007）5.5.1 条，灭火剂输送管道连接应符合下列规定：（1）采用螺纹连接时，管材宜采用机械切割；螺纹不得有缺纹、断纹等现象；螺纹连接的密封材料应均匀附着在管道的螺纹部分，拧紧螺纹时，不得将填料挤入管道内；安装后的螺纹根部应有 2 ~ 3 条外露螺纹；连接后，应将连接处外部清理干净并做防腐处理。（2）采用法兰连接时，衬垫不得凸入管内，其外边缘宜接近螺栓，不得放双垫或偏垫。连接法兰的螺栓，直径和长度应符合标准，拧紧后，凸出螺母的长度不应大于螺杆直径的 1/2 且保证有不少于 2 条外露螺纹。（3）已经防腐处理的无缝钢管不宜采用焊接连接，与选择阀等个别连接部位需采用法兰焊接连接时，应对被焊接损坏的防腐层进行二次防腐处理。故本题选 C。

15.【答案】D

【解析】根据《气体灭火系统施工及验收规范》（GB 50263—2007）5.5.5 条，灭火剂输送管道的外表面宜涂红色油漆。在吊顶内、活动地板下等隐蔽场所内的管道，可涂红色油漆色环，色环宽度不应小于 50mm。每个防护区或保护对象的色环宽度应一致，间距应均匀。故本题选 D。

16.【答案】C

【解析】根据《气体灭火系统施工及验收规范》（GB 50263—2007）5.8.1 条，灭火控制装置的安装应符合设计要求，防护区内火灾探测器的安装应符合现行国家标准《火灾自动报警系统施工及验收规范》（GB 50166—2007），A 对。根据 5.8.2 条，设置在防护区处的手动、自动转换开关应安装在防护区入口便于操作的部位，安装高度为中心点距地（楼）面 1.5m，B 对。根据 5.8.3 条，手动启动、停止按钮应安装在防护区入口便于操作的部位，安装高度为中心点距地（楼）面 1.5m，C 错。根据 5.8.4 条，气体喷放指示灯宜安装在防护区入口的正上方，D 对。故本题选 C。

17.【答案】B

【解析】检漏装置用于监测瓶组内介质的压力或质量损失，包括压力显示器、称重装置和液位测量装置等高压二氧化碳灭火系统的泄漏反应为失重，可称重检查；低压二氧化碳灭火系统的泄漏反映为液位下降，可液位检查；此 IG541 气体灭火系统泄漏反应为压下降，可压力计检查；七氟丙烷灭火系统泄漏反应为压力下降和失重，可压力计检查和称重检查。故本题选 B。

18.【答案】C

【解析】根据《气体灭火系统施工及验收规范》（GB 50263—2007）8.0.7 条，喷嘴孔口有无堵塞属于季度检查内容，A 错。根据 8.0.7 条，可燃物种类、分部情况，防护分区的开口情况属于季度检查内容，B 错。根据 8.0.8 条，模拟启动试验属于年度检查内容，C 对。根据 8.0.6 条，灭火剂储存容器内的压力属于月度检查内容，D 错。故本题选 C。

19.【答案】B

【解析】根据《气体灭火系统设计规范》（GB 50370—2005）3.1.14 条，一个防护区设置的预制灭火系统，其装置数量不宜超过 10 台。根据 3.1.15 条，同一防护区内的预制灭火系统装置多于 1 台时，必须能同时启动，其动作响应时差不得大于 2s，A 对。根据 3.2.9，喷放灭火剂前，防护区内除泄压口外的开口应能自行关闭，B 错。根据 3.2.5 条，防护区围护结构及门窗的耐火极限均不宜低于 0.50h，吊顶的耐火极限不宜低于 0.25h，B1.00 防火门代表耐火隔热性不小于 0.50h、耐火完整性不小于 1.00h，C 对。根据 5.0.2 条，管网灭火系统应设自动控制、手动控制和机械应急操作三种启动方式，预制灭火系统应设自动控制和手动控制两种启动方式，本题为预制灭火系统，不应设置机械应急操作控制方式，D 对。故本题选 B。

20.【答案】A

【解析】根据《气体灭火系统施工及验收规范》（GB 50263—2007）5.1.4 条，储存装置应具有灭火剂泄漏检测功能，当储存容器中充装的二氧化碳损失量达到其初始充装量的 10% 时，应能发出声光报警信号并及时补充。故本题选 A。

二、多项选择题

1.【答案】BDE

【解析】根据《二氧化碳灭火系统设计规范》（GB 50193—93）［2010 版］6.0.1 条，二氧化碳灭火系统应设有自动控制、手动控制和机械应急操作三种启动方式，A 对。根据 5.2.1 条，在组合分配系统中，每个防护区或保护对象应设一个选择阀，选择阀应设置在储存容器间内，并应便于手动操作，方便检查维护，B 错。根据 5.3.1.3 条，挠性连接的软管应能承受系统的工作压力和温度，并宜采用不锈钢软管，C 对。根据 7.0.6 条，防护区的门应向疏散方向开启，并能自动关闭；防护区的门应能够自动关闭，该场所防护区的门需要手动关闭，故 D 错。根据 7.0.5 条，地下防护区和无窗或固定窗扇的地上防护区，应设机械排风装置，E 错。故本题选 BDE。

2.【答案】AD

【解析】根据《气体灭火系统施工及验收规范》（GB 50263—2007）E.3.1 条，模拟喷气试验的条件：(1) IG541 混合气体灭火系统及高压二氧化碳灭火系统采用其充装的灭火剂进行模拟喷气试验，试验采用的储存容器数应为选定试验的防护区或保护对象设计用量所需容器总数的5%，且不少于1个，A对，B错；(2) 低压二氧化碳灭火系统采用二氧化碳灭火剂进行模拟喷气试验，试验要选定输送管道最长的防护区或保护对象进行，喷放量不小于设计用量的10%，D对；(3) 卤代烷灭火系统模拟喷气试验不应采用卤代烷灭火剂，宜采用氮气或压缩空气进行。氮气或压缩空气储存容器与被试验的防护区或保护对象用的灭火剂储存容器的结构、型号、规格应相同，连接与控制方式要一致，氮气或压缩空气的充装压力按设计要求执行。氮气或压缩空气储存容器数不少于灭火剂储存容器数的20%，且不少于1个，C、E错。故本题选AD。

3. **【答案】** ACE

【解析】 根据《气体灭火系统施工及验收规范》(GB 50263—2007) 7.3.1条，灭火剂储存容器的数量、型号和规格，位置与固定方式，油漆和标志，以及灭火剂储存容器的安装质量应符合设计要求；检查数量：全数检查，A对。根据7.3.2条，储存容器内的灭火剂充装量和储存压力应符合设计要求。检查数量：称重检查按储存容器全数（不足5个的按5个计）的20%检查；储存压力检查按储存容器全数检查，C对；低压二氧化碳储存容器按全数检查，D错。根据7.3.3条，集流管的材料、规格、连接方式、布置及其泄压装置的泄压方向应符合设计要求和本规范第5.2节的有关规定。检查数量：全数检查，故B错。根据7.3.8条，喷嘴的数量、型号、规格、安装位置和方向应全数检查，应符合设计要求和本规范第5.5节的有关规定。检查数量：全数检查。E对。故本题选ACE。

4. **【答案】** ABCE

【解析】 根据《气体灭火系统施工及验收规范》(GB 50263—2007) 8.0.6条，低压二氧化碳灭火系统储存装置的液位计检查，灭火剂损失10%时应及时补充；高压二氧化碳灭火系统、七氟丙烷管网灭火系统及IG541灭火系统等系统的检查内容及要求应符合下列规定：(1) 灭火剂储存容器及容器阀、单向阀、连接管、集流管、安全泄放装置、选择阀、阀驱动装置、喷嘴、信号反馈装置、检漏装置、减压装置等全部系统组件应无碰撞变形及其他机械性损伤，表面应无锈蚀，保护涂层应完好，铭牌和标志牌应清晰，手动操作装置的防护罩、铅封和安全标志应完整；(2) 灭火剂和驱动气体储存容器内的压力，不得小于设计储存压力的90%；(3) 预制灭火系统的设备状态和运行状况应正常，A、B、C、E对。根据8.0.7条，每季度应对气体灭火系统进行1次全面检查，并应符合下列规定：储存装置间的设备、灭火剂输送管道和支吊架的固定，应无松动，D错。故本题选ABCE。

5. **【答案】** AD

【解析】 根据《气体灭火系统施工及验收规范》(GB 50263—2007) 5.0.3条，采用自动控制启动方式时，根据人员安全撤离防护区的需要应有不大于30s的可控延时喷射，A错。根据E.3.2条，模拟喷气试验结果应符合下列规定：(1) 延迟时间与设定时间相符，响应时间满足要求；(2) 有关声、光报警信号正确；(3) 有关控制阀门工作正常；(4) 信号反馈装置动作后，气体防护区门外的气体喷放指示灯应工作正常；(5) 储存容器间内的设备和对应防护区或保护对象的灭火剂输送管道无明显晃动和机械性损坏；(6) 试验气体能喷入被试防护区内或保护对象上，且应能从每个喷嘴喷出。故本题选AD。

6.【答案】ABCD

【解析】根据《气体灭火系统施工及验收规范》(GB 50263—2007) E.2.1条，手动模拟启动可按下述方法进行：按下手动启动按钮，观察相关动作信号及联动设备动作是否正常（如发出声、光报警，启动输出端的负载响应，关闭通风空调、防火阀等)。人工使压力信号反馈装置动作，观察相关防护区门外的气体喷放指示灯是否正常。选项A、B对。根据E.2.2条，将灭火控制器的启动输出端与灭火系统相应防护区驱动装置连接。驱动装置应与阀门的动作机构脱离。也可以用一个启动电压、电流与驱动装置的启动电压、电流相同的负载代替。人工模拟火警使防护区内任意一个火灾探测器动作，观察单一火警信号输出后，相关报警设备动作是否正常（如警铃、蜂鸣器发出报警声等)。人工模拟火警使该防护区内另一个火灾探测器动作，观察复合火警信号输出后，相关动作信号及联动设备动作是否正常（如发出声、光报警，启动输出端的负载，关闭通风空调、防火阀等)。根据6.2.1条，调试时，应对所有防护区或保护对象按本规范第E.2节进行系统手动、自动模拟启动试验，并应合格，E错，故本题选ABCD。

7.【答案】ACD

【解析】根据《气体灭火系统施工及验收规范》(GB 50263—2007) E.3.1条，卤代烷灭火系统模拟喷气试验不应采用卤代烷灭火剂，宜采用氮气，也可采用压缩空气。氮气或压缩空气储存容器与被试验的防护区或保护对象用的灭火剂储存容器的结构、型号、规格应相同，连接与控制方式应一致，氮气或压缩空气的充装压力按设计要求执行。氮气或压缩空气储存容器数不应少于灭火剂储存容器数的20%，且不得少于1个。A、C错，B、E对。根据6.2.2条，调试时，应对所有防护区或保护对象按本规范第E.3节进行模拟喷气试验，并应合格，D错。故本题选ACD。

8.【答案】ABD

【解析】根据《气体灭火系统施工及验收规范》(GB 50263—2007) 8.0.8条，每年应按本规范第E.2节，对每个防护区进行1次模拟启动试验，并应按本规范第7.4.2条规定进行1次模拟喷气试验，C、E错。故本题选ABD。

9.【答案】CDE

【解析】根据《气体灭火系统施工及验收规范》(GB 50263—2007) 7.4.2条，系统功能验收时，应进行模拟喷气试验，并合格。检查数量：组合分配系统不应少于1个防护区或保护对象，柜式气体灭火装置、热气溶胶灭火装置等预制灭火系统应各取1套，A错。根据7.3.2条，储存容器内的灭火剂充装量和储存压力应符合设计要求。检查数量：称重检查按储存容器全数（不足5个的按5个计）的20%检查；储存压力检查按储存容器全数检查；低压二氧化碳储存容器按全数检查，B错。故本题选CDE。

10.【答案】ACDE

【解析】根据《气体灭火系统施工及验收规范》（GB 50263—2007）5.2.2条，灭火剂储存装置安装后，泄压装置的泄压方向不应朝向操作面。低压二氧化碳灭火系统的安全阀应通过专用的泄压管接到室外，A错。根据5.5.2条，管道穿过墙壁、楼板处应安装套管。套管公称直径比管道公称直径至少应大2级，穿墙套管长度应与墙厚相等，穿楼板套管长度应高出地板50mm。C错。根据5.8.4条，气体喷放指示灯宜安装在防护区入口的正上方，D错。根据5.8.3条，手动启动、停止按钮应安装在防护区入口便于操作的部位，安装高度为中心点距地（楼）面1.5m，E错。故本题选ACDE。

第八节　泡沫灭火系统

一、单项选择题（每题的备选项中，只有1个最符合题意）

1. 某煤化企业储罐区设计总储存量为10000m^3，设计采用固定式液上喷射泡沫灭火系统，根据现行国家标准《泡沫灭火系统施工及验收规范》（GB 50281），下列关于泡沫灭火系统施工过程质量控制的说法中，错误的是（　　）。

A. 场地、道路、水、电等临时设施满足施工要求

B. 系统组件和材料经进行进场检验合格，监理工程师签证后安装使用

C. 由监理工程师组织施工单位人员，对施工过程进行检查

D. 隐蔽前应由施工单位通知有关单位进行验收

2. 西南地区新建大型石油化工企业，设计采用3%型低倍数泡沫灭火系统，根据现行国家标准《泡沫灭火系统施工及验收规范》（GB 50281），下列不属于施工前具备条件的是（　　）。

A. 施工前设计单位向施工单位进行技术交底、并有记录

B. 场地、道路、水、电等临时设施满足施工要求

C. 各工序按施工技术标准进行质量控制

D. 施工有关的基础、预埋件和预留孔，经检查符合设计要求

3. 某新建大型石油化工企业，设计采用6%型低倍数泡沫灭火系统，根据现行国家标准《泡沫灭火系统施工及验收规范》（GB 50281），下列系统组件进场检查判定的说法中，错误的是（　　）。

A. 抽验固定式泡沫炮1套不合格，加倍抽验后合格，该批固定式泡沫炮判定为合格

B. 抽验消防泵盘车灵活，无阻滞，无异常声音，该批消防泵判定为合格

C. 抽验泡沫产生器 1 只不合格，加倍抽验仍有 1 只不合格，再次加倍抽验后合格，该批泡沫产生器判定为合格

D. 抽验泡沫比例混合器（装置），规格、型号、性能符合国家现行产品标准和设计要求，该批泡沫比例混合器（装置）判定为合格

4. 根据现行国家标准《泡沫灭火系统施工及验收规范》（GB 50281），泡沫灭火系统的阀门应抽验强度和严密性，下列关于试验时间的说法中，错误的是（　　）。

A. DN100 不锈钢阀门，强度试验时间为 60s

B. DN150 不锈钢阀门，强度试验时间为 60s

C. DN100 不锈钢阀门采用金属密封，严密性试验时间为 30s

D. DN150 不锈钢阀门采用非金属密封，严密性试验时间为 30s

5. 某甲醇储罐区采用固定式泡沫灭火系统，在储罐区东北角设有储量 $30m^3$ 的泡沫站一座，根据现行国家标准《泡沫灭火系统施工及验收规范》（GB 50281），下列关于该泡沫站内泡沫液储罐安装的说法中，错误的是（　　）。

A. 泡沫液储罐周围应留有宽度不小于的 0.7m 通道

B. 泡沫液储罐操作面应留有宽度不小于 1.5m 的通道

C. 泡沫液储罐上的控制阀距地面高度大于 1.7m 时，应设置操作平台

D. 泡沫液储罐上的控制阀距地面高度大于 1.8m 时，应设置操作平台

6. 根据现行国家标准《泡沫灭火系统施工及验收规范》（GB 50281），下列关于平衡式比例混合器（装置）安装的说法中，正确的有（　　）。

A. 整体平衡式比例混合装置应竖直安装在压力水的水平管道上

B. 压力表与整体平衡式比例混合装置进口处的距离不宜大于 0.5m

C. 分体平衡式比例混合装置的平衡压力流量控制阀应竖直安装

D. 水力驱动式平衡式比例混合装置的泡沫液泵应水平安装

7. 根据现行国家标准《泡沫灭火系统施工及验收规范》（GB 50281），6%型低倍数泡沫液设计用量大于或等于 7.0t 时，应由监理工程师组织现场取样，送至具备相应资质的检测单位进行检测，下列不属于检测内容的是（　　）。

A. 使用期限　　B. 析液时间　　C. 灭火时间　　D. 抗烧时间

8. 某煤制甲醇生产企业的成品储罐区采用液上喷射低倍数泡沫灭火系统，系统运行周期内某消防设施检测机构对该系统进行检测，下列检测结果中，错误的是（　　）。

A. 选用抗溶性氟蛋白泡沫液

B. 泡沫液的发泡倍数为 15 倍

C. 泡沫混合液供给强度 12L/（min · m^2）

D. 泡沫泵启动后 6min 喷出泡沫液

9. 下列关于常压泡沫液储罐安装的说法中，错误的是（　　）。

A. 泡沫液管道出液口不应高于泡沫液储罐最低液面 1m

B. 泡沫液管道吸液口距泡沫液储罐底面不小于0.15m，且最好做成喇叭口形

C. 需要进行严密性试验，试验压力为储罐装满水后的静压力，试验时间不能小于30min，目测不能有渗漏

D. 只需对内表面进行防腐处理，防腐处理要在严密性试验前进行

10. 下列关于泡沫灭火系统功能测试说法中，错误的是（　　）。

A. 当系统为自动灭火系统时，选择最大和最远两个防护区或储罐分别以手动和自动的方式进行喷水试验

B. 低、中倍数泡沫灭火系统喷泡沫时间不小于1min

C. 高倍数泡沫灭火系统喷泡沫时间不小于30s

D. 高倍数泡沫灭火系统，80%的防护区均需要进行喷泡沫试验

二、多项选择题（每题的备选项中有2个或2个以上符合题意。错选、漏选不得分；少选，所选的每个选项得0.5分）

1. 根据现行国家标准《泡沫灭火系统施工及验收规范》（GB 50281），泡沫灭火系统的阀门应抽验强度和严密性，下列说法中，正确的有（　　）。

A. 强度试验压力为公称压力的1.5倍

B. 严密性试验压力为公称压力的1.1倍

C. 试验合格的阀门，应排尽内部积水，并吹干

D. 每批（同牌号、同型号、同规格）按数量抽查10%，且不得少于5个

E. 试验压力在试验持续时间内应保持不变，且壳体填料和阀瓣密封面无渗漏

2. 根据现行国家标准《泡沫灭火系统施工及验收规范》（GB 50281），下列关于消防泵安装的说法中，正确的有（　　）。

A. 应整体安装在基础上，安装时对组件不得随意拆卸，确需拆卸时，应由制造厂进行

B. 消防泵与相关管道连接时，应以消防泵的法兰端面为基准进行测量和安装

C. 消防泵进水管吸水口处设置滤网时，滤网架的安装应牢固，滤网应便于清洗

D. 消防泵采用内燃机驱动时，内燃机冷却器的泄水管应通向排水设施

E. 内燃机驱动的消防泵，其内燃机排气管应采用直径大两级的钢管连接后通向室外

3. 某石油化工企业新建一座原油储罐，并配套设计固定式泡沫灭火系统，根据现行国家标准《泡沫灭火系统施工及验收规范》（GB 50281），设计人员选用泡沫液时，应送至检测单位进行检测的有（　　）。

A. 6%型低倍数泡沫液设计用量7.0t

B. 6%型低倍数泡沫液设计用量2.0t

C. 3%型低倍数泡沫液设计用量3.5t

D. 3%型低倍数泡沫液设计用量2.0t

E. 3%型低倍数泡沫液设计用量2.5t

4. 泡沫灭火系统投入运行后，需要对系统进行定期维护、保养，根据现行国家标准《泡沫灭火系统施工及验收规范》（GB 50281），泡沫灭火系统应每月进行检查的内容有（　　）。

A. 动力源和电气设备工作状况应良好

B. 水源及水位指示装置应正常

C. 应对消防泵和备用动力进行一次启动试验

D. 储罐上的低、中倍数泡沫混合液立管应清除锈渣

E. 压力表、管道过滤器、金属软管、管道及附件不应有损伤

5. 根据现行国家标准《泡沫灭火系统施工及验收规范》（GB 50281），下列关于泡沫比例混合器（装置）安装的说法中，正确的有（　　）。

A. 泡沫比例混合器（装置）的标注方向应与液流方向一致

B. 环泵式比例混合器的安装标高的允许偏差为 ±20mm

C. 分体平衡式比例混合装置的平衡压力流量控制阀应竖直安装

D. 整体平衡式比例混合装置应竖直安装在压力水的水平管道上，并应在水和泡沫液进口的水平管道上分别安装压力表，且与平衡式比例混合装置进口处的距离不宜大于 0. 3m

E. 管线式比例混合器应安装在压力水的水平管道上或串接在消防水带上，并应靠近储罐或防护区，其吸液口与泡沫液储罐或泡沫液桶最低液面的高度不得大于 1. 5m

6. 某化工企业储罐区泡沫液储罐采用常压储罐，由施工人员现场制作，根据现行国家标准《泡沫灭火系统施工及验收规范》（GB 50281），下列关于常压泡沫液储罐，现场制作、安装和防腐的说法中，正确的有（　　）。

A. 泡沫液管道出液口不应高于泡沫液储罐最低液面 1m

B. 泡沫液管道吸液口距泡沫液储罐底面 0. 15m，且做成喇叭口形

C. 应进行严密性试验，试验压力应为储罐装满水后的静压力，试验时间不应小于 60min

D. 钢质泡沫液储罐内、外表面按设计要求防腐

E. 泡沫液储罐罐体与支座接触部位，设计未规定防腐层做法，施工时按加强防腐层的做法施工

7. 下列关于泡沫灭火系统组件的强度和严密性试验的描述中，错误的有（　　）。

A. 强度和严密性试验要采用清水进行

B. 严密性试验压力为公称压力的 1. 5 倍

C. 强度试验压力为公称压力的 1. 1 倍

D. 试验压力在试验持续时间内要保持不变，且壳体填料和阀瓣密封面不能有渗漏

E. 试验合格的阀门，要排尽内部积水，并吹干

8. 下列关于泡沫灭火系统维护管理的说法中，属于月检的有（　　）。

A. 水源及水位指示装置要正常

B. 对储罐上的低、中倍数泡沫混合液立管要清除锈渣

C. 压力表、管道过滤器、金属软管、管道及管件不能有损

D. 查看相关阀门启闭性能、压力表状态

E. 对中倍数泡沫灭火系统进行喷泡沫试验

9. 泡沫灭火系统相关组件的故障常见于泡沫产生器及泡沫比例混合器。下列属于泡沫产生器无法发泡或发泡不正常的原因的主要有（ ）。

A. 泡沫产生器吸气口被异物堵塞　　B. 泡沫液失效

C. 混合比不满足要求　　D. 泡沫液储罐液面过低

E. 喷头数量不符合要求

答案与解析

一、单项选择题

1. **【答案】** A

【解析】 根据《泡沫灭火系统施工及验收规范》（GB 50281—2006）3.0.6条，泡沫灭火系统的施工应具备下列条件：场地、道路、水、电等临时设施满足施工要求。根据3.0.7条，泡沫灭火系统应按下列规定进行施工过程质量控制：（1）采用的系统组件和材料应按本规范进行进场检验，合格后经监理工程师签证方可安装使用；（2）应对施工过程进行检查，并由监理工程师组织施工单位人员进行；（3）隐蔽工程在隐蔽前应由施工单位通知有关单位进行验收。故本题选A。

2. **【答案】** C

【解析】 根据《泡沫灭火系统施工及验收规范》（GB 50281—2006）3.0.6条，泡沫灭火系统的施工应具备下列条件：（1）设计单位向施工单位进行技术交底、并有记录；（2）系统组件、管材及管件的规格、型号符合设计要求，并保证连续施工；（3）与施工有关的基础、预埋件和预留孔，经检查符合设计要求；（4）场地、道路、水、电等临时设施满足施工要求。故本题选C。

3. **【答案】** C

【解析】 根据《泡沫灭火系统施工及验收规范》（GB 50281—2006）4.1.2条，材料和系统组件的进场抽样检查时有一件不合格，应加倍抽查；若仍有不合格，则判定此批产品不合格。故本题选C。

4. **【答案】** D

【解析】 根据《泡沫灭火系统施工及验收规范》（GB 50281—2006）4.3.4条，阀门的强度和严密性试验应符合表3－8－1规定。故本题选D。

表 3－8－1　阀门试验持续时间

公称直径 DN/mm	最短试验持续时间/s		
	严密性试验		强度试验
	金属密封	非金属密封	
≤50	15	15	15
65～200	30	15	60
200～450	60	30	180

5.【答案】C

【解析】根据《泡沫灭火系统施工及验收规范》（GB 50281—2006）5.3.1 条，泡沫液储罐的安装位置和高度应符合设计要求，当设计无要求时，泡沫液储罐周围应留有满足检修需要的通道，其宽度不宜小于 0.7m 的通道，且操作面不宜小于 1.5m；当泡沫液储罐上的控制阀距地面高度大于 1.8m 时，应在操作面处设置操作平台或操作凳。故本题选 C。

6.【答案】B

【解析】根据《泡沫灭火系统施工及验收规范》（GB 50281—2006）5.4.4 条，平衡式比例混合装置的安装应符合下列规定：（1）整体平衡式比例混合装置应竖直安装在压力水的水平管道上；并应在水和泡沫液进口的水平管道上分别安装压力表，且与平衡式比例混合装置进口处的距离不宜大于 0.3m。（2）分体平衡式比例混合装置的平衡压力流量控制阀应竖直安装。（3）水力驱动式平衡式比例混合装置的泡沫液泵应水平安装，安装尺寸和管道的连接方式应符合设计要求。故本题选 B。

7.【答案】A

【解析】根据《泡沫灭火系统施工及验收规范》（GB 50281—2006）4.2.2 条，检查现场取样按现行国家标准《泡沫灭火剂通用技术条件》（GB 15308）对发泡性能（发泡倍数、析液时间）和灭火性能（灭火时间、抗烧时间）的检验报告。故本题选 A。

8.【答案】D

【解析】根据《泡沫灭火系统设计规范》（GB 50151—2010）4.1.10 条，固定式泡沫灭火系统的设计应满足在泡沫消防水泵或泡沫混合液泵启动后，将泡沫混合液或泡沫输送到保护对象的时间不大于 5min。故本题选 D。

9.【答案】D

【解析】选项 D 错误，对内、外表面均需进行防腐处理，防腐处理要在严密性试验后进行。故本题选 D。

10.【答案】D

【解析】高倍数泡沫灭火系统，所有防护区均需要进行喷泡沫试验。故本题选 D。

二、多项选择题

1.【答案】ABCE

【解析】根据《泡沫灭火系统施工及验收规范》（GB 50281—2006）4.3.4条，检查数量：每批（同牌号、同型号、同规格）按数量抽查10%，且不得少于1个；主管道上的隔断阀门，应全部试验。D错。故本题选ABCE。

2.【答案】ABCD

【解析】根据《泡沫灭火系统施工及验收规范》（GB 50281—2006）5.2.6条，内燃机驱动的消防泵，其内燃机排气管的安装应符合设计要求，当设计无规定时，应采用直径相同的钢管连接后通向室外，E错。故本题选ABCD。

3.【答案】AC

【解析】根据《泡沫灭火系统施工及验收规范》（GB 50281—2006）4.2.2条，对属于下列情况之一的泡沫液，应由监理工程师组织现场取样，送至具备相应资质的检测单位进行检测，其结果应符合国家现行有关产品标准和设计要求：（1）6%型低倍数泡沫液设计用量大于或等于7.0t；（2）3%型低倍数泡沫液设计用量大于或等于3.5t；（3）6%蛋白型中倍数泡沫液最小储备量大于或等于2.5t；（4）6%合成型中倍数泡沫液最小储备量大于或等于2.0t；（5）高倍数泡沫液最小储备量大于或等于1.0t；（6）合同文件规定现场取样送检的泡沫液。故本题选AC。

4.【答案】ABDE

【解析】根据《泡沫灭火系统施工及验收规范》（GB 50281—2006）8.2.1条，每周应对消防泵和备用动力进行一次启动试验，并应按本规范D.0.1记录，C错。故本题选ABDE。

5.【答案】ACD

【解析】根据《泡沫灭火系统施工及验收规范》（GB 50281—2006）5.4.2条，环泵式比例混合器的安装标高的允许偏差为±10mm，B错。根据5.4.5条，管线式比例混合器应安装在压力水的水平管道上或串接在消防水带上，并应靠近储罐或防护区，其吸液口与泡沫液储罐或泡沫液桶最低液面的高度不得大于1.0m，E错。故本题选ACD。

6.【答案】ABDE

【解析】根据《泡沫灭火系统施工及验收规范》（GB 50281—2006）5.3.2条，现场制作的常压钢质泡沫液储罐应该进行严密性试验，试验压力应为储罐装满水后的静压力，试验时间不应小于30min，目测应无渗漏，C错。故本题选ABDE。

7.【答案】ADE

【解析】严密性试验压力为公称压力的1.1倍，B错；强度试验压力为公称压力的1.5倍，C错。故本题选ADE。

8.【答案】ABC

【解析】D 选项是每天对系统进行巡查的内容；E 选项是每两年的检查要求。故本题选 ABC。

9.【答案】ABC

【解析】泡沫产生器无法发泡或发泡不正常主要原因：(1) 泡沫产生器吸气口被异物堵塞；(2) 泡沫混合液不满足要求，如泡沫液失效，混合比不满足要求。故本题选 ABC。

第九节 干粉灭火系统

一、单项选择题（每题的备选项中，只有 1 个最符合题意）

1. 消防技术服务机构对某单位设置的室内局部应用干粉灭火系统进行检测，根据现行国家标准《干粉灭火系统设计规范》(GB 50374)，下列关于保护对象环境及系统功能检查的描述中，错误的是（ ）。

A. 保护对象周围的空气流动速度最大为 2m/s

B. 可燃液体液面至容器缘口的距离为 150mm

C. 干粉喷射时间为 20s

D. 启动干粉灭火系统的同时切断可燃液体的供应阀

2. 对干粉灭火系统进行维护管理时，下列检查项目，属于每日检查一次的是(　　)。

A. 驱动气体储瓶压力　　B. 管网、支架及喷放组件

C. 防护区及干粉储存装置间　　D. 驱动气体储瓶充装量

3. 对干粉灭火系统进行维护管理时，下列检查项目，属于日常巡查的是（　　）。

A. 喷头外观　　B. 喷头型号规格

C. 驱动气体储瓶外观　　D. 灭火控制器的工作状态

4. 消防检测机构对某单位设置的全淹没干粉灭火系统进行检测，根据现行国家标准《干粉灭火系统设计规范》(GB 50374)，关于防护区及系统功能检查，错误的是（　　）。

A. 干粉喷射时间为 25s

B. 灭火设计浓度为 0.7kg/m^3

C. 泄压口位于室内净高的 1/2 以上

D. 不能自动关闭的开口为防护区总内表面积的 15%

5. 下列关于干粉灭火系统组件设置及选型的说法中，错误的是（　　）。

A. 喷放干粉时不能自动关闭的防护区开口其总面积不应大于该防护区总内表面积的 10%

B. 喷放后 48h 内不能恢复到正常工作状态时灭火剂应有备用量

C. 全淹没灭火系统的干粉喷射时间不应大于 30s

D. 管道应采用无缝钢管，并在管网留有吹扫口

6. 下列关于干粉灭火系统的操作控制的说法中，错误的是（　　）。

A. 当局部应用灭火系统用于经常有人的保护场所时，可不设自动控制启动方式

B. 火灾自动报警系统自动控制时，要设置不小于30s的延迟

C. 预制灭火装置可不设机械应急操作启动方式

D. 手动紧急停止装置应确保灭火系统能在启动后和喷放灭火剂前的延迟阶段中止，在使用手动紧急停止装置后手动启动装置可以再次启动

7. 下列关于干粉灭火系统维护管理的描述中，属于月检的是（　　）。

A. 干粉储存装置部件　　B. 防护区及干粉储存装置间

C. 管网、支架及喷放组件　　D. 干粉储存装置外观

8. 干粉灭火系统调试在系统各组件安装完成后进行，系统调试包括对系统进行模拟启动试验、模拟喷放试验和模拟切换操作试验等。下列关于模拟喷放试验要求中，错误的是（　　）。

A. 采用干粉灭火剂和手动启动方式

B. 干粉用量不少于设计用量的30%

C. 当现场条件不允许喷放干粉灭火剂时，可采用惰性气体

D. 试验时应保证出口压力不低于设计压力

9. 在对干粉储存容器进行充装量检查时，要求实际充装量不得小于设计充装量，也不得超过设计充装量的（　　）。

A. 1%　　B. 2%　　C. 3%　　D. 4%

10. 对于储压型系统，当采用全淹没灭火系统时，喷头的最大安装高度不大于（　　）m，当采用局部应用灭火系统时，喷头的最大安装高度不大于（　　）m。

A. 6，7　　B. 7，6　　C. 8，7　　D. 7，8

二、多项选择题（每题的备选项中有2个或2个以上符合题意。错选、漏选不得分；少选，所选的每个选项得0.5分）

1. 下列关于干粉灭火系统试压、吹扫的说法中，错误的有（　　）。

A. 进行水压试验和管网冲洗可以用海水或普通用水

B. 准备不少于2只的试验用压力表，精度不低于2.0级，量程为试验压力值得1.5～2.0倍

C. 埋地管道的位置及管道基础、支墩等符合设计文件要求

D. 隔离或者拆除不能参与试压的设备、仪表、阀门及附件

E. 加设的临时盲板具有突出于法兰的边耳，具有明显的标志，并对临时盲板数量、位置进行记录

2. 干粉灭火系统调试在系统各组件安装完成后进行，下列属于系统调试内容的有（　　）。

A. 模拟启动试验　　B. 模拟喷放试验

C. 管网气压强度试验　　D. 管网气密性试验

E. 模拟切换操作试验

3. 为确保干粉灭火系统投入运行后不出现漏粉、管道及管件承压能力不足、杂质及污损物影响正常使用等问题，在管网安装完成后，须对管网进行强度试验和严密性试验。下列说法中，错误的有（　　）。

A. 水压强度试验前，用温度计测试环境温度，确保环境温度不低于5℃，如果低于5℃，须采取必要的防冻措施

B. 当水压强度试验条件不具备时，可采用气压强度试验代替。气压强度试验压力取1.5倍系统最大工作压力

C. 水压强度试验压力为1.5倍系统最大工作压力

D. 干粉输送管道在水压强度试验合格后，在气密性试验前需进行吹扫。管网吹扫可采用压缩空气或氮气；吹扫时，管道末端的气体流速不小于30m/s

E. 干粉输送管道进行气密性试验时，对干粉输送管道，试验压力为水压强度试验压力的2/3；对气体输送管道，试验压力为气体最高工作储存压力

答案与解析

一、单项选择题

1.【答案】C

【解析】根据《干粉灭火系统设计规范》（GB 50347—2004）3.3.2条，室内局部应用灭火系统的干粉喷射时间不应小于30s；室外或有复燃危险的室内局部应用灭火系统的干粉喷射时间不应小于60s。故本题选C。

2.【答案】A

【解析】(1) 日检查内容：①干粉储存装置外观；②灭火控制器运行情况；③启动气体储瓶和驱动气体储瓶压力。(2) 月检查内容：①干粉储存装置部件；②驱动气体储瓶充装量。(3) 年度检查内容：①防护区及干粉储存装置间；②管网、支架及喷放组件；③模拟启动检查。故本题选A。

3.【答案】A

【解析】系统巡查：(1) 喷头外观及其周边障碍物等；(2) 驱动气体储瓶、灭火剂储存装置、干粉输送管道、选择阀、阀驱动装置外观；(3) 灭火控制器的工作状态；(4) 紧急启/停按钮、释放指示灯外观。故本题选A。

4.【答案】C

【解析】根据《干粉灭火系统设计规范》（GB 50347—2004）3.2.5条，防护区应设泄压口，并宜设在外墙上，其高度应大于防护区净高的2/3，C错。故本题选C。

5.【答案】A

【解析】喷放干粉时不能自动关闭的防护区开口其总面积不应大于该防护区总内表面积的15%。故本题选A。

6.【答案】B

【解析】设有火灾自动报警系统时灭火系统的自动控制应在收到两个独立火灾探测信号后才能启动并应延迟喷放，延迟时间不应大于30s，B错。故本题选B。

7.【答案】A

【解析】选项B、C属于年检；选项D属于日检。故本题选A。

8.【答案】A

【解析】模拟喷放试验采用干粉灭火剂和自动启动方式，干粉用量不少于设计用量的30%，当现场条件不允许喷放干粉灭火剂时，可采用惰性气体，试验时应保证出口压力不低于设计压力。故本题选A。

9.【答案】C

【解析】要求实际充装量不得小于设计充装量，也不得超过设计充装量的3%。故本题选C。

10.【答案】B

【解析】储压型系统，当采用全淹没灭火系统时，喷头的最大安装高度不大于7m，当采用局部应用灭火系统时，喷头的最大安装高度不大于6m。故本题选B。

二、多项选择题

1.【答案】AB

【解析】进行水压试验和管网冲洗不可以海水，海水具有盐，会损坏管道；准备不少于2只的试验用压力表，精度不低于1.5级。故本题选AB。

2.【答案】ABE

【解析】干粉灭火系统调试在系统各组件安装完成后进行，系统调试包括对系统进行模拟启动试验、模拟喷放试验和模拟切换操作试验等。故本题选ABE。

3.【答案】BD

【解析】气压强度试验压力取1.15倍系统最大工作压力，B错；吹扫时，管道末端的气体流速不小于20m/s，D错。故本题选BD。

第十节　建筑灭火器

一、单项选择题（每题的备选项中，只有1个最符合题意）

1. 根据现行国家标准《建筑灭火器配置验收及检查规范》（GB 50444），下列关于灭火器箱进场进行检查的说法中，错误的是（　　）。

A. 灭火器箱应有出厂合格证　　B. 灭火器箱开应有型式检验报告

C. 灭火器箱应使用金属材料制作　　D. 灭火器箱可采用非金属材料制作

2. 根据现行标准《灭火器箱》（GA 139），开门式灭火器箱的箱门关闭到位后，与四周框面平齐，与箱框之间的间隙均匀平直，不影响箱门开启。下列描述中，正确的是(　　)。

A. 箱门平面度公差不大于 2mm

B. 灭火器箱正面的零部件凸出箱门外表面高度不大于 15mm

C. 箱门与框最大间隙不超过 2. 5mm

D. 灭火器箱不宜进行涂装处理

3. 某场所新到一批型号为 MF/ABC3 的灭火器，在对其进行现场结构检查时，该灭火器喷射软管的长度至少应为（　　）。

A. 可不设喷射软管　　B. 300mm

C. 400mm　　D. 500mm

4. 根据现行标准《灭火器箱》（GA 139），灭火器箱箱门开启方便灵活，开启后不得阻挡人员安全疏散，下列关于翻盖型灭火器箱合格判定标准的描述中，错误的是（　　）。

A. 箱门设关紧装置，且无锁具　　B. 箱门开启操作轻便灵活，无卡阻

C. 箱门开启力不大于 50N　　D. 箱门开启角度不小于 175°

5. 根据现行标准《灭火器箱》（GA 139），灭火器箱外观标志检查的内容不包括（　　）。

A. 灭火器箱正面标注有中文“灭火器”和英文“Fire extinguisher”的标志

B. “灭火器”字体尺寸，不得小于 30mm × 60mm

C. 翻盖式灭火器箱在翻盖上标注有开启方向的标示

D. 灭火器箱各表面无凹凸不平和明显的机械加工缺陷

6. 根据现行国家标准《推车式灭火器》（GB 8109），下列关于推车式灭火器配置的描述中，错误的是（　　）。

A. 推车式灭火器的行驶机构应有足够的通过性能，推行时无卡阻

B. 灭火器整体（轮子除外）最低位置与地面之间的间距不小于 100mm

C. 推车式灭火器喷射软管的长度（不包括软管两端的接头和喷射枪）不得小于 4m

D. 推车式灭火器的喷射软管前端，应装有可间歇喷射的喷射枪，并设有喷射枪夹持装置

7. 根据现行国家标准《建筑灭火器配置验收及检查规范》（GB 50444），在对灭火器进行配置验收时，不需全数检查的是（　　）。

A. 灭火器的保护距离是否符合设计要求

B. 灭火器的设置点附件应无障碍物，取用方便，且不影响人员安全疏散

C. 灭火器的设置点应通风、干燥、洁净

D. 推车式灭火器宜设置在平坦场地，不得设置在台阶上

8. 根据现行国家标准《建筑灭火器配置验收及检查规范》（GB 50444），下列关于灭火器的类型、规格、灭火级别和配置数量的说法中，错误的是（　　）。

A. 歌舞娱乐放映游艺场所应全数检查

B. 甲乙丙类火灾危险性场所应全数检查

C. 文物保护单位应全数检查

D. 办公场所按总数的20%抽查，并不得小于3个；少于3个配置单元的，全数检查

9. 根据现行国家标准《建筑灭火器配置验收及检查规范》（GB 50444），灭火器日常检查维修时，下列说法中，正确的是（　　）。

A. 每次送修的灭火器数量不得超过计算单元配置灭火器总数量的1/5

B. 维修好的灭火器应当按原配置位置设置，不能随意变动原设置点的位置

C. 需维修、报废的灭火器应由灭火器销售企业或就近维修单位进行

D. 如需替代原灭火器时，其灭火级别应大于原配置灭火器的灭火级别

10. 根据现行国家标准《建筑灭火器配置验收及检查规范》（GB 50444），嵌墙式灭火器箱及挂钩、托架的安装高度应满足手提式灭火器顶部离地面距离不大于（　　）m。

A. 0.8　　B. 1.0　　C. 1.2　　D. 1.5

11. 根据现行国家标准《建筑灭火器配置验收及检查规范》（GB 50444），灭火器挂钩、托架安装后，能够承受（　　）倍的手提式灭火器的静载荷（当总试验荷载小于45kg时，按45kg）计。承载（　　）min后，不出现松动、脱落、断裂和明显变形等现象。

A. 2，5　　B. 3，3　　C. 5，5　　D. 6，3

12. 根据现行国家标准《建筑灭火器配置验收及检查规范》（GB 50444），推车式干粉灭火器出厂满（　　）年，应进行维修；满（　　）年，应进行报废。

A. 2，5　　B. 3，6　　C. 4，10　　D. 5，10

13. 灭火器维修手册，用于指导社会单位、维修企业的灭火器送修、维修工作。下列不属于维修手册主要内容的是（　　）。

A. 灭火器生产企业具备的条件　　B. 灭火器易损零部件的名称、数量

C. 维修时对设备的要求和说明　　D. 必要的说明、警告和提示

14. 根据现行国家标准《建筑灭火器配置验收及检查规范》（GB 50444），灭火器出厂时间达到或者超过一定的期限，均予以报废处理。下列关于灭火器报废期限的说法中，正确的是（　　）。

A. 推车式水基型灭火器出厂期满7年　　B. 推车式干粉灭火器出厂期满12年

C. 洁净气体灭火器出厂期满12年　　D. 二氧化碳灭火器出厂期满12年

15. 根据现行国家标准《建筑灭火器配置验收及检查规范》（GB 50444），任何一种灭火器的使用寿命都是有限的。下列关于灭火器报废的说法中，错误的是（　　）。

A. 达到报废期限但未曾使用过的灭火器，经检测合格，短期内可继续留用

B. 水基型灭火器的报废期限最短

C. 二氧化碳灭火器的报废期限最长

D. 灭火器报废后，应按照等效替代的原则进行更换

16. 根据现行国家标准《建筑灭火器配置验收及检查规范》（GB 50444），不同灭火器的维修、报废都有一定期限，下列关于灭火器的维修次数的说法中，错误的是（　　）。

A. 水基型灭火器总共不超过3次　　B. 干粉灭火器总共不超过3次

C. 洁净气体灭火器总共不超过5次　　　D. 二氧化碳灭火器总共不超过5次

17. 根据现行国家标准《建筑灭火器配置验收及检查规范》（GB 50444），下列灭火器中，需要进行报废处理的是（　）。

A. MS/Q9出厂期满6年　　　B. MF5出厂期满5年

C. MT5出厂期满10年　　　D. MF/ABC5出厂期满5年

18. 根据现行标准《灭火器箱》（GA 139），灭火器箱的正面右下角应设置耐久性铭牌，下列不属于铭牌上的内容的是（　）。

A. 生产日期　　B. 维修日期　　C. 型号规格　　D. 生产厂址

19. 根据现行标准《灭火器维修》（GA 95），在对灭火器维修和再充装前，应对灭火器进行水压试验，下列关于灭火器水压试验要求的说法中，错误的是（　）。

A. 二氧化碳灭火器钢瓶的残余变形率不得大于5%

B. 应按灭火器铭牌标志上规定的水压试验压力进行

C. 应有检验记录

D. 不应有泄漏、破裂和可见的宏观变形

20. 根据现行国家标准《建筑灭火器配置验收及检查规范》（GB 50444），在同一灭火器配置单元内配置灭火器时，应选用（　）的灭火器。

A. 灭火剂相容　　　B. 同一厂家

C. 灭火剂相同　　　D. 同一型号

21. 根据现行国家标准《建筑灭火器配置验收及检查规范》（GB 50444），下列关于建筑灭火器配置检查的描述中，错误的是（　）。

A. 灭火器是否达到送修条件和维修期限

B. 灭火器是否未开启、喷射过

C. 灭火器的铭牌是否朝外，并且器头宜向上

D. 室外灭火器是否有防雨、防晒等保护措施

22. 根据现行标准《灭火器维修》（GA 95），灭火器维修前要进行准备工作。下列关于维修前检查的描述中，错误的是（　）。

A. 应对灭火器外观和铭牌标志进行检查

B. 灭火器的筒体有严重变形，但无腐蚀的凹坑进行登记维修即可

C. 储气瓶式灭火器逐具释放驱动气体后再检查维修

D. 每具灭火器进行详细的信息记录

23. 根据现行标准《灭火器维修》（GA 95），水压试验前需要进行的程序是（　）。

A. 拆除器头或阀门　　　B. 灭火剂回收处理

C. 更换零部件　　　D. 信息记录维修记录和维修标识

24. 根据现行标准《灭火器维修》（GA 95），下列说法中，错误的是（　）。

A. 水基型灭火剂在每次维修灭火器时都必须更换

B. 再充装后储压式灭火器要逐具进行气密性试验

C. 非水基型灭火器零部件清洗时，应采用有机溶剂洗涤并干燥

D. 驱动气体充压时不得采用灭火器压力指示器作计量器具

25. 根据现行标准《灭火器维修》（GA 95），下列关于灭火器维修合格证的说法中，错误的是（　　）。

A. 灭火器的总质量不必写入维修合格证

B. 维修合格证将其从筒体上去除时应自行破损

C. 维修合格证不应覆盖原灭火器上铭牌标志

D. 维修合格证的尺寸应不小于30cm^2，字体应清晰

26. 根据现行标准《灭火器维修》（GA 95），干粉灭火剂产品回收利用时，应对其主要组分含量等进行检验，其中不需要检验的项目是（　　）。

A. 含水率　　B. 吸湿率　　C. 纯度　　D. 针入度

27. 根据现行标准《灭火器维修》（GA 95），报废灭火器回收应按照规定要求处置，下列处置的说法中，错误的是（　　）。

A. 灭火器的回收处理应由取得相应资质的维修机构完成

B. 对报废的灭火器筒体无压力的情况下，采用钻孔或破坏瓶口螺纹的方式处置

C. 报废的灭火器应由送修灭火器的建筑使用管理单位签字确定

D. 报废应有报废处理记录，记录内容应完整

28. 根据现行标准《灭火器维修》（GA 95），下列关于灭火剂回收处理的说法中，正确的是（　　）。

A. 未喷射过的干粉灭火器内清除的灭火剂应按灭火器铭牌标志上标明的灭火剂成分分别进行回收，并可直接用于再充装

B. 水基型灭火器内清除的灭火剂，应按符合环保要求的方法进行处理

C. 喷射过的干粉灭火器内清除的剩余灭火剂经检验符合相关灭火剂标准后，可用于再充装

D. 回收储存的不可用于再充装的干粉灭火剂，不能再利用

29. 在对灭火器维修和再充装前，应对灭火器进行水压试验。下列关于灭火器水压试验要求的说法中，错误的是（　　）。

A. 维修机构必须逐具对确认不属于报废范围的灭火器的零部件进行水压试验

B. 二氧化碳灭火器的气瓶还要逐具进行残余变形率测定

C. 水压试验时，不得有泄漏、部件脱落、破裂、可见的宏观变形

D. 经水压试验合格的灭火器筒体或者气瓶，外部存在部分涂层脱落但无锈蚀的，不可补加涂层

二、多项选择题（每题的备选项中有2个或2个以上符合题意。错选、漏选不得分；少选，所选的每个选项得0.5分）

1. 消防技术服务机构对某建筑内设置的灭火器进行检查，下列检查结果中，正确的

有（　　）。

A. 灭火器配置点的温度大于灭火器使用温度

B. 嵌墙式灭火器箱的安装高度为1.5m，箱内手提式灭火器顶部距地面的高度为1.4m

C. 同一场所内配置了BC类干粉灭火器和ABC类干粉灭火器

D. 设置在室外和特殊场所的灭火器采取了保护措施

E. 灭火器设置配置场所内任何一点都在灭火器的保护范围之内

2. 根据现行国家标准《建筑灭火器配置验收及检查规范》（GB 50444），下列关于灭火器进场检查的说法中，错误的有（　　）。

A. 灭火器应符合市场准入，并应有出厂合格证和相关证书

B. 灭火器筒体应无明显缺陷和机械损伤

C. 灭火器压力指示器的指针可在黄区范围内

D. 灭火器的保险装置应完好

E. 灭火器的行驶机构应完好

3. 根据现行国家标准《建筑灭火器配置验收及检查规范》（GB 50444），下列有关建筑灭火器配置验收检查结果中，属于严重缺陷项的有（　　）。

A. 灭火器的产品质量不符合国家有关产品标准的要求

B. 灭火器摆放稳固，灭火器的铭牌朝内，灭火器的器头向上

C. 同一灭火器配置单元内的不同类型灭火器，其灭火剂不相容

D. 灭火器箱上锁

E. 灭火器的保护距离不符合规定，不能保证配置场所的任一点都在灭火器设置点的保护范围内

4. 根据现行国家标准《建筑灭火器配置验收及检查规范》（GB 50444），下列关于灭火器配置验收说法中，正确的有（　　）。

A. 灭火器配置验收应按独立建筑进行，局部验收可按申报的范围进行。

B. 推车式灭火器未设置在平坦场地，但也未设置在台阶上，且在外力作用下不能自行滑动，不属于缺陷项

C. 合格判定条件应为：$A=0$，且$B\leqslant1$，且$B+C\leqslant4$，否则为不合格

D. 设有夹持带的灭火器，当夹持带打开时，手提式灭火器脱落，属于重缺陷项

E. 灭火器箱上锁，属于轻缺陷项

5. 根据现行标准《灭火器维修》（GA 95），经维修出厂检验合格的每具灭火器应加贴维修合格证，下列属于维修合格证内容的有（　　）。

A. 灭火器型号　　B. 总质量　　C. 维修编号　　D. 维修日期

E. 灭火器保护距离

6. 根据现行国家标准《建筑灭火器配置验收及检查规范》（GB 50444），下列（　　）场所应对灭火器的配置和外观进行半月检查。

A. 加油站　　B. 歌舞厅

C. 地下室　　D. 办公室

E. 员工集体宿舍

7. 某网吧建筑面积为500m^2，设置在某建筑的地上四层，根据现行国家标准《建筑灭火器配置设计规范》（GB 50140），下列描述中，正确的有（　　）。

A. 网吧内设置了类型规格为 MF/ABC4 灭火器

B. 四层计算单元最小需配灭火级别为 5A

C. 检查时发现压力指示器在红区而没有送修

D. 翻盖型灭火器箱的翻盖开启角度为105°

E. 灭火器箱的箱体正面设置了指示灭火器位置的发光标志

8. 根据现行国家标准《建筑灭火器配置验收及检查规范》（GB 50444），手提式灭火器宜设置在灭火器箱内或挂钩、托架上。下列（　　）场所的手提式灭火器可直接放置在地面上。

A. 电子信息机房　　B. 洁净厂房

C. 高级宾馆　　D. 白兰地蒸馏车间

E. 重油仓库

9. 根据现行标准《灭火器维修》（GA 95），下列关于灭火器和贮气瓶的再充装，除应取得相应的消防技术服务机构资质证书外，尚应取得特种设备安全监督管理部门的许可的有（　　）。

A. 手提储压式干粉灭火器　　B. 储压式水基型灭火器

C. 二氧化碳灭火器　　D. 内置贮气瓶式灭火器

E. 外置贮气瓶式灭火器

10. 根据现行标准《灭火器维修》（GA 95），灭火器维修前应对送修的灭火器逐具做好信息记录。其中二氧化碳灭火器特有信息内容有（　　）。

A. 瓶体设计壁厚　　B. 气瓶（筒体）生产连续序号或编号

C. 使用温度范围　　D. 空瓶质量

E. 最大工作压力或公称工作压力

11. 建筑物中配置的灭火器应定期检查、检测和维修，下列（　　）零部件需在每次维修时及时更换。

A. 超压安全膜片　　B. 筒体　　C. 器头　　D. 水基型灭火剂

E. 阀门

12. 根据现行标准《灭火器维修》（GA 95），下列关于于水基型灭火器的说法中，错误的有（　　）。

A. 再充装的灭火剂的充装量和充装密度应与原灭火器生产企业提供的灭火剂特性保持一致，并逐具复称确认，做好记录

B. 水基型灭火器的滤网有损坏缺陷应更换

C. 水基型灭火器的筒体内部的防腐层失效应更换

D. 原清水灭火剂用水基型泡沫灭火剂再充装

E. 未更换的水基型零部件不必干燥处理

13. 根据现行标准《灭火器维修》（GA 95），下列关于灭火器维修的说法中，错误的有（　　）。

A. 灭火器维修记录应与维修前的信息记录合并存档，保存期限应不少于5年

B. 灭火器报废应经维修人员、检验人员签字确认

C. 维修过的灭火器经检验合格后方可加贴维修合格证

D. 维修机构每半年应至少进行1次维修确认检验

E. 首次维修产品的维修机构应进行维修确认检验

14. 根据现行标准《灭火器维修》（GA 95），洁净气体灭火剂产品回收利用时，需要进行检验的项目有（　　）。

A. 纯度　　B. 含水率　　C. 斥水性　　D. 抗结块性

E. 吸湿率

答案与解析

一、单项选择题

1.【答案】C

【解析】根据《建筑灭火器配置验收及检查规范》（GB 50444—2008）2.2.2条，灭火器箱的进场检查应符合下列要求：灭火器箱应有出厂合格证和型式检验报告、灭火器箱外观应无明显缺陷和机械损伤、灭火器箱应开启灵活。故本题选C。

2.【答案】D

【解析】根据《灭火器箱》（GA 139—2009）5.3.4条，灭火器箱正面上的零部件，凸出箱门外表平面的高度不应大于15mm；其余各面的零部件，凸出该面外表面的高度不应超过10mm。根据5.3.6条，灭火器箱表面应具有抗腐蚀能力。用不耐腐蚀的金属材料制造的灭火器箱表面应进行涂装处理，D错。故本题选D。

3.【答案】A

【解析】根据现行国家标准《手提式灭火器 第1部分：性能和结构要求》（GB 4351.1—2005）6.10.6条，灭火器充装量大于3kg（L）时，应配有喷射软管，其长度不应小于400mm（不包括接头和喷嘴长度）。MF/ABC3为手提式磷酸铵盐干粉灭火器，灭火剂充装量为3kg，可不设喷射软管。故本题选A。

4.【答案】D

【解析】根据《灭火器箱》（GA 139—2009）5.4.3条，开门式灭火器箱的箱门开启角度不应小于160°；翻盖式灭火器箱的箱盖开启角度不应小于100°。故本题选D。

5.【答案】D

【解析】根据《灭火器箱》（GA 139—2009）5.3.1 条，灭火器箱箱体应端正，不应有歪斜、翘曲等变形现象、箱体各表面应无凹凸不平等加工缺陷。D 项属于外观质量检查的内容，不是外观标志检查的内容。故本题选 D。

6.【答案】D

【解析】根据《推车式灭火器》（GB 8109—2005）6.10.7.1 条，推车式火火器（除推车式二氧化碳灭火器外）在喷射软管的末端应配有可间歇喷射的喷射控制阀，以便间歇操作和随时中断灭火剂的喷射。推车式二氧化碳灭火器在喷射软管的末端应配有喷筒。D 错。故本题选 D。

7.【答案】A

【解析】根据《建筑灭火器配置验收及检查规范》（GB 50444—2008）4.2.4 条，灭火器的保护距离应符合现行国家标准《建筑灭火器配置设计规范》（GB 50140）的有关规定，灭火器的设置应保证配置场所的任一点都在灭火器设置点的保护范围内。检查数量：按照灭火器配置单元的总数，随机抽查 20%；少于 3 个配置单元的，全数检查。故本题选 A。

8.【答案】B

【解析】根据《建筑灭火器配置验收及检查规范》（GB 50444—2008）4.2.1 条，灭火器的类型、规格、灭火级别和配置数量应符合建筑灭火器配置设计要求。检查数量：按照灭火器配置单元的总数，随机抽查 20%，并不得少于 3 个；少于 3 个配置单元的，全数检查。歌舞娱乐放映游艺场所、甲乙类火灾危险性场所、文物保护单位，全数检查。故本题选 B。

9.【答案】B

【解析】根据《建筑灭火器配置验收及检查规范》（GB 50444—2008）5.1.2 条，每次送修的灭火器数量不得超过计算单元配置灭火器总数量的 1/4。超出时，应选择相同类型和操作方法的灭火器替代，替代灭火器的灭火级别不应小于原配置灭火器的灭火级别。A、D 错。根据 5.1.3 条文说明，本条要求维修好的灭火器应当按原配置位置设置，不能随意变动原设置点的位置。B 对。根据 5.1.4 条，需维修、报废的灭火器应由灭火器生产企业或专业维修单位进行，C 错。故本题选 B。

10.【答案】D

【解析】根据《建筑灭火器配置验收及检查规范》（GB 50444—2008）3.2.7 条，嵌墙式灭火器箱及挂钩、托架的安装高度应满足手提式灭火器顶部离地面距离不大于 1.50m，底部离地面距离不小于 0.08m。故本题选 D。

11.【答案】C

【解析】根据《建筑灭火器配置验收及检查规范》（GB 50444—2008）3.2.4 条，以 5 倍的手提式灭火器的载荷悬挂于挂钩、托架上，作用 5 min，观察是否出现松动、脱落、断裂和明显变形等现象：当 5 倍的手提式灭火器质量小于 45kg 时，应按 45kg 进行检查。故本题选 C。

12.【答案】D

【解析】根据《建筑灭火器配置验收及检查规范》（GB 50444—2008）5.3.2 及 5.4.3 条，推车式干粉灭火器出厂满 5 年，应进行维修；满 10 年，应进行报废。故本题选 D。

13.【答案】A

【解析】根据《手提式灭火器 第 1 部分：性能和结构要求》（GB 4351.1—2005）10.2 条，生产厂应为每种类型灭火器备有维修手册，当有要求时应可以附送。其内容应有必要的说明、警告和提示，维修时对设备的要求和说明；推荐维修的说明。同时应有易损零部件的名称、数量。对装有显示内部压力指示器的灭火器，还应指明装在灭火器上的压力指示器不能作为充装压力时的计量压力；如用高压气瓶作充装压力，还应说明应使用调压阀等。故本题选 A。

14.【答案】D

【解析】根据《建筑灭火器配置验收及检查规范》（GB 50444—2008）5.4.3 条（表 3－10－1），故本题选 D。

表 3－10－1　灭火器的报废期限

灭火器类型		报废年限/年
水基型灭火器	手提式水基型灭火器	6
	推车式水基型灭火器	
干粉灭火器	手提式（贮压式）干粉灭火器	10
	手提式（储气瓶式）干粉灭火器	
	推车式（贮压式）干粉灭火器	
	推车式（储气瓶式）干粉灭火器	
洁净气体灭火器	手提式洁净气体灭火器	
	推车式洁净气体灭火器	
二氧化碳灭火器	手提式二氧化碳灭火器	12
	推车式二氧化碳灭火器	

15.【答案】A

【解析】根据《建筑灭火器配置验收及检查规范》（GB 50444—2008）5.4.3 条文说明，只要达到或超过报废期限，即使灭火器未曾使用过，均应当予以报废，A 错。故本题选 A。

16.【答案】C

【解析】根据《建筑灭火器配置验收及检查规范》（GB 50444—2008）5.4.3 条文说明，水基型灭火器的灭火剂对灭火器筒体的腐蚀较为明显，其水压试验周期、维修期限较短，出厂期满 3 年应当进行首次维修，以后每隔 1 年进行一次维修，但总共不超过3次。即：3+1+1=5，5年后的下一年报废，就确定了水基型灭火器报废期限为6年。干粉灭火器和洁净气体灭火器出厂期满5年应当进行首次维修，以后每隔2年进行一次维修，但总共不超过3次。即：5+2+2=9，9年后的下一年报废，就确定了干粉灭火器和洁净气体灭火器报废期限为10年。二氧化碳灭火器出厂期满5年应当进行首次维修，以后每隔2年进行一次维修，但总共不超过4次。即：5+2+2+2=11，11年后的下一年报废，就确定了二氧化碳灭火器报废期限为12年。故本题选C。

17.【答案】A

【解析】根据《建筑灭火器配置验收及检查规范》（GB 50444—2008）5.3.2条，MS/Q9表示9L手提式清水灭火器，水基型灭火器出厂时间满6年应报废，A对；MF5表示5kg手提式BC干粉灭火器，干粉灭火器出厂时间满10年应报废，B错；MT5表示5kg手提式二氧化碳灭火器，二氧化碳灭火器出厂时间满12年应报废，C错；MF/ABC5表示5kg手提式ABC干粉灭火器，干粉灭火器出厂时间满10年应报废，D错。故本题选A。

18.【答案】B

【解析】根据《灭火器箱》（GA 139—2009）8.1.5条，在灭火器箱的正面右下角应设置耐久性铭牌，内容应包括：（1）产品名称；（2）型号规格；（3）注册商标或生产厂名；（4）生产厂址；（5）生产日期或产品批号；（6）执行标准。故本题选B。

19.【答案】A

【解析】根据《灭火器维修》（GA 95—2015）6.5.2条，水压试验应按灭火器铭牌标志上规定的水压试验压力进行，水压试验时不应有泄漏、部件脱落、破裂和可见的宏观变形。二氧化碳灭火器钢瓶的残余变形率不应大于3%。应保持检验记录。故本题选A。

20.【答案】A

【解析】根据《建筑灭火器配置验收及检查规范》（GB 50444—2008）4.2.3条，在同一灭火器配置单元内，采用不同类型灭火器时，其灭火剂应能相容。故本题选A。

21.【答案】B

【解析】根据《建筑灭火器配置验收及检查规范》（GB 50444—2008）附录C（表3-10-2），故本题选B。

表3-10-2 建筑灭火器检查内容、要求及记录

	检查内容和要求
配置检查	1. 灭火器是否放置在配置图表规定的设置点位置
	2. 灭火器的落地、托架、挂钩等设置方式是否符合配置设计要求。手提式灭火器的挂钩、托架安装后是否能承受一定的静载荷，并不出现松动、脱落、断裂和明显变形
	3. 灭火器的铭牌是否朝外，并且器头宜向上
	4. 灭火器的类型、规格、灭火级别和配置数量是否符合配置设计要求
	5. 灭火器配置场所的使用性质，包括可燃物的种类和物态等，是否发生变化
	6. 灭火器是否达到送修条件和维修期限
	7. 灭火器是否达到报废条件和报废期限
	8. 室外灭火器是否有防雨、防晒等保护措施
	9. 灭火器周围是否存在有障碍物、遮挡、栓系等影响取用的现象
	10. 灭火器箱是否上锁，箱内是否干燥、清洁
	11. 特殊场所中灭火器的保护措施是否完好
外观检查	12. 灭火器的铭牌是否无残缺，并清晰明了
	13. 灭火器铭牌上关于灭火剂、驱动气体的种类、充装压力、总质量、灭火级别、制造厂名和生产日期或维修日期等标志及操作说明是否齐全
	14. 灭火器的铅封、销闩等保险装置是否损坏或遗失
	15. 灭火器的筒体是否无明显的损伤（磕伤、划伤）、缺陷、锈蚀（特别是桶底和焊缝）、泄漏
	16. 灭火器喷射软管是否完好、无明显龟裂，喷嘴不堵塞
	17. 灭火器的驱动气体压力是否在工作压力范围内（贮压式灭火器查看压力指示器是否指示在绿区范围内，二氧化碳灭火器和储气瓶式灭火器可用称重法检查）
	18. 灭火器的零部件是否齐全，并且无松动、脱落或损伤现象
	19. 灭火器是否未开启、喷射过

22. 【答案】B

【解析】根据《灭火器维修》（GA 95—2015）7.2条，灭火器有下列情况之一者，应报废：(1) 永久性标志模糊，无法识别；(2) 气瓶（筒体）被火烧过；(3) 气瓶（筒体）有严重变形；(4) 气瓶（筒体）外部涂层脱落面积大于气瓶（筒体）总面积的三分之一；(5) 气瓶（筒体）外表面、联接部位、底座有腐蚀的凹坑；(6) 气瓶（筒体）有锡焊、铜焊或补缀等修补痕迹；(7) 气瓶（筒体）内部有锈屑或内表面有腐蚀的凹坑；(8) 水基型灭火器筒体内部的防腐层失效；(9) 气瓶（筒体）的联接螺纹有损伤；(10) 气瓶（筒体）水压试验不符合6.5.2的要求；(11) 不符合消防产品市场准入制度的；(12) 由不合法的维修机构维修过的；(13) 法律或法规明令禁止使用的。根据6.1.1条，维修前应对送修的灭火器逐具做好信息记录。根据6.2条，维修前应对灭火器外观和铭牌标志进行检查，确认是否符合7.1和7.2规定的报废要求。对确认属于报废的灭火器应进行报废处置。故本题选B。

23. 【答案】B

【解析】根据《灭火器维修》（GA 95—2015）6.1.2 条，灭火器维修按照拆卸灭火器、灭火剂回收处理、水压试验、更换零部件、再充装、维修记录和维修标识等步骤逐次进行。故本题选 B。

24. 【答案】C

【解析】根据《灭火器维修》（GA 95—2015）6.7.7 条，再充装前，应对未更换的零部件进行清洁处理。除水基型灭火器的零部件外，其余灭火器的零部件应进行干燥处理。故本题选 C。

25. 【答案】A

【解析】根据《灭火器维修》（GA 95—2015）6.8.4 条，每具经维修出厂检验合格的灭火器应加贴维修合格证。维修合格证的内容应包括：（1）维修编号；（2）总质量；（3）项目负责人签署；（4）维修日期；（5）维修机构名称、地址和联系电话等。故本题选 A。

26. 【答案】C

【解析】根据《灭火器维修》（GA 95—2015）6.4.2 条，经检验，干粉灭火剂的主要组分含量、含水率、吸湿率、抗结块性（针入度）和斥水性符合相关灭火剂标准后，且无外来杂质，则可用于再充装。应保持检验记录。故本题选 C。

27. 【答案】B

【解析】根据《灭火器维修》（GA 95—2015）7.5 条，对报废的灭火器气瓶（筒体）或贮气瓶应进行消除使用功能处理。处理应在确认报废的灭火器气瓶（筒体）或贮气瓶内部无压力的情况下进行、应采用压扁或者解体等不可修复的方式，不应采用钻孔或破坏瓶口螺纹的方式。故本题选 B。

28. 【答案】B

【解析】根据《灭火器维修》（GA 95—2015）6.4.2 条，干粉灭火剂的回收处理要求如下：（1）从喷射过的干粉灭火器内清除的剩余灭火剂应按 ABC 干粉和 BC 干粉灭火剂分别进行回收储存，且应防止两类不同灭火剂混杂后产生污染。这类灭火剂不应用于再充装；（2）从未喷射过的干粉灭火器内清除的灭火剂应按灭火器铭牌标志上标明的灭火剂成分分别进行回收。经检验，干粉灭火剂的主要组分含量、含水率、吸湿率、抗结块性（针入度）和斥水性符合相关灭火剂标准后，且无外来杂质，则可用于再充装。应保持检验记录。不正确的灭火剂应按（1）的要求进行回收储存；（3）回收储存的不可用于再充装的干粉灭火剂应送有能力处理干粉灭火剂的生产企业用作辅料处理后再利用，或送有关的环境保护部门进行处理。根据6.4.4 条，从水基型灭火器内清除的灭火剂，应按符合环保要求的方法进行处理。故本题选 B。

29. 【答案】D

【解析】经水压试验合格的灭火器筒体或者气瓶，外部存在部分涂层脱落但无锈蚀的，可补加涂层；补加涂层要光滑、平整、色泽一致，无气泡、流痕、褶皱等缺陷，补加涂层不得覆盖铭牌标志。故本题选 D。

二、多项选择题

1.【答案】BDE

【解析】根据《建筑灭火器配置验收及检查规范》（GB 50444—2008）3.1.5 条，灭火器设置点的环境温度不得超出灭火器的使用温度范围，A 错。根据 4.2.3 条，在同一灭火器配置单元内，采用不同类型灭火器时，其灭火剂应能相容，BC 类干粉灭火剂和 ABC 类干粉灭火剂属于不相容的灭火剂，不能同时设置在同一配置单元内，C 错。故本题选 BDE。

2.【答案】CE

【解析】根据《建筑灭火器配置验收及检查规范》（GB 50444—2008）2.2.1 条，灭火器的进场检查应符合下列要求：(1) 灭火器应符合市场准入，并应有出厂合格证和相关证书；(2) 灭火器的铭牌、生产日期和维修日期等标志应齐全；(3) 灭火器的类型、规格、灭火级别和数量应符合配置设计要求；(4) 灭火器筒体应无明显缺陷和机械损伤；(5) 灭火器的保险装置应完好；(6) 灭火器压力指示器的指针应在绿区范围内；(7) 推车式灭火器的行驶机构应完好。故本题选 CE。

3.【答案】ACE

【解析】根据《建筑灭火器配置验收及检查规范》（GB 50444—2008）附录 B，选项 B、D 属于重缺陷项。故本题选 ACE。

4.【答案】ABC

【解析】根据《建筑灭火器配置验收及检查规范》（GB 50444—2008）附录 B，当夹持带打开时，手提式灭火器脱落，属于轻缺陷项。灭火器箱上锁，属于重缺陷项。故本题选 ABC。

5.【答案】BCD

【解析】根据《灭火器维修》（GA 95—2015）6.8.4 条，每具经维修出厂检验合格的灭火器应加贴维修合格证。维修合格证的内容应包括：维修编号；总质量；项目负责人签署；维修日期；维修机构名称、地址和联系电话等。故本题选 BCD。

6.【答案】ABC

【解析】根据《建筑灭火器配置验收及检查规范》（GB 50444—2008）5.2.2 条，下列场所配置的灭火器，应每半月进行一次检查：候车（机、船）室、歌舞娱乐放映游艺等人员密集的公共场所，堆场、罐区、石油化工装置区、加油站、锅炉房、地下室等场所。故本题选 ABC。

7.【答案】DE

【解析】根据《建筑灭火器配置设计规范》（GB 50140—2005）附录 A，MF/ABC4 灭火器的灭火级别为 2A。根据附录 D，该网吧的危险等级为严重危险级，应为

3A，A错；$Q=1.3KS/U=1.3\times0.5\times500/50=6.5\approx7$（A），B错；压力指示器红区表示“再充装”，灭火剂泄漏需要送修，C错。故本题选DE。

8.【答案】ABC

【解析】根据《建筑灭火器配置验收及检查规范》（GB 50444—2008）3.2.1条文说明，对于地面铺设大理石、地板或地毯、环境干燥、洁净的建筑场所，可以将手提式灭火器直接放置在地面上。例如：洁净厂房、电子计算机房、通信机房和宾馆等灭火器配置场所。故本题选ABC。

9.【答案】CDE

【解析】根据《灭火器维修》（GA 95—2015）4.6条，二氧化碳灭火器和贮气瓶的再充装应取得特种设备安全监督管理部门的许可。故本题选CDE。

10.【答案】ADE

【解析】根据《灭火器维修》（GA 95—2015）6.1.1条，维修前应对送修的灭火器逐具做好信息记录。记录至少包括：(1) 灭火器用户名称；(2) 制造厂名称或代号；(3) 气瓶（筒体）生产连续序号或编号；(4) 型号、灭火剂的种类；(5) 灭火级别和灭火种类；(6) 使用温度范围；(7) 驱动气体名称、数量或压力；(8) 水压试验压力；(9) 生产年份或制造年月；(10) 最大工作压力或公称工作压力（适用二氧化碳灭火器）；(11) 瓶体设计壁厚（适用二氧化碳灭火器）；(12) 实际内容积（适用二氧化碳灭火器）；(13) 空瓶质量（适用二氧化碳灭火器）；(14) 上次维修合格证上的信息（适用时）。故本题选ADE。

11.【答案】AD

【解析】根据《灭火器维修》（GA 95—2015）6.6.5条，每次维修时，下列零部件应作更换：(1) 密封片、圈、垫等密封零件；(2) 水基型灭火剂；(3) 二氧化碳灭火器的超压安全膜片。根据6.6.1条，维修机构应按原灭火器生产企业的灭火器装配图样和可更换零部件明细表进行部件更换，灭火器气瓶（筒体）不可更换。故本题选AD。

12.【答案】CD

【解析】根据《灭火器维修》（GA 95—2015）6.7.3条，再充装的灭火剂应与原灭火器生产企业提供的灭火剂的特性保持一致，A对。根据6.6.3条，有下列缺陷的零部件应作更换：水基型灭火器的滤网有损坏；B对。根据7.2条，灭火器有下列情况之一者，应报废：水基型灭火器筒体内部的防腐层失效；C错。根据6.7.2条，任何一种灭火器均不应变更充装其他类型的灭火剂。D错。根据6.7.7条，再充装前，应对未更换的零部件进行清洁处理。除水基型灭火器的零部件外，其余灭火器的零部件应进行干燥处理，E对。故本题选CD。

13.【答案】BD

【解析】根据《灭火器维修》（GA 95—2015）6.8.1条，灭火器维修记录应与6.1.1要求的记录合并存档，保存期限应不少于5年，A对。根据7.3条，灭火器或贮气瓶的报废应经用户同意，并按6.8.3的要求做好记录，B错。根据9.2.1条，维修过的灭火器经检验合格后方可加贴维修合格证，C对。根据9.3.1条，维修机构每年应至少进行1次维修确认检验，并保持检验记录，D错。根据9.3.2条，维修机构有下列情况之一，应进行维修确认检验：(1) 首批维修产品；(2) 暂停灭火器维修半年以上，恢复维修时；(3) 维修工艺发生重大变化时。E对。故本题选BD。

14.【答案】AB

【解析】根据《灭火器维修》（GA 95—2015）6.4.5条，洁净气体灭火器内的灭火剂，应按符合环保要求的方法进行处理。用于回收再利用时，应对其进行纯度和含水率检验，经检验符合相关灭火剂标准后，则可用于再充装。应保持检验记录。故本题选AB。

第十一节　防烟排烟系统

一、单项选择题（每题的备选项中，只有1个最符合题意）

1. 某商业购物中心消防系统整体施工完成后，由某消防技术服务机构对该建筑消防设施进行竣工检测，下列关于机械加压送风系统检测结果中，错误的是（　　）。

A. 防烟楼梯间靠建筑外墙设置，每3层设置总面积不小于$2m^2$的固定窗

B. 防烟楼梯间前室设置机械加压送风口，前室内设有一个百叶窗

C. 防烟楼梯间设置机械加压送风系统，在楼梯间顶部设置$2m^2$的固定窗

D. 防烟楼梯间设置机械加压送风系统，送风口的风速为6.8m/s

2. 根据现行国家标准《建筑防烟排烟系统技术标准》(GB 51251)，建筑防烟排烟系统在施工结束后需要进行调试，下列关于常闭送风口、排烟阀或排烟口单机调试的说法中，错误的是（　　）。

A. 手动开启、复位试验，阀门动作灵敏、可靠

B. 常闭送风口开启后，联动相应的风机启动

C. 阀门开启后的状态信号，反馈到消防控制室

D. 调试数量为设计数量的10%且不少于10个

3. 某建筑高度56m的电信大楼防烟排烟系统施工结束后，对该建筑设置的机械排烟系统进行单机调试时，根据现行国家标准《建筑防烟排烟系统技术标准》(GB 51251)，下列调试方法和结果，错误的是（　　）。

A. 现场手动开启风机，风机正常运行2.0h后，手动停止风机

B. 模拟火灾报警后，相应防火分区的常闭排烟口打开并联动启动相应的排烟风机

C. 风机进、出风管上安装的单向风阀，风阀的开启与关闭与风机的启动、停止同步

D. 在消防控制室手动控制风机的启动、停止，风机的启动、停止状态信号能反馈到消防控制室

4. 根据现行国家标准《建筑防烟排烟系统技术标准》（GB 51251），下列建筑封闭楼梯间可不设置机械加压送风系统的是（　　）。

A. 某建筑地上6层、地下2层，地下一层为设备用房与地上部分别设置疏散楼梯间，地上封闭楼梯间设置在不靠外墙处，在首层设置直通室外高2m、宽1.4m的双扇乙级防火门

B. 某建筑地上6层、地下1层，地下一层为汽车库与地上部分共用疏散楼梯间，封闭楼梯间在首层设置有效面积$2m^2$的可开启外窗

C. 某建筑地上6层、地下2层，地下一层为设备用房、地下二层为汽车库与地上部分别设置疏散楼梯间，地下封闭楼梯间在首层设置直通室外高2m、宽1.4m的双扇乙级防火门

D. 某建筑地上6层、地下1层，地下一层为汽车库与地上部分分别设置疏散楼梯间，地下封闭楼梯间在首层设置直通室外高2m、宽1.4m的双扇乙级防火门

5. 消防技术服务机构，对某大型超市设置的机械防烟排烟系统进行验收前检测。下列关于该超市3层A防火分区内的防烟排烟系统及补风系统风速的检测结果，根据现行国家标准《建筑防烟排烟系统技术标准》（GB 51251），错误的是（　　）。

A. 打开消防电梯前室内常闭送风口，加压送风机启动后测得送风口风速为6m/s

B. 打开1#防烟分区的常闭排烟口，排烟风机启动后测得排烟口风速为9m/s

C. 打开1#防烟分区的常闭排烟口，补风机启动后测试补风口处的风速为4m/s

D. 打开2#防烟分区的常闭排烟口，补风机启动后测试补风口处的风速为10m/s

6. 消防技术服务机构对某建筑机械加压送风系统检测，根据现行国家标准《建筑防烟排烟系统技术标准》（GB 51251），下列关于该系统检测方法和结果的描述中，错误的是（　　）。

A. 风机控制柜处手动启动风机

B. 打开2个常闭加压送风口，风机方自动启动

C. 消防控制室内手动启动风机

D. 模拟火灾，火灾自动报警系统自动启动风机

7. 消防技术服务机构对某建筑机械排烟系统维护保养的做法中，根据现行国家标准《建筑防烟排烟系统技术标准》（GB 51251），错误的是（　　）。

A. 每季度对活动挡烟垂壁进行一次启动试验

B. 每季度对排烟风机的供电线路检查一次

C. 每年对全部排烟系统进行一次联动试验和性能检测

D. 每年对全部排烟防火阀进行一次自动和手动启动试验

8. 消防技术服务机构对某建筑补风系统检测，根据现行国家标准《建筑防烟排烟系统技术标准》（GB 51251），下列检测方法和结果的描述中，错误的是（　　）。

A. 位于地上二层建筑面积$400m^2$的阅读室，设置有机械排烟系统但未设补风

B. 在地上三层模拟火灾，相应常闭排烟口打开后，排烟风机、补风机自动启动

C. 在首层模拟火灾，排烟风机、补风机启动后，测得补风量为排烟量的60%

D. 位于地上四层的补风系统管道跨越防火分区处，风管的耐火极限为1.00h，管壁与墙体缝隙采用水泥砂浆严密填塞

9. 消防技术服务机构对某建筑排烟系统检测，根据现行国家标准《建筑防烟排烟系统技术标准》（GB 51251），下列检测结果的描述中，错误的是（　　）。

A. 同一空间内相邻防烟分区的排烟口与补风口间距4.0m

B. 同一防烟分区内补风口设置在储烟仓下沿以下

C. 同一空间内相邻防烟分区的补风口设置在储烟仓下沿以上

D. 同一防烟分区内补风口与排烟口水平间距6.0m

10. 消防技术服务机构对某展览建筑自动排烟窗检测，该自动排烟窗采用与火灾自动报警系统自动启动。根据现行国家标准《建筑防烟排烟系统技术标准》（GB 51251），下列检测结果的描述中，错误的是（　　）。

A. 烟气充满储烟仓的时间为55s，自动排烟窗在55s内开启完毕

B. 烟气充满储烟仓的时间为70s，自动排烟窗在65s内开启完毕

C. 烟气充满储烟仓的时间为80s，自动排烟窗在75s内开启完毕

D. 烟气充满储烟仓的时间为60s，自动排烟窗在65s内开启完毕

11. 建筑防烟排烟系统投入运行后应进行维护管理，根据现行国家标准《建筑防烟排烟系统技术标准》（GB 51251），维护管理人员应掌握的知识与性能不包括（　　）。

A. 熟悉防烟排烟系统的原理　　B. 熟悉防烟排烟系统的性能

C. 熟悉防烟排烟系统的各组件结构　　D. 熟悉防烟排烟系统的操作维护规程

二、多项选择题（每题的备选项中有2个或2个以上符合题意。错选、漏选不得分；少选，所选的每个选项得0.5分）

1. 某新建建筑高度24m的地上4层木器厂房，设计配置机械防烟排烟系统等消防设施，工程竣工验收时，下列关于防烟排烟系统施工单位需提供的资料的说法中，正确的有（　　）。

A. 工程质量事故处理报告

B. 设计审核意见书、竣工图

C. 竣工验收审核意见书

D. 施工过程质量检查记录

E. 工程质量控制资料检查记录

2. 某省级展览中心，建筑高度32m，在该建筑中央部位设有贯穿各层的中庭，建筑整体采用机械防烟排烟系统，根据现行国家标准《建筑防烟排烟系统技术标准》（GB 51251），下列关于防烟排烟系统验收的说法中，属于C类不合格项的有（　　）。

A. 风机的安装符合设计并牢固固定

B. 施工过程中有关工程质量事故的处理报告

C. 风管、管道的支、吊架形式、位置及间距正确

D. 风口表面平整，颜色一致安装位置符合设计要求，风口可调节部件正常动作

E. 排烟风机应能正常手动启动和停止，状态信号应在消防控制室显示

3. 某建筑高度18m的地上3层展览建筑施工完成后，建设方委托具有检测资质的第三方公司对该展览建筑消防设施进行检测。根据现行国家标准《建筑防烟排烟系统技术标准》（GB 51251），下列关于该建筑、机械防烟排烟系统风管检测结果的描述中，正确的有（　　）。

A. 风管与风机的连接采用法兰连接

B. 风管与风机连接转弯处加装导流叶片

C. 吊顶内的排烟管道采用岩棉隔热，并与可燃物保持100mm间距

D. 风管接口连接严密、牢固，垫片厚度3mm，部分垫片凸入管内

E. 风管穿越隔墙、楼板处，风管与隔墙之间的空隙采用水泥砂浆严密填塞

4. 根据现行国家标准《建筑防烟排烟系统技术标准》（GB 51251），下列关于机械排烟系统联动调试的说法中，正确的有（　　）。

A. 有补风要求的机械排烟场所，火灾确认后补风系统应启动

B. 常闭排烟阀开启时，排烟风机应能联动启动

C. 火灾确认后，火灾自动报警系统应在15s内自动关闭与排烟无关的通风、空调系统

D. 火灾确认后，火灾自动报警系统应能联动开启相应防烟分区的全部排烟阀、排烟口、排烟风机和补风设施

E. 排烟阀或排烟口、排烟风机启动状态信号，应反馈到消防控制室

5. 根据现行国家标准《建筑防烟排烟系统技术标准》（GB 51251），下列关于排烟系统联动控制的说法中，错误的有（　　）。

A. 火灾确认后，排烟阀开启的动作信号，联动启动相应的排烟风机

B. 同一防火分区内的两只独立火灾探测器的报警信号，联动启动相应区域的排烟阀

C. 火灾确认后，火灾自动报警系统应在30s内联动开启相应防烟分区的全部排烟阀、排烟口、排烟风机和补风设施，并应在15s内自动关闭与排烟无关的通风、空调系统

D. 火灾确认后，担负两个及以上防烟分区的排烟系统，应打开所有防烟分区的排烟阀或排烟口

E. 火灾确认后，与火灾自动报警系统联动启动时，自动排烟窗应在60s内或小于烟气充满储烟仓时间内开启完毕

答案与解析

一、单项选择题

1.【答案】B

【解析】根据《建筑防烟排烟系统技术标准》（GB 51251—2017）3.3.6条，送风口的风速不宜大于7m/s。根据3.3.10条，采用机械加压送风的场所不应设置百叶窗，且不宜设置可开启外窗。根据3.3.11条，设置机械加压送风系统的封闭楼梯间、防烟楼梯间，尚应在其顶部设置不小于$1m^2$的固定窗。靠外墙的防烟楼梯间，尚应在其外墙上每5层内设置总面积不小于$2m^2$的固定窗。故本题选B。

2.【答案】D

【解析】根据《建筑防烟排烟系统技术标准》（GB 51251—2017）7.2.2条，常闭送风口、排烟阀或排烟口的调试方法及要求应符合下列规定：(1) 进行手动开启、复位试验，阀门动作应灵敏、可靠，远距离控制机构的脱扣钢丝连接不应松弛、脱落；(2) 模拟火灾，相应区域火灾报警后，同一防火分区的常闭送风口和同一防烟分区内的排烟阀或排烟口应联动开启；(3) 阀门开启后的状态信号应能反馈到消防控制室；(4) 阀门开启后应能联动相应的风机启动。调试数量：全数调试。故本题选D。

3.【答案】B

【解析】根据《建筑防烟排烟系统技术标准》（GB 51251—2017）7.2.2条，常闭送风口、排烟阀或排烟口的调试方法及要求应符合下列规定：(1) 模拟火灾，相应区域火灾报警后，同一防火分区的常闭送风口和同一防烟分区内的排烟阀或排烟口应联动开启；(2) 阀门开启后的状态信号应能反馈到消防控制室；(3) 阀门开启后应能联动相应的风机启动。本题B选项中相应防火分区错，应为同一防烟分区。根据7.2.5条，当风机进、出风管上安装单向风阀或电动风阀时，风阀的开启与关闭应与风机的启动、停止同步。选项B不属于单机调试。故本题选B。

4.【答案】D

【解析】根据《建筑防烟排烟系统技术标准》（GB 51251—2017）3.1.6条，封闭楼梯间应采用自然通风系统，不能满足自然通风条件的封闭楼梯间，应设置机械加压送风系统。当地下、半地下建筑（室）的封闭楼梯间不与地上楼梯间共用且地下仅为一层时，可不设置机械加压送风系统，但首层应设置有效面积不小于$1.2m^2$的可开启外窗或直通室外的疏散门。故本题选D。

5.【答案】D

【解析】根据《建筑防烟排烟系统技术标准》（GB 51251—2017）3.3.6条，送风口的风速不宜大于7m/s。根据4.4.12条，排烟口的风速不宜大于10m/s。根据

4.5.6 条，机械补风口的风速不宜大于 10m/s，人员密集场所补风口的风速不宜大于 5m/s；自然补风口的风速不宜大于 3m/s。根据《人员密集场所消防安全管理》（GA 654—2006）3.2 条，人员密集场所指人员聚集的室内场所。如：宾馆、饭店等旅馆，餐饮场所，商场、市场、超市等商店，体育场馆，公共展览馆、博物馆的展览厅，金融证券交易场所，公共娱乐场所，医院的门诊楼、病房楼，老年人建筑、托儿所、幼儿园，学校的教学楼、图书馆和集体宿舍，公共图书馆的阅览室，客运车站、码头、民用机场的候车、候船、候机厅（楼），人员密集的生产加工车间、员工集体宿舍等。故本题选 D。

6.【答案】B

【解析】根据《建筑防烟排烟系统技术标准》（GB 51251—2017）5.1.2 条，加压送风机的启动应符合下列规定：（1）现场手动启动；（2）通过火灾自动报警系统自动启动；（3）消防控制室手动启动；（4）系统中任一常闭加压送风口开启时，加压风机应能自动启动。故本题选 B。

7.【答案】D

【解析】根据《建筑防烟排烟系统技术标准》（GB 51251—2017）9.0.4 条，每半年应对全部排烟防火阀、送风阀或送风口、排烟阀或排烟口进行自动和手动启动试验一次，检查方法应符合本标准第 7.2.1 条、第 7.2.2 条。D 错。故本题选 D。

8.【答案】D

【解析】根据《建筑防烟排烟系统技术标准》（GB 51251—2017）4.5.7 条，补风管道耐火极限不应低于 0.50h，当补风管道跨越防火分区时，管道的耐火极限不应小于 1.50h。故本题选 D。

9.【答案】A

【解析】根据《建筑防烟排烟系统技术标准》（GB 51251—2017）4.5.4 条，补风口与排烟口设置在同一空间内相邻的防烟分区时，补风口位置不限；当补风口与排烟口设置在同一防烟分区时，补风口应设在储烟仓下沿以下；补风口与排烟口水平距离不应少于 5m。故本题选 A。

10.【答案】D

【解析】根据《建筑防烟排烟系统技术标准》（GB 51251—2017）5.2.6 条，自动排烟窗可采用与火灾自动报警系统联动和温度释放装置联动的控制方式。当采用与火灾自动报警系统自动启动时，自动排烟窗应在 60s 内或小于烟气充满储烟仓时间内开启完毕。故本题选 D。

11.【答案】C

【解析】根据《建筑防烟排烟系统技术标准》（GB 51251—2017）9.0.2 条，维护、管理人员应熟悉防烟、排烟系统的原理、性能和操作维护规程。故本题选 C。

二、多项选择题

1.【答案】ABDE

【解析】根据《建筑防烟排烟系统技术标准》（GB 51251—2017）8.1.4 条，工程竣工验收时，施工单位应提供下列资料：（1）竣工验收申请报告；（2）施工图、设计说明书、设计变更通知书和设计审核意见书、竣工图；（3）工程质量事故处理报告；（4）防烟、排烟系统施工过程质量检查记录；（5）防烟、排烟系统工程质量控制资料检查记录。故本题选 ABDE。

2.【答案】ACD

【解析】根据《建筑防烟排烟系统技术标准》（GB 51251—2017）8.2.1 条，防烟、排烟系统观感质量的综合验收方法及要求应符合下列规定：（1）风管表面应平整、无损坏；接管合理，风管的连接以及风管与风机的连接应无明显缺陷；（2）风口表面应平整，颜色一致，安装位置正确，风口可调节部件应能正常动作；（3）各类调节装置安装应正确牢固、调节灵活，操作方便；（4）风管、部件及管道的支、吊架形式、位置及间距应符合要求；（5）风机的安装应正确牢固。根据 8.2.7 条，不符合本标准第 8.2.1 条任一款要求的定为 C 类不合格。故本题选 ACD。

3.【答案】ABE

【解析】根据《建筑防烟排烟系统技术标准》（GB 51251—2017）6.3.4 条，风管的安装应符合下列规定：（1）风管的规格、安装位置、标高、走向应符合设计要求，且现场风管的安装不得缩小接口的有效截面。（2）风管接口的连接应严密、牢固，垫片厚度不应小于 3mm，不应凸入管内和法兰外；排烟风管法兰垫片应为不燃材料，薄钢板法兰风管应采用螺栓连接。（3）风管吊、支架的安装应按现行国家标准《通风与空调工程施工质量验收规范》GB 50243 的有关规定执行。（4）风管与风机的连接宜采用法兰连接，或采用不燃材料的柔性短管连接。当风机仅用于防烟、排烟时，不宜采用柔性连接。（5）风管与风机连接若有转弯处宜加装导流叶片，保证气流顺畅。（6）当风管穿越隔墙或楼板时，风管与隔墙之间的空隙应采用水泥砂浆等不燃材料严密填塞。（7）吊顶内的排烟管道应采用不燃材料隔热，并应与可燃物保持不小于 150mm 的距离。检查数量：各系统按不小于 30% 检查。故本题选 ABE。

4.【答案】ABDE

【解析】根据《建筑防烟排烟系统技术标准》（GB 51251—2017）5.2.3 条，机械排烟系统中的常闭排烟阀或排烟口应具有火灾自动报警系统自动开启、消防控制室手动开启和现场手动开启功能，其开启信号应与排烟风机联动。当火灾确认后，火灾自动报警系统应在 15s 内联动开启相应防烟分区的全部排烟阀、排烟口、排烟风机和补风设施，并应在 30s 内自动关闭与排烟无关的通风、空调系统，C 错。故本题选 ABDE。

5.【答案】BCD

【解析】根据《火灾自动报警系统设计规范》（GB 50016—2013）4.5.2 条，排烟系统的联动控制方式应符合下列规定：应由同一防烟分区内的两只独立的火灾探测器的报警信号，作为排烟口、排烟窗或排烟阀开启的联动触发信号，并应由消防联动控制器联动控制排烟口、排烟窗或排烟阀的开启，同时停止该防烟分区的空气调节系统，B 错。根据《建筑防烟排烟系统技术标准》（GB 51251—2017）5.2.3 条，机械排烟系统中的常闭排烟阀或排烟口应具有火灾自动报警系统自动开启、消防控制室手动开启和现场手动开启功能，其开启信号应与排烟风机联动。当火灾确认后，火灾自动报警系统应在 15s 内联动开启相应防烟分区的全部排烟阀、排烟口、排烟风机和补风设施，并应在 30s 内自动关闭与排烟无关的通风、空调系统，C 错。根据 5.2.4 条，当火灾确认后，担负两个及以上防烟分区的排烟系统，应仅打开着火防烟分区的排烟阀或排烟口，其他防烟分区的排烟阀或排烟口应呈关闭状态，D 错。故本题选 BCD。

第十二节 消防用电设备的供配电与电气防火防爆

一、单项选择题（每题的备选项中，只有 1 个最符合题意）

1. 下列关于消防线路接线方式的描述中，正确的是（　　）。

A. 将 1 根单芯铜线和线径相同 1 根单芯铝线直接压在同一个端子上

B. 将铜导线和铝导线绞接后用胶布缠绕

C. 将铜导线与铝导线压接到铜铝过渡排上

D. 将单芯导线烫锡后，再用防水胶布缠绕

2. 某大型食品冷藏库独立建造了一座氨制冷机房，该氨制冷机房的下列电气线路的做法中，错误的是（　　）。

A. 厂房内采用铝芯电线电缆

B. 1 区的线路接头采用铜 - 铝过渡接头连接

C. 照明铝芯线直接接在照明灯具上

D. 线路敷设在较高处

3. 在火灾事故中，电气火灾概率较高，正确理解电气防火意义，使电气防火做得更正确。下列关于电气防火的说法中，错误的是（　　）。

A. 在供配电线路上加装过流保护装置可降低线路过流着火的概率

B. 在供配电线路上加装剩余电流式电气火灾监控探测器，可减少漏电火灾

C. 采用矿物绝缘电缆可保证该线路本身不会着火

D. 供配电线路上加装过电压保护装置可控制住线路过电压火灾

4. 下列关于某建筑的消防供配电线路的检查结果中，错误的是（　　）。

A. 消防设备供配电线路穿越不同防火分区穿孔处用无机材料做了严密防火封堵

B. 消防设备供配电线路采用铜芯电缆

C. 排烟风机联动控制线路采用聚氯乙烯电缆沿电缆耐火线槽敷设

D. 消防供电线路进入配电柜、控制器等电器柜的穿孔处用有机材料防火封堵

5. 为防止电气火灾发生，应取有效措施、预防电气线路过载，下列预防措施中，属于预防电气线路过载的是（　　）。

A. 根据负载的情况选择合适的电线　　B. 安装电气火灾监控器

C. 安装剩余电流保护装置　　D. 安装测温式电气火灾监控探测器

6. 对某卷烟厂的成品仓库进行电气防火检查。根据现行国家标准《建筑设计防火规范》(GB 50016)，下列检查结果中，正确的是（　　）。

A. 仓库在水泥墙上直接安装了100W白炽照明灯

B. 对照明灯具的发热部件采取了岩棉板隔热

C. 在仓库外部设有1个照明配电箱

D. 在仓库内部设有2个拉线开关

7. 消防部门对某建筑高度26m商业建筑的消防电源及其配电系统进行验收，根据现行国家标准《建筑设计防火规范》(GB 50016）等，下列验收检查结果中，错误的是（　　）。

A. 建筑的消防配电干线采用耐火电缆直接敷设在动力配电线井内，并分别布置在电缆井的两侧

B. 建筑的消防用电设置了一路10kV电缆专用的供电回路

C. 建筑的消防配电干线按防火分区划分，配电支线未穿越防火分区

D. 消防控制室、消防水泵房、防烟和排烟风机的消防用电设备，在其现场控制柜处设置了自动切换装置

8. 某单位每年要对电气设备及线路进行定期保养，保养前先做一次普查。最近一次的普查结果中，下列情况可引起配电线路过载的是（　　）。

A. 配电线路接头处松动　　B. 导线绝缘破坏

C. 线路上增接多台设备　　D. 导线类型不符合所处环境

9. 消防用电设备的供电线路采用不同的电线电缆时，下列说法中，错误的是（　　）。

A. 当采用难燃性电缆时，可不穿导管保护在电气竖井内敷设

B. 当采用矿物绝缘电缆时，可直接采用明敷设或在吊顶内敷设

C. 当采用架空地板内敷设时，要穿金属导管或封闭式金属线槽保护

D. 当线路暗敷设时，要穿金属导管，并且敷设在不燃烧结构内，保护层厚度不应小于50mm

10. 某电力线路在电缆沟施工现场检查，该电缆沟长100m，从变电站引出敷设到车间配电柜。下列验收结果中，错误的是（　　）。

A. 电缆阻火墙使用防火灰泥加膨胀型防火堵料组合制作

B. 阻火墙内部电缆用防火密封胶进行包裹，突出墙面15mm

C. 电力电缆接头两侧1.5m范围内用电缆防火涂料涂覆

D. 电气柜孔采用矿棉板封堵

11. 消防用电负荷为一级或二级的要设置自动和手动启动装置，并在（　　）s 内供电。

A. 20　　　　B. 25　　　　C. 30　　　　D. 45

12. 某电石厂因扩大规模，计划利用原电石仓库与厂区 110kV 变电站（每台变压器容量为 10MV·A）之间的空地对原仓库进行扩建，扩建后电石仓库储量达 15t。扩建后的下列检查结果中，错误的是（　　）。

A. 电石仓库与变电站之间的防火间距为 28m

B. 变电站距厂区围墙外液化石油气罐区间距为 100m

C. 仓库距厂内非主要道路路边 7m

D. 仓库墙体不封顶

13. 一些大型企业由于生产的连续性，对电源要求高，在双重电源的保障下，特别重要负荷还须设置应急电源。下列某大型企业应急电源的做法中，错误的是（　　）。

A. 应急电源与备用电源共用母线

B. 保安动力及应急照明用柴油发电机供电允许中断供电时间为 15s 以上的供电，可选用快速自启动的发电机组

C. 仪表装置及其应急照明采用了带有自动投入装置的独立于正常电源之外的专用馈电线路

D. 电子计算机及联锁停车装置采用蓄电池静止型不间断供电装置

二、多项选择题（每题的备选项中有 2 个或 2 个以上符合题意。错选、漏选不得分；少选，所选的每个选项得 0.5 分）

1. 为确保消防作业人员和其他人员的人身安全以及消防用电设备运行的可靠性，消防用电设备的供配电系统应作为独立系统进行设置。下列消防设备检查中，属于供配电系统检查的有（　　）。

A. 消防水泵电机的检查　　　　B. 启动装置的检查

C. 自动切换功能的检查　　　　D. 消防应急照明的检查

E. 配电装置的检查

2. 电气装置和设备在运行过程中，受环境、供电等多方面条件的影响会出现一些隐患，因此要定期检查和维护。通过检测下列（　　）因素变化，可采取措施控制火灾发生。

A. 绝缘电阻　　　　B. 中性线电流　　　　C. 温度　　　　D. 湿度

E. 接地电阻

3. 为建筑内部装修防火工程进行验收时，应对电气设备及灯具的设置进行检查。在对某建筑的内装修工程检查时，下列检查结果中，正确的有（　　）。

A. 会客厅顶棚采用岩棉装饰板吊顶，灯饰是阻燃布艺

B. 配电箱的壳体和底板采用金属材料制作，暗装在轻钢龙骨纸面石膏板墙上

C. 高 1.4m 的闷顶内 $16mm^2$ 照明耐火铜芯线沿瓷瓶架空敷设

D. 开关暗装在水泥板隔墙上

E. 150W 的吸顶白炽灯线自闷顶穿 PVC 管引入

4. 用电设施安装或使用不规范是引发电气火灾事故的重要因素之一。下列用电设施的安装方案中，错误的有（　　）。

A. 吊灯安装在塑料贴面装饰板下

B. 开关和插座直接安装在墙面的木饰面板上

C. 在吊顶内的配电线路穿封闭金属槽盒敷设

D. 60W 白炽灯直接安装在木纹人造板吊顶上

E. 采用 A 级材料将配电箱与墙面装饰布隔离

5. 电气防爆中，线路的敷设主要检查电气线路的敷设方式是否与爆炸环境中气体、蒸汽的密度相适应，下面关于电气线路敷设的说法中，正确的有（　　）。

A. 当爆炸环境中气体、蒸汽的密度比空气大时，电气线路敷设可选择埋入地下

B. 当爆炸环境中气体、蒸汽的密度比空气小时，电气线路敷设在较低处，当电缆沟敷设时，内部应填沙

C. 导线和电缆的连接，可选用压接、熔焊或者绕接

D. 敷设电气线路的沟道、钢管或电缆，在穿过不同区域之间的墙或楼板的孔洞时，应采用难燃材料封堵，以防止爆炸性混合物或蒸汽沿沟道、电缆管道流动

E. 铜芯与电气设备的连接应当采用可靠的铜 - 铝过渡接头

答案与解析

一、单项选择题

1.【答案】C

【解析】接触电阻大，容易过热，A、B 错；绞接接不实，电阻大，D 错。故本题选 C。

2.【答案】B

【解析】根据《爆炸危险环境电力装置设计规范》（GB 50058—2014）5.4.1 条，爆炸性环境 1 区内不应有接头，B 错。故本题选 B。

3.【答案】D

【解析】供配电线路上加装过电压保护装置可控制线路过电压火灾但不一定控制住，D 错。故本题选 D。

4.【答案】C

【解析】《火灾自动报警系统设计规范》（GB 50116—2013）11.2.2 条，火灾自动

报警系统的供电线路、消防联动控制线路应采用耐火铜芯电线电缆，报警总线、消防应急广播和消防专用电话等传输线路应采用阻燃或阻燃耐火电线电缆，C 错。故本题选 C。

5.【答案】A

【解析】监测电气线路火灾，B 错；监测线路绝缘损坏或相线对地等产生的漏电电流，C 错；电力线路上过热时发出报警信号，D 错。故本题选 A。

6.【答案】C

【解析】根据《建筑设计防火规范》（GB 50016—2014）（2018 年版）10.2.4 条，卤钨灯和额定功率不小于 100W 的白炽灯泡的吸顶灯、槽灯、嵌入式灯，其引入线应采用瓷管、矿棉等不燃材料作隔热保护，A、B 错。根据 10.2.5 条，可燃材料仓库内宜使用低温照明灯具，并应对灯具的发热部件采取隔热等防火措施，不应使用卤钨灯等高温照明灯具。配电箱及开关应设置在仓库外，D 错。故本题选 C。

7.【答案】B

【解析】根据《建筑设计防火规范》（GB 50016—2014）（2018 年版）10.1.4 条文说明、《供配电系统设计规范 》（GB 50052—2009）3.0.7 条，B 错：应采用 6kV 及以上两路电缆或一路架空线路（只要是 6kV 及以上电压等级就可以的）。故本题选 B。

8.【答案】C

【解析】接头松动易过热燃烧，A 错；绝缘破坏易对地短路，B 错；与环境不符会易造成导线损坏，如氨压缩机房采用铜线，D 错。故本题选 C。

9.【答案】D

【解析】根据《建筑设计防火规范》（GB 50016—2014）（2018 年版）10.1.10 条，消防配电线路暗敷时，应穿管并应敷设在不燃性结构内且保护层厚度不应小于 30mm，D 错。故本题选 D。

10.【答案】D

【解析】电气柜孔处采用矿棉板加膨胀型防火堵料组合封堵，D 错。故本题选 D。

11.【答案】C

【解析】根据《建筑设计防火规范》（GB 50016—2014）（2018 年版）10.1.4 条，消防用电按一、二级负荷供电的建筑，当采用自备发电设备作备用电源时，自备发电设备应设置自动和手动启动装置。当采用自动启动方式时，应能保证在 30s 内供电。故本题选 C。

12.【答案】A

【解析】根据《建筑设计防火规范》（GB 50016—2014）（2018 年版）3.5.1 及条文说明，甲类仓库当第 1、2、5、6 项物品储量大于 10t 时，与 110kV 变电站不应小于 30m，A 错；与厂区次要道间距至少 5m，C 对。根据 4.4.1 条，B 对。根据 3.6.1 条，D 对。故本题选 A。

13.【答案】A

【解析】根据《供配电系统设计规范》（GB 50052—2009）3.0.9 条，备用电源的负荷严禁接入应急供电系统，A 错。故本题选 A。

二、多项选择题

1.【答案】BCE

【解析】消防用电设备的供配电系统设置有：配电装置、启动装置和自动切换装置。A、D 属于消防设备检查。故本题选 BCE。

2.【答案】ABCE

【解析】绝缘电阻值变小，说明绝缘老化，可能出现过热或短路故障，A 对；中性线有电流说明三相负载电流不平衡或者存在高次谐波，出现线路或负载过热故障，B 对；电气设备异常时会出现异常的温度，C 对；接地电阻变大使保护性接地失去保护作用而造成火灾或伤亡。通过测量这些参数可以及时采取措施予以控制和消除，E 对。故本题选 ABCE。

3.【答案】ABCD

【解析】根据《建筑设计防火规范》（GB 50016—2014）（2018 年版）10.2.4 条，卤钨灯和额定功率不小于 100W 的白炽灯泡的吸顶灯、槽灯、嵌入式灯，其引入线应采用瓷管、矿棉等不燃材料作隔热保护，E 错，PVC 管是难燃材料。故本题选 ABCD。

4.【答案】ABD

【解析】根据《建筑设计防火规范》（GB 50016—2014）（2018 年版）10.2.4 条，开关、插座和照明灯具靠近可燃物时，应采取隔热、散热等防火措施。卤钨灯和额定功率不小于 100W 的白炽灯泡的吸顶灯、槽灯、嵌入式灯，其引入线应采用瓷管、矿棉等不燃材料作隔热保护。额定功率不小于 60W 的白炽灯、卤钨灯、高压钠灯、金属卤化物灯、荧光高压汞灯（包括电感镇流器）等，不应直接安装在可燃物体上或采取其他防火措施。本题中，电气设备安装应采用不燃材料隔离，A、B、D 错。故本题选 ABD。

5.【答案】AB

【解析】导线或电缆的连接，采用有防松措施的螺栓固定，或压接、熔焊或钎焊，但不得绕接。铝芯与电气设备的连接，采用可靠的铜 - 铝过渡接头等措施，C、E 错；敷设电气线路的沟道、钢管或电缆，在穿过不同区域之间墙或楼板处的孔洞时，采用非燃性材料严密堵塞，防止爆炸性混合物或蒸汽沿沟道、电缆管道流动，D 错。故本题选 AB。

第十三节　消防应急照明和疏散指示系统

一、单项选择题（每题的备选项中，只有1个最符合题意）

1. 根据现行国家标准《消防应急照明和疏散指示系统技术标准》（GB 51309），下列关于消防应急照明和疏散指示系统线路选择的说法中，错误的是（　　）。

A. 系统线路应选择铜芯导线或铜芯电缆

B. 集中控制型系统中，系统的配电线路应选择铜芯导线或铜芯电缆

C. 地面上设置的标志灯的配电线路应选择耐腐蚀橡胶线缆

D. 同一工程中相同用途电线电缆的颜色应一致

2. 自带电源非集中控制型灯具，除地面上设置的灯具外，系统配电线路应选择（　　）。

A. 阻燃或耐火线缆

B. 交联聚氯乙烯线缆

C. 耐腐蚀橡胶线缆

D. 矿物绝缘性线缆

3. 根据现行国家标准《消防应急照明和疏散指示系统技术标准》（GB 51309），非火灾状态下，下列关于集中控制型消防应急照明和疏散指示系统正常工作模式的说法中，错误的是（　　）。

A. 非持续型照明灯应宜保持熄灭状态

B. 持续型照明灯具的光源应保持节电点亮模式

C. 应保持主电源为灯具供电

D. 应急照明控制器应直接控制灯具的光源

4. 根据现行国家标准《消防应急照明和疏散指示系统技术标准》（GB 51309），具有一种疏散指标方案的集中电源集中控制型应急照明和疏散指示系统，在非火灾状态下，下列关于系统控制的描述中，错误的是（　　）。

A. 主电断电，由集中电源连锁控制其配接的持续型灯具的光源由节电点亮模式转入应急点亮模式

B. 主电恢复后，由集中电源连锁其配接的非持续型照明灯熄灭

C. 灯具持续应急点亮时间不应超过0.5h

D. 主电恢复后，由集中电源连锁其配接的持续型照明灯熄灭

5. 下列关于应急照明控制器安装的说法中，错误的是（　　）。

A. 落地安装时，其底边宜高出地（楼）面300mm

B. 设备在电气竖井内安装时，应采用下出口进线方式

C. 主电源应采用消防电源供电

D. 与备用电源之间应直接连接，严禁使用电源插头

6. 根据现行国家标准《消防应急照明和疏散指示系统技术标准》（GB 51309），下列关于灯具安装的说法中，正确的是（　　）。

A. 安装后状态指示灯应易于观察　　B. 不应固定安装在装修材料上

C. 可固定安装在难燃性墙体上　　D. 所有灯具不可用插头直接连接

7. 某公共建筑，室内净高4.0m，根据现行国家标准《消防应急照明和疏散指示系统技术标准》（GB 51309），位于疏散走道上的大型标志灯采用的安装形式宜为（　　）。

A. 嵌顶式安装　　B. 吸顶式安装　　C. 吊装式安装　　D. 壁挂式安装

8. 根据现行国家标准《消防应急照明和疏散指示系统技术标准》（GB 51309），下列关于灯具安装的说法中，正确的是（　　）。

A. 在距地面不大于1m墙上安装时，灯具表面凸出墙面最大水平距离不应超过10mm

B. 在距地面1m以下侧面墙上安装照明灯时，应保证光线照射在灯具的水平线上

C. 照明灯宜安装在顶棚上

D. 照明灯具如有需要，可以安装在地面上

9. 某多层旅馆，室内净高4.0m，根据现行国家标准《消防应急照明和疏散指示系统技术标准》（GB 51309），下列关于疏散走道上中型方向标志灯安装的描述中，错误的是（　　）。

A. 走道两侧标志灯底边距地面高度为0.8m

B. 走道上方吸顶标志灯距地面高度为3.9m

C. 走道转角处标志灯与转角处边墙距离为0.5m

D. 走道地面处标志灯边缘与地面垂直距离高度为1mm

10. 根据现行国家标准《消防应急照明和疏散指示系统技术标准》（GB 51309），集中控制型的应急照明配电箱主要功能的检查内容不包括（　　）。

A. 操作级别　　B. 灯具应急状态保持功能

C. 通信故障连锁控制功能　　D. 主电源输出关断测试功能

11. 根据各项目对系统工程质量影响严重程度的不同，下列属于消防应急照明和疏散指示系统B类检测、验收项目的是（　　）。

A. 集中电源、应急照明配电箱的连锁控制功能

B. 系统在蓄电池电源供电状态下的持续应急工作时间

C. 灯具应急状态的保持功能

D. 集中电源、应急照明配电箱的电源分配输出功能

12. 消防应急照明和疏散指示系统槽盒布线时有时要设置吊点或支点。下列关于支吊点设置的说法中，错误的是（　　）。

A. 槽盒始端、终端及接头处需设置　　B. 槽盒转角或分支处需设置

C. 直线段超过3m的地方需设置　　D. 吊杆直径不应小于6mm

13. 消防应急照明和疏散指示系统施工完成后应进行调试，下列调试说法中，错误的是（　　）。

A. 调试前应编制调试方案

B. 系统功能不符合设计文件规定的项目应进行整改并重新进行调试

C. 调试结束后，系统部件应恢复正常连接和正常工作状态

D. 调试相关材料施工单位应存档备查

14. 某建筑消防应急照明和疏散指示系统检测验收结果如下：(1) 系统调试记录不完整；(2) 双向指示标志灯单向指示；(3) 缺少竣工图；(4) 灯具型号与设计文件不符。根据以上结果，可判定下列说法正确的是（　　）。

A. 该系统无 A 类项目不合格　　B. 该系统 B 类项目不合格数量为 2 个

C. 该系统 A 类项目不合格数量为 3 个　　D. 该系统 B 类项目不合格数量为 1 个

15. 消防应急照明和疏散指示系统需检测、验收合格方可投入使用。下列关于该系统检测、验收合格判定准则的说法中，错误的是（　　）。

A. A 类项目不合格数量应为 0

B. B 类项目不合格数量加上 C 类项目不合格数量应小于或等于检查项目数量的 5%

C. 有两项 B 类项目不合格，系统检测、验收结果应为不合格

D. 因验收不合格而复验时，有抽验比例要求的应加倍检验

16. 根据现行国家标准《消防应急照明和疏散指示系统技术标准》(GB 51309)，对系统的检测、验收数量的说法中，正确的是（　　）。

A. 文件资料，应全数验收

B. 灯具的配电线路，应按实际防火分区数量的 20% 进行检测

C. 灯具的配电线路，应按实际防火分区数量的 20% 进行抽验

D. 灯具的安装质量，应按实际安装数量的 20% 检测

17. 根据现行国家标准《消防应急照明和疏散指示系统技术标准》(GB 51309)，集中控制型系统火灾状态下自动应急启动功能检查周期为（　　）。

A. 月检　　B. 半年检　　C. 每年　　D. 每季

18. 施工结束后，建设单位应组织调试。下列关于消防应急照明和疏散指示系统调试准备的说法中，错误的是（　　）。

A. 应对系统部件的规格、型号、数量、备品备件等进行查验

B. 应对灯具、集中电源或应急照明配电箱进行地址设置及地址注释

C. 集中控制型系统应对应急照明控制器进行控制逻辑编程

D. 应按不低于实际数量的 5% 进行单机通电检查

二、多项选择题（每题的备选项中有 2 个或 2 个以上符合题意。错选、漏选不得分；少选，所选的每个选项得 0.5 分）

1. 根据现行国家标准《消防应急照明和疏散指示系统技术标准》(GB 51309)，下列描述中，错误的有（　　）。

A. 照明灯具可安装在距地面高度大于 2m 走道侧墙上

B. 楼层标志灯应安装在楼梯间内朝向楼梯的正面墙上

C. 楼层标志灯底边距地面的高度宜为 2.6m

D. 多信息复合标志灯的标志面应与疏散方向垂直、指示疏散方向的箭头应指向安全出口

E. 安全出口附近设置的多信息复合标志灯，应安装在安全出口附近疏散走道1m以下的墙面上

2. 根据现行国家标准《消防应急照明和疏散指示系统技术标准》（GB 51309），应急照明和疏散指示系统布线的说法中，正确的有（　　）。

A. 除设计要求以外，不同回路、交流与直流的线路，不应布在同一管内

B. 系统导线敷设结束后，应用500V兆欧表测量每个回路导线对地的绝缘电阻

C. 设置吊点或支点的吊杆直径不应小于8mm

D. 线缆在管内或槽盒内，不应有接头或扭结

E. 导线应在接线盒内采用焊接、压接、绕接及接线端子可靠连接

3. 根据现行国家标准《消防应急照明和疏散指示系统技术标准》（GB 51309），应急照明控制器的功能应包括（　　）。

A. 主、备电源的自动转换功能　　B. 一键检查功能

C. 操作级别　　D. 电源分配输出功能

E. 故障报警功能

4. 消防应急照明和疏散指示系统电线管路明敷时，根据需要需设置吊点或支点。下列关于对支吊点布置的说法中，错误的有（　　）。

A. 接线盒前后0.1m处，至少设置1个支吊点

B. 管路直线段长度8m，至少设置2个支吊点

C. 管路1个转角处，至少设置2个支吊点

D. 管路接头处，至少设置1个支吊点

E. 吊杆直径不应小于6mm

5. 根据现行国家标准《消防应急照明和疏散指示系统技术标准》（GB 51309），下列关于应急照明配电箱接线的说法中，错误的有（　　）。

A. 接线应整齐，交叉固定牢靠　　B. 线缆的端部编号与图纸需一致

C. 线缆应留有不小于150mm的余量　　D. 导线应绑扎成束

E. 线缆穿管后，管口应封堵

6. 根据现行国家标准《消防应急照明和疏散指示系统技术标准》（GB 51309），对材料、设备进场检查的说法中，正确的有（　　）。

A. 检查文件是否齐全，质量合格证明文件和检验报告是否有效

B. 文件的检验报告、认证证书和认证标识是否有效

C. 对照认证证书和检验报告，核查产品的名称、型号、规格

D. 对照设计文件，核查设备的规格、型号

E. 肉眼观察设备及配件的外观及紧固部位有无松动

7. 下列关于建筑各部位消防应急照明灯具地面水平最低照度的说法中，正确的有

( )。

A. 屋顶直升机停机坪，不应低于10.0 lx

B. 进入屋顶直升机停坪的途径，不应低于3.0 lx

C. 室内步行街两侧的商铺，不应低于3.0 lx

D. 室内步行街，不应低于3.0 lx

E. 安全出口外面及附近区域，不应低于3.0 lx

8. 根据现行国家标准《消防应急照明和疏散指示系统技术标准》(GB 51309)，下列关于集中电源调试的主要功能包括（　　）。

A. 操作级别　　B. 一键检查功能

C. 自检功能　　D. 消音功能

E. 电源分配输出功能

答案与解析

一、单项选择题

1.【答案】B

【解析】根据《消防应急照明和疏散指示系统技术标准》(GB 51309—2018) 3.5.1条，系统线路应选择铜芯导线或铜芯电缆，A对。根据3.5.4条，集中控制型系统中，除地面上设置的灯具外，系统的配电线路应选择耐火线缆，B错。根据3.5.3条，地面上设置的标志灯的配电线路和通信线路应选择耐腐蚀橡胶线缆，C对。根据3.5.6条，同一工程中相同用途电线电缆的颜色应一致，D对。故本题选B。

2.【答案】A

【解析】根据《消防应急照明和疏散指示系统技术标准》(GB 51309—2018) 3.5.5条，非集中控制型系统中，除地面上设置的灯具外，灯具采用自带蓄电池供电时，系统的配电线路应选择阻燃或耐火线缆。故本题选A。

3.【答案】D

【解析】根据《消防应急照明和疏散指示系统技术标准》(GB 51309—2018) 3.6.5条，系统内所有非持续型照明灯应宜保持熄灭状态，持续型照明灯的光源应保持节电点亮模式，A、B对；非火灾状态下，应保持主电源为灯具供电，C对。根据3.6.1条，应急照明控制器应通过集中电源或应急照明配电箱连接灯具，并控制灯具的应急启动、蓄电池电源的转换。不是直接控制灯具，是通过集中电源或应急照明配电箱连接灯具，D错。故本题选D。

4.【答案】D

【解析】根据《消防应急照明和疏散指示系统技术标准》(GB 51309—2018) 3.6.6条，在非火灾状态下，系统主电源断电后，系统的控制设计应符合下列规定：

(1) 集中电源或应急照明配电箱应连锁控制其配接的非持续型照明灯的光源应急点亮、持续型灯具的光源由节电点亮模式转入应急点亮模式；灯具持续应急点亮时间应符合设计文件，且不应超过0.5h；A、C对；(2) 系统主电源恢复后，集中电源或应急照明配电箱应连锁其配接灯具的光源恢复原工作状态；或灯具持续点亮时间达到设计文件规定的时间，且系统主电源仍未恢复供电时，集中电源或应急照明配电箱应连锁其配接灯具的光源熄灭，B对、D错。故本题选D。

5.【答案】A

【解析】根据《消防应急照明和疏散指示系统技术标准》(GB 51309—2018) 4.4.1条，落地安装时，其底边宜高出地（楼）面100～200mm，A错；设备在电气竖井内安装时，应采用下出口进线方式，B对。根据4.4.3条，应急照明控制器主电源应设置明显的永久性标识，并应直接与消防电源连接，严禁使用电源插头；应急照明控制器与其外接备用电源之间应直接连接。C、D对。故本题选A。

6.【答案】A

【解析】根据《消防应急照明和疏散指示系统技术标准》(GB 51309—2018) 4.5.1条，灯具应固定安装在不燃性墙体或不燃性装修材料上，不应安装在门、窗或其他可移动的物体上，B、C错。根据4.5.2条，灯具安装后不应对人员正常通行产生影响，灯具周围应无遮挡物，并应保证灯具上的各种状态指示灯易于观察，A对。根据4.5.5条，非集中控制型系统中，自带电源型灯具采用插头连接时，应采用专用工具方可拆卸，D错。故本题选A。

7.【答案】C

【解析】根据《消防应急照明和疏散指示系统技术标准》(GB 51309—2018) 4.5.3条，灯具在顶棚、疏散走道或通道的上方安装时，标志灯可采用吸顶和吊装式安装；室内高度大于3.5m的场所，特大型、大型、中型标志灯宜采用吊装式安装。故本题选C。

8.【答案】C

【解析】根据《消防应急照明和疏散指示系统技术标准》(GB 51309—2018) 4.5.4条，在距地面不大于1m墙上安装时，灯具表面凸出墙面最大水平距离不应超过20mm，A错。根据4.5.7条，在距地面1m以下侧面墙上安装照明灯时，应保证光线照射在灯具的水平线以下，B错。根据4.5.6条，照明灯宜安装在顶棚上，C对。根据4.5.8条，照明灯不应安装在地面上，D错。故本题选C。

9.【答案】B

【解析】根据《消防应急照明和疏散指示系统技术标准》(GB 51309—2018) 4.5.11条，安装在疏散走道、通道两侧的墙面或柱面上时，标志灯底边距地面的高度应小于1m，A对。室内高度大于3.5m的场所，特大型、大型、中型标志灯底边距地面高度不宜小于3m，且不宜大于6m。当安装在疏散走道、通道转角处的上方或两侧时，标志灯与转角处边墙的距离不应大于1m，C对。标志灯表面应与地面平行，高于地面距离不应大于3mm，标志灯边缘与地面垂直距离高度不应大于1mm，D对。根据4.5.3条，室内高度大于3.5m的场所，特大型、大型、中型标志灯宜采用吊装式安装，B错。故本题选B。

10. **【答案】** A

【解析】 根据《消防应急照明和疏散指示系统技术标准》（GB 51309—2018）5.3.6条，应对应急照明配电箱进行下列主要功能检查并记录，应急照明配电箱的功能应符合现行国家标准《消防应急照明和疏散指示系统》（GB 17945）规定：(1) 主电源分配输出功能；(2) 集中控制型应急照明配电箱主电源输出关断测试功能；(3) 集中控制型应急照明配电箱通信故障连锁控制功能；(4) 集中控制型应急照明配电箱灯具应急状态保持功能。故本题选A。

11. **【答案】** B

【解析】 根据《消防应急照明和疏散指示系统技术标准》（GB 51309—2018）6.0.4条，A类项目应符合下列规定：(1) 集中电源、应急照明配电箱的连锁控制功能；(2) 灯具应急状态的保持功能；(3) 集中电源、应急照明配电箱的电源分配输出功能。A、C、D三项为A类项目；B类项目应符合下列规定：系统在蓄电池电源供电状态下的持续应急工作时间。故本题选B。

12. **【答案】** C

【解析】 根据《消防应急照明和疏散指示系统技术标准》（GB 51309—2018）4.3.8条，槽盒敷设时，应在下列部位设置吊点或支点，吊杆直径不应小于6mm：(1) 槽盒始端、终端及接头处；(2) 槽盒转角或分支处；(3) 直线段不大于3m处。故本题选C。

13. **【答案】** D

【解析】 根据《消防应急照明和疏散指示系统技术标准》（GB 51309—2018）5.1.1条，系统调试前，应编制调试方案，A对。根据5.1.2条，主要功能、性能不符合现行国家标准《消防应急照明和疏散指示系统》（GB 17945）规定的系统部件应予以更换，系统功能不符合设计文件规定的项目应进行整改，并应重新进行调试，B对。根据5.1.3条，系统部件功能调试或系统功能调试结束后，应恢复系统部件之间的正常连接，并使系统部件恢复正常工作状态，C对。根据5.1.4条，系统调试结束后，应编写调试报告；施工单位、设备制造企业应向建设单位提交系统竣工图，材料、系统部件及配件进场检查记录，安装质量检查记录，调试记录及产品检验报告，合格证明材料等相关材料。D项，应由建设单位存档，故错误。故本题选D。

14. **【答案】** B

【解析】 根据《消防应急照明和疏散指示系统技术标准》（GB 51309—2018）6.0.3条及6.0.4条，题干中，(1) 为B类项目不合格；(2) 为A类项目不合格；(3) 为B类项目不合格；(4) 为A类项目不合格。故本题选B。

15.【答案】C

【解析】根据《消防应急照明和疏散指示系统技术标准》（GB 51309—2018）6.0.5条，系统检测、验收结果判定准则应符合下列规定：(1) A类项目不合格数量应为0，B类项目不合格数量应小于或等于2，B类项目不合格数量加上C类项目不合格数量应小于或等于检查项目数量的5%的，系统检测、验收结果应为合格；A、B对，C错。(2) 不符合合格判定准则的，系统检测、验收结果应为不合格。根据6.0.6条，本节各项检测、验收项目中，当有不合格时，应修复或更换，并进行复验。复验时，对有抽验比例要求的，应加倍检验。故D对。故本题选C。

16.【答案】A

【解析】根据《消防应急照明和疏散指示系统技术标准》（GB 51309—2018）6.0.2条，B、C、D错。故本题选A。

17.【答案】C

【解析】根据《消防应急照明和疏散指示系统技术标准》（GB 51309—2018）7.0.5条，集中控制型系统应保证每年对每一个防火分区至少进行一次火灾状态下自动控制功能检查。故本题选C。

18.【答案】D

【解析】根据《消防应急照明和疏散指示系统技术标准》（GB 51309—2018）5.2.1条，系统调试前，应按设计文件，对系统部件的规格、型号、数量、备品备件等进行查验，并按本标准第4章，对系统的线路进行检查，A对。根据5.2.2条，集中控制型系统调试前，应对灯具、集中电源或应急照明配电箱进行地址设置及地址注释，B对。根据5.2.3条，集中控制型系统调试前，应对应急照明控制器进行控制逻辑编程，C对。根据5.2.5条，应对系统中的应急照明控制器、集中电源和应急照明配电箱应分别进行单机通电检查，D错。故本题选D。

二、多项选择题

1.【答案】CE

【解析】根据《消防应急照明和疏散指示系统技术标准》（GB 51309—2018）4.5.7条文说明，当条件限制时，照明灯可安装在走道侧面墙上，采用高位安装方式时，照明灯距地面的高度应大于2m，A对。根据4.5.12条，楼层标志灯应安装在楼梯间内朝向楼梯的正面墙上，标志灯底边距地面的高度宜为2.2～2.5m，B对，C错。根据4.5.13条，多信息复合标志灯的安装应符合下列规定：(1) 在安全出口、疏散出口附近设置的标志灯，应安装在安全出口、疏散出口附近疏散走道、疏散通道的顶部，E错；(2) 标志灯的标志面应与疏散方向垂直、指示疏散方向的箭头应指向安全出口、疏散出口，D对。故本题选CE。

2.【答案】ABD

【解析】根据《消防应急照明和疏散指示系统技术标准》（GB 51309—2018）

4.3.12 条，系统应单独布线。除设计要求以外，不同回路、不同电压等级、交流与直流的线路，不应布在同一管内或槽盒的同一槽孔内，A 对。根据 4.3.18 条，系统导线敷设结束后，应用 500V 兆欧表测量每个回路导线对地的绝缘电阻，且绝缘电阻值不应小于 20MΩ，B 对；槽盒敷设时，应在下列部位设置吊点或支点，吊杆直径不应小于 6mm，C 错。根据 4.3.13 条，线缆在管内或槽盒内，不应有接头或扭结；导线应在接线盒内采用焊接、压接、接线端子可靠连接，D 对，E 错。故本题选 ABD。

3. **【答案】** ABCE

【解析】 根据《消防应急照明和疏散指示系统技术标准》（GB 51309—2018）5.3.2 条，应对控制器进行下列主要功能进行检查并记录，控制器的功能应符合现行国家标准《消防应急照明和疏散指示系统》（GB 1794）规定：（1）自检功能；（2）操作级别；（3）主、备电源的自动转换功能；（4）故障报警功能；（5）消音功能；（6）一键检查功能。故 A、B、C、E 对。根据 5.3.4 条，应对集中电源下列主要功能进行检查并记录，集中电源的功能应符合现行国家标准《消防应急照明和疏散指示系统》（GB 17945）：电源分配输出功能。本题选项 D 项为集中电源集中控制型的调试内容，故 D 错。故本题选 ABCE。

4. **【答案】** AC

【解析】 根据《消防应急照明和疏散指示系统技术标准》（GB 51309—2018）4.3.2 条，各类管路明敷时，应在下列部位设置吊点或支点，吊杆直径不应小于 6mm：（1）管路始端、终端及接头处；（2）距接线盒 0.2m 处；（3）管路转角或分支处；（4）直线段不大于 3m 处。选项 A，应为接线盒前后 0.2m 处需设置。本题选项 C，至少设置 3 处支吊点。故本题选 AC。

5. **【答案】** AC

【解析】 根据《消防应急照明和疏散指示系统技术标准》（GB 51309—2018）4.4.5 条，应急照明控制器、集中电源和应急照明配电箱的接线应符合下列规定：（1）引入设备的电缆或导线，配线应整齐，不宜交叉，并应固定牢靠，A 错；（2）线缆芯线的端部，均应标明编号，并与图纸一致，字迹应清晰且不易褪色，B 对；（3）线缆应留有不小于 200mm 的余量，C 错；（4）导线应绑扎成束，D 对。（5）线缆穿管、槽盒后，应将管口、槽口封堵，E 对。故本题选 AC。

6. **【答案】** ABCD

【解析】 根据《消防应急照明和疏散指示系统技术标准》（GB 51309—2018）附录 C.0.1，要用手感检查设备的紧固部位，用肉眼看不出来，故错误。故本题选 ABCD。

7. **【答案】** AC

【解析】 根据《消防应急照明和疏散指示系统技术标准》（GB 51309—2018）3.2.5 条，选项 B 不应低于 1.0 lx，选项 D 不应低于 1.0 lx，选项 E 不应低于 1.0 lx。故本题选 AC。

8.【答案】ADE

【解析】根据《消防应急照明和疏散指示系统技术标准》（GB 51309—2018）5.3.4 条，应对集中电源下列主要功能进行检查并记录，集中电源的功能应符合现行国家标准《消防应急照明和疏散指示系统》（GB 17945）规定：(1) 操作级别；(2) 故障报警功能；(3) 消音功能；(4) 电源分配输出功能；(5) 集中控制型集中电源转换手动测试功能；(6) 集中控制型集中电源通信故障连锁控制功能；(7) 集中控制型集中电源灯具应急状态保持功能。本题选项 B、C 为应急照明控制器主要功能的检查。故本题选 ADE。

第十四节　火灾自动报警系统

一、单项选择题（每题的备选项中，只有 1 个最符合题意）

1. 根据现行国家标准《火灾自动报警系统施工及验收规范》（GB 50166），关于连接导线余量的描述中，错误的是（　　）。

A. 点型感烟火灾探测器底座的连接导线留有 150mm 的余量

B. 手动火灾报警按钮的连接导线留有 200mm 的余量

C. 模块的连接导线留有 150mm 的余量

D. 引入区域显示器的连接导线留有 150mm 的余量

2. 下列组件中，不属于消防联动控制系统组成部件的是（　　）。

A. 消防联动控制器　　B. 火灾探测器

C. 消火栓按钮　　D. 消防电话

3. 对某地大型商业综合体的火灾自动报警系统的安装质量进行检查，根据现行国家标准《火灾自动报警系统施工及验收规范》（GB 50166），安装在墙上的区域显示器，其靠近门轴的侧面距墙不应小于（　　）m，正面操作距离不应小于（　　）m。

A. 0.3，1.5　　B. 0.5，1.2　　C. 0.3，1.2　　D. 0.5，1.5

4. 消防技术服务机构对某建筑进行验收前的消防设施检测，检查了火灾探测器的类别、型号、适用场所、安装高度等，发现的下列情况中，错误的是（　　）。

A. 火焰探测器的安装高度为 12m

B. 点型感烟火灾探测器安装高度为 12m

C. 类别为 A_2 的点型感温火灾探测器安装高度为 8m

D. 类别为 B 的点型感温火灾探测器安装高度为 8m

5. 根据现行国家标准《火灾自动报警系统施工及验收规范》（GB 50166），点型感温探测器宜水平安装，当确实需倾斜安装时，倾斜角不应大于（　　）。

A. 35°　　B. 45°　　C. 70°　　D. 90°

6. 某消防技术服务机构对施工完毕的火灾自动报警系统进行检查，根据现行国家标准

《火灾自动报警系统施工及验收规范》（GB 50166），下列检查结果中，正确的是（ ）。

A. 安装在顶棚上的点型感烟火灾探测器距离空调送风口的水平距离为0.5m

B. 点型感烟火灾探测器的底座与导线之间采用压接方式连接

C. 点型感烟火灾探测器距离墙壁的水平距离为0.3m

D. 每个报警区域的模块集中设置在配电箱内

7. 根据现行国家标准《火火自动报警系统施工及验收规范》（GB 50166），下列关于火灾自动报警系统布线的说法中，正确的是（ ）。

A. 从线槽引到控制设备的导线采用金属软管保护时，导线的长度不应大于3m

B. 火灾自动报警系统内不同电压等级的线路，可布置在同一管内

C. 导线在管内或线槽内，不应有接头或扭结，导线的接头，应在接线盒内焊接或用端子连接

D. 敷设在多尘场所管路的管口和管子连接处，应作除尘处理

8. 根据现行国家标准《火灾自动报警系统施工及验收规范》（GB 50166），对可燃气体探测器施加达到响应浓度值的可燃气体标准样气，探测器应在（ ）s内响应。撤去可燃气体，探测器应在（ ）s内恢复到正常监视状态。

A. 100，120　　B. 120，100　　C. 30，60　　D. 60，100

9. 消防技术服务机构对某建筑内火灾探测器的安装质量进行检查，结果如下，根据现行国家标准《火灾自动报警系统施工及验收规范》（GB 50166），错误的是（ ）。

A. 安装在宽度为2.5m的内走道顶棚上的点型感温探测器的间距为12m

B. 安装在顶棚上的点型感烟探测器距多孔送风顶棚孔口的水平距离为1.2m

C. 安装在办公室的点型感烟火灾探测器距梁边的距离为0.5m

D. 感烟探测器的报警确认灯朝向便于人员观察的主要入口方向

10. 根据现行国家标准《火灾自动报警系统施工及验收规范》（GB 50166），火灾光警报装置安装时，应距地面（ ）m以上，同时光警报器不宜与消防应急疏散指示标志在同一面墙上，当安装在同一面墙上时，距离应大于（ ）m。

A. 1.5，1　　B. 1.5，2　　C. 1.8，1　　D. 1.8，2

11. 某检测机构对施工完毕的火灾自动报警系统进行检测，下列关于检测的结果中，错误的是（ ）。

A. 使消防电话分机与总机之间的连接线断路，消防电话主机在90s时发出故障信号

B. 消防应急广播控制设备发生故障后，在120s时发出故障声、光信号

C. 用于分隔防火分区的防火卷帘控制器在接收到防火分区内的火灾报警信号后，控制防火卷帘下降至楼板面

D. 手动操作防火卷帘控制器的按钮，防火卷帘能够启、闭

12. 消防技术服务机构根据现行国家标准《火灾自动报警系统施工及验收规范》（GB 50166），对某大型建筑内管路采样吸气式感烟火灾探测器的安装进行检查，下列检查情况中，错误的是（ ）。

A. 天棚高度为13m的场所安装了非高灵敏度的吸气式感烟火灾探测器

B. 天棚高度为13m的场所安装了高灵敏度的吸气式感烟火灾探测器

C. 高灵敏度吸气式感烟火灾探测器在设为高灵敏度时安装在天棚高度大于16m的场所

D. 天棚高度为18m的场所，采用高灵敏度吸气式感烟火灾探测器，为确保尽早探测到火情，所有采样孔均不低于16m

13. 对火灾报警控制器进行调试，在故障状态下，使任一非故障部位的探测器发出火灾报警信号，控制器应在（　）s内发出火灾报警信号。

A. 10　　B. 30　　C. 60　　D. 100

14. 根据现行国家标准《火灾自动报警系统施工及验收规范》（GB 50166），检查火灾报警控制器的负载功能时，下列做法中，正确的是（　）。

A. 使任一总线回路上5只火灾探测器同时处于故障状态

B. 使任一总线回路上10只火灾探测器同时处于故障状态

C. 使任一总线回路上5只火灾探测器同时处于火灾报警状态

D. 使任一总线回路上10只火灾探测器同时处于火灾报警状态

15. 消防技术服务机构根据现行国家标准《火灾自动报警系统施工及验收规范》（GB 50166），对某影视拍摄基地的摄影棚内管路采样吸气式感烟火灾探测器进行功能检查。下列检查结果中，正确的是（　）。

A. 在A采样吸气式感烟火灾探测器采样管末端加入试验烟时，其控制装置在125s时发出报警信号

B. 在B采样吸气式感烟火灾探测器采样管末端加入试验烟时，其控制装置在110s时发出报警信号

C. 在C采样吸气式感烟火灾探测器采样管始端加入试验烟时，探测器在90s时发出报警信号

D. 在D采样吸气式感烟火灾探测器采样管始端加入试验烟时，探测器在100s时发出报警信号

16. 对火灾自动报警系统进行以下检查和测试，根据现行国家标准《火灾自动报警系统施工及验收规范》（GB 50166），下列描述中，错误的是（　）。

A. 对可燃气体探测器施加达到响应浓度值的可燃气体标准样气，探测器应在30s内响应

B. 区域显示器（火灾显示盘）应在5s内正确接收和显示火灾报警控制器发出的火灾报警信号

C. 消防联动控制器与备用电源之间的连线短路时，消防联动控制器应能在100s内发出故障信号

D. 使控制器与探测器之间的连线断路和短路，控制器应在100s内发出故障信号（短路时发出火灾报警信号除外）

17. 根据现行国家标准《火灾自动报警系统施工及验收规范》(GB 50166)，对可燃气体火灾探测系统做功能性试验，检查可燃气体控制器负载功能时，应至少使（　　）只可燃气体探测器同时处于报警状态。

A. 4　　B. 5　　C. 8　　D. 10

18. 根据现行国家标准《火灾自动报警系统施工及验收规范》(GB 50116)，下列关于火灾自动报警系统备用电源调试的说法中，正确的是（　　）。

A. 使各备用电源放电终止，再充电 24h 后断开设备主电源，备用电源至少应保证设备工作 4h

B. 使各备用电源放电终止，再充电 48h 后断开设备主电源，备用电源至少应保证设备工作 4h

C. 使各备用电源放电终止，再充电 24h 后断开设备主电源，备用电源至少应保证设备工作 8h

D. 使各备用电源放电终止，再充电 48h 后断开设备主电源，备用电源至少应保证设备工作 8h

19. 根据现行国家标准《火灾自动报警系统施工及验收规范》(GB 50116)，对火灾自动报警系统进行验收时，火灾报警控制器主、备电源的自动转换装置应进行（　　）次转换试验，每次试验均应正常。

A. 1　　B. 2　　C. 3　　D. 4

20. 根据现行国家标准《火灾自动报警系统施工及验收规范》(GB 50166)，某公共建筑设有 8 台火灾报警控制器，在竣工验收时，应抽取（　　）台进行功能检验。

A. 5　　B. 6　　C. 8　　D. 10

21. 某建筑内部共安装了 110 只火灾探测器，在对该建筑火灾报警系统进行检测验收时，应至少抽取（　　）只火灾探测器进行模拟火灾响应和故障信号检验。

A. 10　　B. 11　　C. 20　　D. 22

22. 某消防检测机构对建筑内施工结束的火灾自动报警系统进行验收。建筑内共设区域显示器 20 台，根据现行国家标准《火灾自动报警系统施工及验收规范》(GB 50166)，应至少抽取（　　）台进行功能检验。

A. 5　　B. 6　　C. 10　　D. 12

23. 根据现行国家标准《火灾自动报警系统施工及验收规范》(GB 50166)，引入火灾报警控制器的电缆或导线，下列说法中，正确的是（　　）。

A. 端子板的每个接线端，接线不得超过 3 根

B. 电缆芯和导线，应留有不小于 20cm 的余量

C. 为避免导线过密积聚热量引发火灾的现象，导线不应绑扎成束

D. 为了便于检修，导线穿管、线槽后，不应将管口、槽口封堵

24. 根据现行国家标准《火灾自动报警系统施工及验收规范》(GB 50166)，下列有关控制器调试的说法中，正确的是（　　）。

A. 检查消防联动控制器最大负载功能时，应至少使 10 个输入/输出模块同时处于动作状态

B. 检查火灾报警控制器最大负载功能时，应至少任一总线回路上 50 只火灾探测器同时处于火灾报警状态

C. 检查可燃气体报警控制器最大负载功能时，应至少使 5 只可燃气体探测器同时处于报警状态

D. 气体灭火控制器调试时，输入启动设备的模拟反馈信号，控制器应在 10s 接收并显示

25. 根据现行国家标准《火灾自动报警系统施工及验收规范》（GB 50166），下列有关线型红外光束感烟火灾探测器安装和调试的说法，正确的是（　　）。

A. 探测器光束轴线至侧墙水平距离不应大于 7m，且不应小于 1m

B. 当探测区域的高度大于 20m 时，光束轴线距探测区域的地面高度不宜超过 10m

C. 用减光率为 9dB 的减光片遮挡光路，探测器不应发出火灾报警信号

D. 用减光率为 11. 5dB 的减光片遮挡光路，探测器应发出故障信号或火灾报警信号

26. 根据现行国家标准《火灾自动报警系统施工及验收规范》（GB 50166），下列消防设备应急电源安装与调试的说法中，正确的是（　　）。

A. 酸性电池不得安装在带有酸性介质的场所，碱性电池不得安装在带碱性介质的场所

B. 三相供电额定功率大于 120kW 的消防设备应安装消防应急电源

C. 应急工作时间应大于设计应急工作时间的 1. 5 倍，且不小于产品标称的应急工作时间

D. 应急电源充电回路与电池之间、电池与电池之间连线断线，应急电源应在 100s 内发出声、光故障信号，声、光故障信号应能手动消除

27. 根据现行国家标准《火灾自动报警系统施工及验收规范》（GB 50166），下列消防设备应急电源调试的说法中，错误的是（　　）。

A. 给应急电源输入联动启动信号，应急电源应在 5s 内转入到应急工作状态

B. 手动启动应急电源输出应在 5s 内完成应急转换

C. 断开应急电源的主电源，应急电源应能发出声、光提示信号，声、光信号应能手动消除

D. 应急电源处于自动控制状态，应急电源应有手动插入优先功能

28. 现场进行消防设施检测时，消防电梯从首层至顶层的运行时间不宜大于（　　）s。

A. 30　　B. 40　　C. 50　　D. 60

29. 检测某建筑火灾自动报警系统线路敷设时，下列说法中，正确的是（　　）。

A. 矿物绝缘类不燃性电缆不可直接明敷

B. 不同防火分区的报警总线可穿入同一根管内水平敷设

C. 消防配电线路采用阻燃或耐火电缆时，敷设在电缆井内可不采取防火保护措施

D. 管子长度每超过 10m 且有 3 个弯曲时，应装设接线盒

30. 根据现行国家标准《火灾自动报警系统施工及验收规范》(GB 50166)，下列有关消防控制中心图形显示装置的说法中，错误的是（ ）。

A. 消防控制室图形显示装置与电气火灾监控器应采用专用线路连接

B. 显示装置应在 10s 内接收火灾报警控制器发出火灾报警信号

C. 多报警平面显示状态时能手动插入使其立即显示火警相应的报警平面图

D. 显示故障或联动平面，输入火灾报警信号，显示装置应能立即转入火灾报警平面的显示

二、多项选择题（每题的备选项中有 2 个或 2 个以上符合题意。错选、漏选不得分；少选，所选的每个选项得 0.5 分）

1. 对火灾自动报警系统实施检查维护，每季度应开展一次检查和试验的项目有（ ）。

A. 强制切断非消防电源功能试验

B. 火灾报警装置的声光显示功能试验

C. 水流指示器、压力开关的报警功能试验

D. 1～3 次主电源和备用电源自动切换试验

E. 防火卷帘控制器的控制显示功能抽查试验

2. 某地上 4 层商场，建筑高度为 22m，每层划分为三个防火分区，每个防火分区为一个报警区域。对建筑内竣工的火灾自动报警系统进行检测，下列检测结果中，错误的有（ ）。

A. 地上二层某个防火分区内设置 7 只手动火灾报警按钮，任何相邻两个手动火灾报警按钮之间的直线距离均不大于 30m

B. 模拟火灾，消防联动控制器控制建筑内所有的声光警报器启动

C. 在每层明显部位的墙上安装三台区域显示器，区域显示器中心距地面的高度为 1.4m

D. 火灾光警报器与消防应急疏散指示标志安装在同一面墙上，间距为 1m

E. 吊装明敷设的线槽的吊杆直径为 8mm

3. 根据现行国家标准《火灾自动报警系统施工及验收规范》(GB 50166)，下列关于火灾自动报警系统周期性维护管理的说法中，正确的有（ ）。

A. 对主电源和备用电源进行 1～3 次自动切换试验

B. 每月应抽取不小于总数 25% 的消防电话和电话插孔在消防控制室进行对讲通话试验

C. 每季度应检查和试验送风机、排烟机的控制设备

D. 每年应检查和试验火灾应急照明与疏散指示标志的控制装置

E. 每年应用专用检测仪器对所安装的全部探测器和手动报警装置试验至少 1 次

4. 根据现行国家标准《火灾自动报警系统施工及验收规范》（GB 50166），下列各类火灾探测器使用与维护的说法中，错误的有（　　）。

A. 点型感烟火灾探测器投入运行3年后，应每隔2年至少全部清洗一遍

B. 采样管采样的吸气式感烟火灾探测器需要对采样管道进行定期吹洗，最长的时间间隔不应超过1年

C. 可燃气体探测器的气敏元件超过生产企业规定的寿命年限后应及时更换

D. 严禁将光电感烟火灾探测器随意丢弃

E. 不同类型的探测器应有10%但不少于50只的备品

5. 某建筑的电子机房平时有人值班，设置了七氟丙烷灭火系统，安装完成后消防验收前，某消防技术服务机构对现场的气体灭火系统进行了检测，下列关于该七氟丙烷灭火系统测试结果的描述中，正确的有（　　）。

A. 按下防护区内一只手动火灾报警按钮，该防护区内的火灾声光警报器响起

B. 气体灭火控制器收到防护区内的一只感烟探测器的报警信号后，通风和空气调节系统未停止工作

C. 气体灭火控制器收到防护区内的一只感烟探测器的报警信号和一只手动报警按钮的动作信号后，防护区域开口封闭装置的启动，包括关闭防火门、窗，同时启动气体灭火装置

D. 气体灭火防护区出口外上方设置了表示气体喷洒的火灾声光警报器，该火灾声光警报器与防护区内的声光警报器为同一规格型号、同一品牌

E. 气体灭火控制器复位后，检测人员按下防护区外的紧急启动信号，气体灭火装置30s内启动

6. 消防技术服务机构在对一个综合商场进行年度消防设施检测的过程中，如实记录了下列内容，错误的有（　　）。

A. 火灾自动报警系统应设置火灾声光警报器，并应在确认火灾后启动火灾防火分区内的所有火灾声光警报器

B. 消防联动控制器应具有发出联动控制信号强制消防电梯停于首层或电梯转换层的功能

C. 在疏散通道上设置的防火卷帘的两侧距卷帘纵深1m内，分别设置了1只专门用于联动防火卷帘的感温火灾探测器

D. 排烟风机入口处的总管上设置的280℃排烟防火阀在关闭后应直接联动控制风机停止

E. 联动测试时，消防联动控制器接收到同一防火分区内一只感烟探测器和一只手动火灾报警按钮的联动触发信号后，切断该防火分区及相关区域的所有电源

7. 下列关于火灾自动报警系统调试的说法中，错误的有（　　）。

A. 可燃气体探测控制器应具有承受任一回路上不少于10只火灾探测器同时报警的负载需求

B. 在故障状态下，任一非故障部位的火灾探测器报警后控制器应在100s内发出报警信号

C. 当输入输出模块少于 50 个时，联动控制器应能满足所有模块同时动作的负载需求

D. 在吸气式火灾探测器采样管最末端加入试验烟时，探测器应在 2min 内发出报警信号

E. 对可燃气体探测器施调试时，撤去可燃气体，探测器应在 30s 内恢复到正常监视状态探

8. 某大厦地下车库共设置两台排烟风机，对其进行联动检查试验时，消防联动控制器接收到同一防烟分区内的两只独立的火灾探测器的报警信号，联动控制排烟口、排烟阀的开启，联动控制器接收到排烟口、排烟阀开启的动作信号后，联动启动排烟风机，1#排烟风机正常启动，2#排烟风机未动作，但联动控制器显示控制 2#排烟风机的模块已经动作。2#排烟风机未动作的原因，可能有（　　）。

A. 2#排烟风机的控制柜处于手动状态

B. 2#排烟风机未接通电源

C. 2#排烟风机的控制模块与联动控制器之间的线路故障

D. 2#排烟风机的控制模块与风机控制柜之间的线路断路

E. 2#排烟风机控制柜的控制继电器损坏

9. 下列关于建筑物的消防用电，应按二级负荷供电的有（　　）。

A. 建筑高度大于 50m 的丙类厂房　　B. 室外消防用水量大于 25L/s 的仓库

C. 座位数超过 2000 个的体育馆　　D. 二类高层民用建筑

E. 任一层建筑面积大于 $3000m^2$ 的商店建筑

10. 某酒店建筑，每层为一个防火分区，设有火灾自动报警系统、自动喷水灭火系统、室内消火栓系统和防烟排烟系统等消防设施。当正压送风机控制柜处于自动状态时，检测风机的启动情况，下列操作中，不能启动正压送风机的有（　　）。

A. 使消防联动控制器处于自动状态，使用发烟器分别对二层的内走道及某一间客房内的各一只感烟探测器进行模拟火灾报警测试，两只探测器先后发出火灾报警信号

B. 使消防联动控制器处于自动状态，使用发烟器对二层内走道的一只感烟探测器进行模拟火灾报警测试，探测器发出火灾报警信号，再按下一只手动火灾报警按钮发出火灾报警信号

C. 使消防联动控制器处于手动状态，使用发烟器分别对二层的两间客房内的各一只感烟探测器进行模拟火灾报警测试，两只探测器先后发出火灾报警信号

D. 使消防联动控制器处于手动状态，使用发烟器对二层内走道的一只感烟探测器进行模拟火灾报警测试，探测器发出火灾报警信号，再按下一只手动火灾报警按钮发出火灾报警信号

E. 使消防联动控制器处于自动状态，手动开启设在二层防烟楼梯间的送风口

11. 某地下车库设有火灾自动报警系统和预作用自动喷水灭火系统，使消防泵控制柜处于自动状态，检测消防泵联动控制功能，能启动消防泵的操作有（　　）。

A. 使消防联动控制器处于自动状态，断开压力开关与消防泵控制柜的控制连接线，在没有任何火灾报警信号的情况下，打开末端试水装置，压力开关动作

B. 使消防联动控制器处于自动状态，模拟某一探测区域的一只感烟探测器与手动火

灾报警按钮的报警信号

C. 使消防联动控制器处于手动状态，断开压力开关与消防泵控制柜的控制连接线，使末端试水装置所在防火分区内的一只感烟火灾探测器报警，打开末端试水装置，压力开关动作

D. 使消防联动控制器处于自动状态，打开末端试水装置，压力开关动作

E. 使消防联动控制器处于自动状态，断开压力开关与消防泵控制柜的控制连接线，打开末端试水装置，压力开关动作，在消防联动控制器上手动操作启动消防泵

答案与解析

一、单项选择题

1.【答案】D

【解析】根据《火灾自动报警系统施工及验收规范》（GB 50166—2007）3.3.3 条，引入控制器的电缆芯和导线，应留有不小于200mm 的余量，D 错。故本题选 D。

2.【答案】B

【解析】火灾探测器属于触发器件，是火灾探测报警系统的组成部分。故本题选 B。

3.【答案】B

【解析】根据《火灾自动报警系统施工及验收规范》（GB 50166—2007）3.3.1 条，火灾报警控制器、可燃气体报警控制器、区域显示器、消防联动控制器等控制器类设备（以下称控制器）在墙上安装时，其底边距地（楼）面高度宜为 1.3 ~ 1.5m，其靠近门轴的侧面距墙不应小于 0.5m，正面操作距离不应小于 1.2m；落地安装时，其底边宜高出地（楼）面0.1 ~0.2m。故本题选 B。

4.【答案】D

【解析】根据《火灾自动报警系统设计规范》（GB 50116—2007）5.2.1 条，对不同高度的房间，可按表 3 - 14 - 1 选择点型火灾探测器。故本题选 D。

表 3 - 14 - 1　对不同高度的房间点型火灾探测器的选择

房间高度 h/m	点型感烟火灾探测器	点型感温火灾探测器			火焰探测器
		A_1、A_2	B	C、D、E、F、G	
$12 < h \leq 20$	不适合	不适合	不适合	不适合	适合
$8 < h \leq 12$	适合	不适合	不适合	不适合	适合
$6 < h \leq 8$	适合	适合	不适合	不适合	适合
$4 < h \leq 6$	适合	适合	适合	不适合	适合
$h \leq 4$	适合	适合	适合	适合	适合

5.【答案】B

【解析】根据《火灾自动报警系统施工及验收规范》（GB 50166—2007）3.4.1 条，点型感烟、感温火灾探测器宜水平安装，当确需倾斜安装时，倾斜角不应大于45°。故本题选 B。

6.【答案】B

【解析】根据《火灾自动报警系统施工及验收规范》（GB 50166—2007）3.4.1 条，点型感烟火灾探测器至空调送风口最近边的水平距离，不应小于 1.5m，至多孔送风顶棚孔口的水平距离，不应小于 0.5m，A 错；点型感烟火灾探测器至墙壁、梁边的水平距离，不应小于 0.5m，C 错。根据 3.4.8 条，探测器的底座应安装牢固，与导线连接必须可靠压接或焊接，当采用焊接时，不应使用带腐蚀性的助焊剂，B 对。根据《火灾自动报警系统设计规范》（GB 50116—2013）6.8.2 条，模块严禁设置在配电（控制）柜（箱）内，D 错。故本题选 B。

7.【答案】C

【解析】根据《火灾自动报警系统施工及验收规范》（GB 50166—2007）3.2.6 条，从接线盒、线槽等处引到探测器底座、控制设备、扬声器的线路，当采用金属软管保护时，其长度不应大 2m，A 错。根据 3.2.4 条，火灾自动报警系统应单独布线，系统内不同电压等级、不同电流类别的线路，不应布在同一管内或线槽的同一槽孔内，B 错。根据 3.2.5 条，导线在管内或线槽内，不应有接头或扭结，导线的接头，应在接线盒内焊接或用端子连接，C 对。根据 3.2.7 条，敷设在多尘或潮湿场所管路的管口和管子连接处，均应作密封处理，D 错。故本题选 C。

8.【答案】C

【解析】根据《火灾自动报警系统施工及验收规范》（GB 50166—2007）4.13.3 条，对可燃气体探测器施加达到响应浓度值的可燃气体标准样气，探测器应在 30s 内响应。撤去可燃气体，探测器应在 60s 内恢复到正常监视状态。故本题选 C。

9.【答案】A

【解析】根据《火灾自动报警系统施工及验收规范》（GB 50166—2007）3.4.1 条，在宽度小于 3m 的内走道顶棚上设置点型探测器时，宜居中布置，感温火灾探测器的安装间距不应超过 10m，感烟火灾探测器的安装间距不应超过 15m，探测器至端墙的距离，不应大于探测器安装间距的 1/2，A 错；点型探测器至空调送风口边的水平距离不应小于 1.5m，至多孔送风顶棚孔口的水平距离，不应小于 0.5m，B 对；探测器至墙壁、梁边的水平距离，不应小于 0.5m，C 对。根据 3.4.11 条，探测器报警确认灯应朝向便于人员观察的主要入口方向，D 对。故本题选 A。

10.【答案】C

【解析】根据《火灾自动报警系统施工及验收规范》（GB 50166—2007）3.8.2 条，火灾光警报装置应安装在安全出口附近明显处，距地面 1.8m 以上，光警报器与消防应急疏散指示标志不宜在同一面墙上，安装在同一面墙上时，距离应大于1m。故本题选C。

11.【答案】B

【解析】根据《消防联动控制器系统》（GB 16806—2006）4.6.3.1条，消防应急广播设备发生故障时，应在100s内发出故障声、光信号，B错。故本题选B。

12.【答案】D

【解析】根据《火灾自动报警系统施工及验收规范》（GB 50166—2007）3.4.6条，通过管路采样的吸气式感烟火灾探测器的安装应符合下列要求：高灵敏度吸气式感烟火灾探测器在设为高灵敏度时可安装在天棚高度大于16m的场所，并保证至少有2个采样孔低于16m，D错。故本题选D。

13.【答案】C

【解析】根据《火灾自动报警系统施工及验收规范》（GB 50166—2007）4.3.2条，使控制器与探测器之间的连线断路和短路，控制器应在100s内发出故障信号（短路时发出火灾报警信号除外）；在故障状态下，使任一非故障部位的探测器发出火灾报警信号，控制器应在1min内发出火灾报警信号，并应记录火灾报警时间；再使其他探测器发出火灾报警信号，检查控制器的再次报警功能。故本题选C。

14.【答案】D

【解析】根据《火灾自动报警系统施工及验收规范》（GB 50166—2007）4.3.2条，使任一总线回路上不少于10只的火灾探测器同时处于火灾报警状态，检查火灾报警控制器的负载功能。故本题选D。

15.【答案】B

【解析】根据《火灾自动报警系统施工及验收规范》（GB 50166—2007）4.7.1条，在采样管最末端（最不利处）采样孔加入试验烟，探测器或其控制装置应在120s内发出火灾报警信号，B对。故本题选B。

16.【答案】B

【解析】根据《火灾自动报警系统施工及验收规范》（GB 50166—2007）4.11.1条，区域显示器（火灾显示盘）应在3s内正确接收和显示火灾报警控制器发出的火灾报警信号，B错。故本题选B。

17.【答案】A

【解析】根据《火灾自动报警系统施工及验收规范》（GB 50166—2007）4.12.2条，可燃气体报警控制器最大负载功能试验时，使至少4只可燃气体探测器同时处于报警状态（探测器总数少于4只时，使所有探测器均处于报警状态）。故本题选A。

18.【答案】D

【解析】根据《火灾自动报警系统施工及验收规范》（GB 50166—2007）4.16.2条，使各备用电源放电终止，再充电48h后断开设备主电源，备用电源至少应保证设备工作8h，且应满足相应的标准及设计要求。故本题选D。

19.【答案】C

【解析】根据《火灾自动报警系统施工及验收规范》（GB 50166—2007）5.1.5条，各类消防用电设备主、备电源的自动转换装置，应进行3次转换试验，每次试验均应正常。故本题选C。

20.【答案】B

【解析】根据《火灾自动报警系统施工及验收规范》（GB 50166—2007）5.1.5条，火灾报警控制器（含可燃气体报警控制器）和消防联动控制器应按实际安装数量全部进行功能检验。故本题选B。

21.【答案】C

【解析】根据《火灾自动报警系统施工及验收规范》（GB 50166—2007）5.1.5条，火灾探测器（含可燃气体探测器）和手动火灾报警按钮，应按下列要求进行模拟火灾响应（可燃气体报警）和故障信号检验：(1) 实际安装数量在100只以下者，抽验20只（每个回路都应抽验）。(2) 实际安装数量超过100只，每个回路按实际安装数量10%～20%的比例进行抽验，但抽验总数应不少于20只。(3) 被检查的火灾探测器的类别、型号、适用场所、安装高度、保护半径、保护面积和探测器的间距等均应符合设计要求。故本题选C。

22.【答案】B

【解析】根据《火灾自动报警系统施工及验收规范》（GB 50166—2007）5.1.5条，火灾报警控制器（含可燃气体报警控制器）和消防联动控制器应按实际安装数量全部进行功能检验。消防联动控制系统中其他各种用电设备、区域显示器应按下列要求进行功能检验：(1) 实际安装数量在5台以下者，全部检验。(2) 实际安装数量在6～10台者，抽验5台。(3) 实际安装数量超过10台者，按实际安装数量30%～50%的比例、但不少于5台抽验。(4) 各装置的安装位置、型号、数量、类别及安装质量应符合设计要求。故本题选B。

23.【答案】B

【解析】根据《火灾自动报警系统施工及验收规范》（GB 50166—2007）3.3.3条，引入控制器的电缆或导线，应符合下列要求：(1) 配线应整齐，不宜交叉，并应固定牢靠；(2) 电缆芯线和所配导线的端部，均应标明编号，并与图纸一致，字迹应清晰且不易褪色；(3) 端子板的每个接线端，接线不得超过2根，A错；(4) 电缆芯和导线，应留有不小于200mm的余量，B对；(5) 导线应绑扎成束，C错；(6) 导线穿管、线槽后，应将管口、槽口封堵，D错。故本题选B。

24.【答案】D

【解析】根据《火灾自动报警系统施工及验收规范》（GB 50166—2007）4.10.3条，使至少50个输入/输出模块同时处于动作状态（模块总数少于50个时，使所有模块动作），检查消防联动控制器的最大负载功能，A错。根据4.3.2条，使任一总线回路上不少于10只的火灾探测器同时处于火灾报警状态，检查火灾报警控制器的负载功能，B错。根据4.12.2条，使至少4只可燃气体探测器同时处于报警状态（探测器总数少于4只时，使所有探测器均处于报警状态），检查可燃气体报警控制器最大负载功能，C错。根据4.19.3条，输入启动设备启动的模拟反馈信号，控制器应在10s内接收并显示，D对。故本题选D。

25.【答案】D

【解析】根据《火灾自动报警系统施工及验收规范》（GB 50166—2007）3.4.2条，线型红外光束感烟火灾探测器的安装，应符合下列要求：(1)探测区域的高度大于20m时，光束轴线距探测区域的地（楼）面高度不宜超过20m；(2)相邻两组探测器光束轴线的水平距离不应大于14m。探测器光束轴线至侧墙水平距离不应大于7m，且不应小于0.5m，A、B错。根据4.6.2条，用减光率为0.9dB的减光片遮挡光路，探测器不应发出火灾报警信号，C错。根据4.6.4条，用减光率为11.5dB的减光片遮挡光路，探测器应发出故障信号或火灾报警信号，D对。故本题选D。

26.【答案】C

【解析】根据《火灾自动报警系统施工及验收规范》（GB 50166—2007）3.10.2条，酸性电池不得安装在带有碱性介质的场所，碱性电池不得安装在带酸性介质的场所，A错。根据3.10.4条，单相供电额定功率大于30kW、三相供电额定功率大于120kW的消防设备应安装独立的消防应急电源，B错。根据4.17.4条，将应急电源接上等效于满负载的模拟负载，使其处于应急工作状态，应急工作时间应大于设计应急工作时间的1.5倍，且不小于产品标称的应急工作时间，C对。根据4.17.5条，使应急电源充电回路与电池之间、电池与电池之间连线断线，应急电源应在100s内发出声、光故障信号，声故障信号应能手动消除，D错。故本题选C。

27.【答案】C

【解析】根据《火灾自动报警系统施工及验收规范》（GB 50166—2007）4.17.2条，按下述要求检查应急电源的控制功能和转换功能，并观察其输入电压、输出电压、输出电流、主电工作状态、应急工作状态、电池组及各单节电池电压的显示情况，做好记录，显示情况应与产品使用说明书规定相符，并满足要求：(1)动启动应急电源输出，应急电源的主电和备用电源应不能同时输出，且应在5s内完成应急转换；(2)断开应急电源的主电源，应急电源应能发出声提示信号，声信号应能手动消除；(3)给具有联动自动控制功能的应急电源输入联动启动信号，应急电源应在5s内转入到应急工作状态，且主电源和备用电源应不能同时输出；(4)具有手动和自动控制功能的应急电源处于自动控制状态，然后手动插入操作，应急电源应有手动插入优先功能，且应有自动控制状态和手动控制状态指示，故A、B、D对，C错。故本题选C。

28.【答案】D

【解析】根据《建筑设计防火规范》（GB 50016—2014）（2018 年版）7.3.8 条，消防电梯应符合下列规定：电梯从首层至顶层的运行时间不宜大于 60s。故本题选 D。

29.【答案】C

【解析】根据《火灾自动报警系统设计规范》（GB 50116—2013）11.2.3 条，矿物绝缘类不燃性电缆可直接明敷，A 错。根据 11.2.6 条，采用穿管水平敷设时，除报警总线外，不同防火分区的线路不应穿入同一根管内，B 错。根据《建筑设计防火规范》（GB 50016—2014）（2018 年版）10.1.10 条，消防配电线路应满足火灾时连续供电的需要，其敷设应符合下列规定：当采用阻燃或耐火电缆并敷设在电缆井、沟内时，可不穿金属导管或采用封闭式金属槽盒保护，C 对。根据《火灾自动报警系统施工及验收规范》（GB 50166—2007）3.2.8 条，管路超过下列长度时，应在便于接线处装设接线盒：管子长度每超过 10m，有 2 个弯曲时，D 错。故本题选 C。

30.【答案】B

【解析】根据《火灾自动报警系统施工及验收规范》（GB 50166—2007）4.18.3 条，使火灾报警控制器和消防联动控制器分别发出火灾报警信号和联动控制信号，显示装置应在 3s 内接收，准确显示相应信号的物理位置，并能优先显示火灾报警信号相对应的界面，B 错。故本题选 B。

二、多项选择题

1.【答案】BCDE

【解析】根据《火灾自动报警系统施工及验收规范》（GB 50166—2007）6.2.4 条，强制切断非消防电源功能试验属于每年应检查和试验的项目，A 错。根据 6.2.3 条，试验火灾警报装置的声光显示，试验水流指示器、压力开关等报警功能、信号显示，对主电源和备用电源进行 1～3 次自动切换试验，防火卷帘控制器的控制显示功能抽查试验，均属于每季度应检查和试验的项目，B、C、D、E 对。故本题选 BCDE。

2.【答案】ACD

【解析】根据《火灾自动报警系统设计规范》（GB 50116—2013）6.3.1 条，从一个防火分区内的任何位置到最邻近的手动火灾报警按钮的步行距离不应大于 30m，A 错。根据 4.8.1 条及 4.8.2 条，确认火灾后，消防联动控制器应能启动建筑内的所有火灾声光警报器，B 对。根据《火灾自动报警系统施工及验收规范》（GB 50166—2007）3.3.1 条，区域显示器在墙上安装时，其底边距地（楼）面高度宜为 1.3～1.5m，C 错。根据 3.8.2 条，火灾光警报装置应安装在安全出口附近明显处，距地面 1.8m 以上，光警报器与消防应急疏散指示标志不宜在同一面墙上，安装在同一面墙上时，距离应大于1m，D错。根据3.2.10条，明敷设备各类管路和线槽时，应采用单独的卡具吊装或支撑物固定。吊装线槽或管路的吊杆直径不应小6mm，E对。故本题选ACD。

3.【答案】ACE

【解析】根据《火灾自动报警系统施工及验收规范》（GB 50166—2007）6.2.3条，每季度应检查和试验火灾自动报警系统的下列功能：（1）采用专用检测仪器分期分批试验探测器的动作及确认灯显示；（2）试验火灾警报装置的声光显示；（3）试验水流指示器、压力开关等报警功能、信号显示；（4）对主电源和备用电源进行1~3次自动切换试验，A对；（5）用自动或手动检查消防控制设备的控制显示功能：①室内消火栓、自动喷水、泡沫、气体。干粉等灭火系统的控制设备。②抽验电动防火门、防火卷帘门，数量不小于总数的25%。③选层试验消防应急广播设备，并试验公共广播强制转入火灾应急广播的功能，抽检数量不小于总数的25%。④火灾应急照明与疏散指示标志的控制装置，D错。⑤送风机、排烟机和自动挡烟垂壁的控制设备，C对；（6）检查消防电梯迫降功能；（7）应抽取不小于总数25%的消防电话和电话插孔在消防控制室进行对讲通话试验，B错。根据6.2.4条，应用专用检测仪器对所安装的全部探测器和手动报警装置试验至少1次，E对。故本题选ACE。

4.【答案】AD

【解析】根据《火灾自动报警系统施工及验收规范》（GB 50166—2007）6.2.5条，点型感烟火灾探测器投入运行2年后，应每隔3年至少全部清洗一遍；通过采样管采样的吸气式感烟火灾探测器根据使用环境的不同，需要对采样管道进行定期吹洗，最长的时间间隔不应超过1年；严禁将离子感烟火灾探测器随意丢弃；可燃气体探测器的气敏元件超过生产企业规定的寿命年限后应及时更换，气敏元件的更换应由有相关资质的机构根据产品生产企业的要求进行。根据6.2.6条，不同类型的探测器应有10%但不少于50只的备品。故A、D错，B、C、E对。故本题选AD。

5.【答案】ABE

【解析】根据《火灾自动报警系统设计规范》（GB 50116—2013）4.4.2条，联动控制信号应包括下列内容：（1）关闭防护区域的送（排）风机及送（排）风阀门；（2）停止通风和空气调节系统及关闭设置在该防护区域的电动防火阀；（3）联动控制防护区域开口封闭装置的启动，包括关闭防护区域的门、窗；（4）启动气体灭火装置、泡沫灭火装置，气体灭火控制器、泡沫灭火控制器，可设定不大于30s的延迟喷射时间。C错。根据4.4.2条，气体灭火防护区出口外上方应设置表示气体喷洒的火灾声光警报器，指示气体释放的声信号应与该保护对象中设置的火灾声警报器的声信号有明显区别。D错。故本题选ABE。

6.【答案】ABCE

【解析】根据《火灾自动报警系统设计规范》（GB 50116—2013）4.8.1条，火灾自动报警系统应设置火灾声光警报器，并应在确认火灾后启动建筑内的所有火灾声光警报器，A错。根据4.7.1条，消防联动控制器应具有发出联动控制信号强制所有电梯停于首层或电梯转换层的功能。B错。根据4.6.3条，在卷帘的任一侧距卷帘纵深0.5~5m内应设置不少于2只专门用于联动防火卷帘的感温火灾探测器，C错。根据4.5.5条，排烟风机入口处的总管上设置的280℃排烟防火阀在关闭后应直接联动控制风机停止，排烟防火阀及风机的动作信号应反馈至消防联动控制器D对。根据4.10.1条，消防联动控制器应具有切断火灾区域及相关区域的非消防电源的功能，当需要切断正常照明时，宜在自动喷淋系统、消火栓系统动作前切断，E错。故本题选ABCE。

7.【答案】ABE

【解析】根据《火灾自动报警系统施工及验收规范》（GB 50166—2007）4.12.2条，控制器最大负载功能，使至少4只可燃气体探测器同时处于报警状态（探测器总数少于4只时，使所有探测器均处于报警状态）A错。根据4.3.2条，使控制器与探测器之间的连线断路和短路，控制器应在100s内发出故障信号（短路时发出火灾报警信号除外）；在故障状态下，使任一非故障部位的探测器发出火灾报警信号，控制器应在1min内发出火灾报警信号，并应记录火灾报警时间；再使其他探测器发出火灾报警信号，检查控制器的再次报警功能，B错。根据4.13.2条，对探测器施加达到响应浓度值的可燃气体标准样气，探测器应在30s内响应。撤去可燃气体，探测器应在60s内恢复到正常监视状态，E错。故本题选ABE。

8.【答案】ABDE

【解析】题干中“2#排烟风机未动作，但联动控制器显示控制2#排烟风机的模块已经动作”表明联动控制器与风机控制模块之间的线路正常，因此风机未动作的原因只能是控制模块之后至排烟风机或控制柜之间的问题。C错，A、B、D、E对。故本题选ABDE。

9.【答案】DE

【解析】根据《建筑设计防火规范》（GB 50016—2014）（2018年版）10.1.1条，下列建筑物的消防用电应按一级负荷供电：建筑高度大于50m的乙、丙类厂房和丙类仓库，A错。根据10.1.2条，下列建筑物、储罐（区）和堆场的消防用电应按二级负荷供电：（1）室外消防用水量大于30L/s的厂房（仓库）；（2）室外消防用水量大于35L/s的可燃材料堆场、可燃气体储罐（区）和甲、乙类液体储罐（区）；（3）二类高层民用建筑；5座位数超过1500个的电影院、剧场，座位数超过3000个的体育馆，任一层建筑面积大于3000m²的商店和展览建筑，省（市）级及以上的广播电视、电信和财贸金融建筑，室外消防用水量大于25L/s的其他公共建筑，B、C错，D、E对。故本题选DE。

10.【答案】CD

【解析】根据《火灾自动报警系统设计规范》（GB 50116—2013）4.5.1条，防烟系统的联动控制方式应符合下列规定：应由加压送风口所在防火分区内的两只独立的火灾探测器或一只火灾探测器与一只手动火灾报警按钮的报警信号，作为送风口开启和加压送风机启动的联动触发信号，并应由消防联动控制器联动控制相关层前室等需要加压送风场所的加压送风口开启和加压送风机启动。系统中任一常闭加压送风口开启时，加压风机应能自动启动。C、D错，A、B、E对。故本题选CD。

11.【答案】BDE

【解析】根据《火灾自动报警系统设计规范》（GB 50116—2013）4.1.6条，需要火灾自动报警系统联动控制的消防设备，其联动触发信号应采用两个独立的报警触发装置报警信号的“与”逻辑组合。根据4.2.2条，预作用系统的联动控制设计，应符合下列规定：（1）联动控制方式，应由同一报警区域内两只及以上独立的感烟火灾探测器或一只感烟火灾探测器与一只手动火灾报警按钮的报警信号，作为预作用阀组开启的联动触发信号。由消防联动控制器控制预作用阀组的开启，使系统转变为湿式系统；当系统设有快速排气装置时，应联动控制排气阀前的电动阀的开启。湿式系统的联动控制设计应符合本规范第4.2.1条。（2）手动控制方式，应将喷淋消防泵控制箱（柜）的启动和停止按钮、预作用阀组和快速排气阀入口前的电动阀的启动和停止按钮，用专用线路直接连接至设置在消防控制室内的消防联动控制器的手动控制盘，直接手动控制喷淋消防泵的启动、停止及预作用阀组和电动阀的开启。（3）水流指示器、信号阀、压力开关、喷淋消防泵的启动和停止的动作信号，有压气体管道气压状态信号和快速排气阀入口前电动阀的动作信号应反馈至消防联动控制器。A、C错，B、D、E对。故本题选BDE。

第十五节　城市消防远程监控系统

一、单项选择题（每题的备选项中，只有1个最符合题意）

1. 城市远程监控系统应利用目测和实际测量的检查方法对系统的布线进行检查，根据现行国家标准《建筑电气装置工程施工质量验收规范》（GB 50303），下列关于系统布线的说法中，错误的是（　）。

A. 不同电压等级、不同电流类别的线路，不应布在同一管内或线槽的同一槽孔内

B. 布线应在建筑抹灰及地面工程结束，积水及杂物清理干净后进行

C. 并列安装的金属槽盖应便于开启

D. 导线跨越变形缝时应采取补偿措施，一侧应固定，并留有适当余量

2. 城市消防远程监控系统的组件安装质量必须合格，下列检查结果中，需要整改的是（　　）。

A. 用户信息传输装置直接落地牢固安装，标识正确清楚

B. 用户信息传输装置的电缆芯线和导线，留有300mm的余量

C. 用户信息传输装置安装在轻质墙上时，应采取加固措施

D. 用户信息传输装置使用的有线通信设备的网间配合接口应符合国家有关技术标准

3. 下列关于城市消防远程监控系统及系统组件调试的说法中，错误的是（　　）。

A. 调试后应进行试运行，试运行时间不少于1个月

B. 系统调试的前提是联网单位连接的建筑消防设施要调试完毕或开通运行

C. 消防通信指挥中心端进行火警信息终端调试

D. 系统的设计文件和调试记录等文件要形成技术文档，存储备查

4. 根据现行国家标准《城市消防远程监控系统技术规范》（GB 50440），下列关于城市消防远程监控系统竣工后的说法中，错误的是（　　）。

A. 应由建设单位组织相关单位进行工程检测

B. 测试联网用户数量为5个

C. 对系统相关的文件进行审核是检测的前提

D. 检测完毕后，工程是否“合格”由建设单位作出结论

5. 城市消防远程监控系统投入运行满1年后，每半年检查的内容是（　　）。

A. 录音文件　　B. 系统网络安全性

C. 硬盘存储记录　　D. 监控系统日志

6. 消防远程监控系统中如各系统暂时停用时，监控中心管理员的下列做法中，错误的是（　　）。

A. 对于通信服务器系统由监控中心管理员通知各联网用户单位消防安全负责人

B. 对于用户服务系统由监控中心管理员通知消防机构相关使用人员

C. 对于信息查询系统由监控中心管理员通知消防机构相关使用人员

D. 对于报警受理系统软件由监控中心报警受理值班员通知系统管理员

7. 根据现行国家标准《城市消防远程监控系统技术规范》（GB 50440），下列关于远程监控系统应具有的功能的描述中，错误的是（　　）。

A. 接收联网用户的火灾报警信息

B. 为联网用户提供自身的火灾报警信息、建筑消防设施运行状态信息查询

C. 接收联网用户发送的建筑消防设施运行状态信息

D. 对联网用户发送的建筑消防设施运行状态进行数据实时更新

二、多项选择题（每题的备选项中有2个或2个以上符合题意。错选、漏选不得分；少选，所选的每个选项得0.5分）

1. 根据现行国家标准《城市消防远程监控系统技术规范》（GB 50440），消防远程监控系统中，监控中心日常应做好技术文件的记录，并及时归档，妥善保管。下列属于监控中心日常文件的有（　　）。

A. 值班日志

B. 接处警登记表

C. 系统产品的检验报告、合格证及相关材料

D. 交接班登记表

E. 设备运行、巡检及故障记录

2. 下列关于城市消防远程监控系统通信服务器软件定期检查与测试的说法中，正确的有（　　）。

A. 每月检查系统数据库使用情况，必要时对硬盘进行扩充

B. 与监控中心报警受理系统的通信测试 1 次/日

C. 通信服务器软件如因故障维修等原因需要暂时停用的，如停用时间不长可暂不通知各联网用户单位消防安全负责人

D. 与报警受理系统、火警信息终端、用户信息传输装置等其他终端之间时钟检查 2 次/日

E. 每日进行通信服务器软件运行日志整理

3. 根据现行国家标准《城市消防远程监控系统技术规范》（GB 50440），下列关于消防远程监控系统的运行及维护的说法中，错误的有（　　）。

A. 系统的运行及维护应由具有独立法人资格的单位承担

B. 系统的运行操作人员上岗前应具备熟练操作设备的能力

C. 联网用户的建筑消防设施故障造成误报警超过 6 次/日且不能及时修复时，应与监控中心协商处理

D. 联网用户人不得停止火灾自动报警系统的运行

E. 监控中心应及时更新城市消防地理信息

4. 根据现行国家标准《城市消防远程监控系统技术规范》（GB 50440），消防远程监控系统的运行及维护单位的技术人员应由从事（　　）专业人员构成。

A. 计算机软件　　B. 网络通信　　C. 消防设备　　D. 消防安全评估

E. 消防安全监测与检查

答案与解析

一、单项选择题

1.【答案】D

【解析】用户信息传输装置相连接的不同电压等级、不同电流类别的线路，不应布在同一管内或线槽的同一槽孔内，A 对。在建筑抹灰及地面工程结束后，进行管内或线槽内的系统布线，管内或线槽内积水及杂物要清理干净，B 对。槽盖应齐全、平整、无翘角。并列安装时，槽盖应便于开启，C 对。管线经过建筑物的变形缝（包括沉降缝、伸缩缝、抗震缝等）处，应采取补偿措施，导线跨越变形缝的两侧

应固定，并留有适当余量，D 错。故本题选 D。

2.【答案】A

【解析】用户信息传输装置在墙上安装时，其底边距地（楼）面高度宜为 1.3 ~ 1.5m，其靠近门轴的侧面距墙不应小于 0.5m，正面操作距离不应小于 1.2m；落地安装时，其底边宜高出地（楼）面 0.1 ~ 0.2m。用户信息传输装置应安装牢固，不应倾斜；安装在轻质墙上时，应采取加固措施，A 错，C 对。电缆芯线和导线，应留有不小于 200mm 的余量，B 对。用户信息传输装置使用的有线通信设备应根据国家有关电信技术要求安装，网间配合接口、信令等应符合国家有关技术标准，D 对。故本题选 A。

3.【答案】B

【解析】开展系统调试的前提是用户信息传输装置、通信服务器、报警受理系统、信息查询系统、用户管理服务系统、火警信息终端等系统组件按设计要求安装完毕，同时联网单位连接的建筑消防设施（如火灾自动报警系统等）也要调试完毕或开通运行，B 错。故本题选 B。

4.【答案】D

【解析】《城市消防远程监控系统技术规范》（GB 50440—2007）7.1.5 条，系统验收应按附录 D 填写“城市消防远程监控系统验收记录”，验收记录应由建设单位填写，验收结论由参加验收的各方共同商定并签章，D 错。故本题选 D。

5.【答案】A

【解析】城市消防远程监控系统投入运行满 1 年后，每年度对下列内容进行检查：(1) 每半年检查录音文件的保存情况，必要时清理保存周期超过 6 个月的录音文件。(2) 每半年对通信服务器、报警受理系统、信息查询系统、用户服务系统、火警信息终端等组件进行检查、测试。(3) 每年检查系统运行及维护记录等文件是否完备。(4) 每年检查系统网络安全性。(5) 每年检查监控系统日志并进行整理备份。(6) 每年检查数据库使用情况，必要时对硬盘存储记录进行整理。(7) 每年对监控中心的火灾报警信息、建筑消防设施运行状态信息等记录进行备份，必要时清理保存周期超过 1 年的备份信息。故本题选 A。

6.【答案】B

【解析】用户服务系统必须由监控中心管理员进行维护管理，如因故障维修等原因需要暂时停用的，监控中心管理员应提前通知联网用户单位消防安全负责人，B 错。故本题选 B。

7.【答案】B

【解析】《城市消防远程监控系统技术规范》（GB 50440—2007）4.2.1 条，远程监控系统应具有下列功能：(1) 接收联网用户的火灾报警信息，向城市消防通信指挥中心或其他接处警中心传送经确认的火灾报警信息。(2) 接收联网用户发送的建筑消防设施运行状态信息。(3) 为公安消防部门提供查询联网用户的火灾报警信息、建筑消防设施运行状态信息及消防安全管理信息。(4) 为联网用户提供自身的火灾报警信息、建筑消防设施运行状态信息查询和消防安全管理信息。(5) 对联网用户发送的建筑消防设施运行状态和消防安全管理信息进行数据实时更新。故本题选 B。

二、多项选择题

1.【答案】ABDE

【解析】根据《城市消防远程监控系统技术规范》(GB 50440—2007) 8.2.1 条，监控中心应有下列技术文档：(1) 机房管理制度；(2) 操作人员管理制度；(3) 值班日志；(4) 交接班登记表；(5) 接处警登记表；(6) 值班人员工作通话录音录时电子文档；(7) 设备运行、巡检及故障记录；(8) 系统操作与运行安全制度；(9) 应急管理制度；(10) 网络安全管理制度；(11) 数据备份与恢复方案。故本题选 ABDE。

2.【答案】AB

【解析】通信服务器软件投入使用后，要确保软件处于正常工作状态，并保持连续运行，不得擅自关闭软件。通信服务器软件必须由监控中心管理员进行维护管理，如因故障维修等原因需要暂时停用的，监控中心管理员应提前通知各联网用户单位消防安全负责人；恢复启用后，应及时通知各联网用户单位消防安全负责人。C 错。通信服务器软件按照下列要求进行定期检查与测试：与报警受理系统、火警信息终端、用户信息传输装置等其他终端之间时钟检查为 1 次 / 日，D 错；每月进行通信服务器软件运行日志整理，E 错。故本题选 AB。

3.【答案】CD

【解析】根据《城市消防远程监控系统技术规范》(GB 50440—2007) 8.3.3 条，联网用户人为停止火灾自动报警系统等建筑消防设施运行时，应提前通知监控中心，D 错；联网用户的建筑消防设施故障造成误报警超过 5 次/日，且不能及时修复时，应与监控中心协商处理办法。C 错。故本题选 CD。

4.【答案】ABC

【解析】根据《城市消防远程监控系统技术规范》(GB 50440—2007) 8.1.1 条，远程监控系统的运行及维护应由具有独立法人资格的单位承担，该单位的主要技术人员应由从事火灾报警、消防设备、计算机软件、网络通信等专业 5 年以上（含 5 年）经历的人员构成。故本题选 ABC。

第四章　消防安全评估方法与技术

第一节　区域消防安全评估方法与技术

一、单项选择题（每题的备选项中，只有1个最符合题意）

1. 对某区域进行区域火灾风险评估时，应遵照系统性、实用性、可操作性原则进行评估，下列区域火灾评估的流程，正确的是（　　）。

A. 评估指标体系建立–信息采集–风险识别–风险分析与计算–确定评估结论–风险控制

B. 信息采集–评估指标体系建立–风险识别–风险分析与计算–风险控制–确定评估结论

C. 信息采集–风险识别–评估指标体系建立–风险分析与计算–确定评估结论–风险控制

D. 评估指标体系建立–信息采集–风险识别–风险分析与计算–风险控制–确定评估结论

2. 在火灾风险源识别的基础上，进一步分析影响因素及其相互关系，选择出主要因素，然后对各影响因素按照不同的层次进行分类，形成不同层次的评估指标体系。下列区域火灾风险评估指标，划分错误的是（　　）。

A. 火灾危险源划分为一级指标

B. 灭火救援能力划分为一级指标

C. 消防力量划分为一级指标

D. 社会面防控能力划分为一级指标

3. 区域火灾风险评估时，选用客观因素、人为因素、城市公共消防基础设施等进行，此类指标属于（　　）。

A. 一级指标　　B. 二级指标　　C. 三级指标　　D. 四级指标

4. 区域风险评估中，消防力量评估单元分为区域公共消防基础设施和灭火救援能力两类。下列关于消防力量，划分错误的是（　　）。

A. 消防水源属于区域公共消防基础设施

B. 消防车道属于区域公共消防基础设施

C. 万人拥有消防站属于区域公共消防基础设施

D. 消防队员空气呼吸器配备率属于灭火救援能力

5. 对一区域火灾风险进行评估，一级指标包括 A、B 和 C 项内容，一级指标的评分和权重见下表所示，评估结果应用线性加权方法判断该区域最终火灾风险等级为（　　）。

一级指标	A	B	C
评分	85	80	75
权重	0.2	0.4	0.4

A. 极高风险　　B. 高风险　　C. 中风险　　D. 低风险

6. 下列火灾风险分级和火灾等级的对应关系中，错误的是（　　）。

A. 极高风险对应特别重大火灾、重大火灾

B. 高风险对应较大火灾

C. 中风险对应一般火灾

D. 低风险对应较小火灾

7. 下列指标中，属于反映火灾防控水平与经济发展水平关系的指标是（　　）。

A. 千人火灾发生率　　B. 万人火灾发生率

C. 十万人火灾发生率　　D. 亿元 GDP 火灾损失率

8. 火灾风险等级分为四级，其中Ⅲ级中风险等级的量化范围为（　　）。

A. (85，100]　　B. (65，85]　　C. (25，65]　　D. (0，25]

二、多项选择题（每题的备选项中有 2 个或 2 个以上符合题意。错选、漏选不得分；少选，所选的每个选项得 0.5 分）

1. 在建立区域火灾风险评估指标体系时，应遵循的原则有（　　）。

A. 系统性原则　　B. 适用性原则　　C. 实用性原则　　D. 科学性原则

E. 可操作性原则

2. 人为因素引起的火灾，主要表现在（　　）。

A. 用火不慎引起火灾　　B. 不安全吸烟引起火灾

C. 人为纵火　　D. 机械撞击损坏线路导致漏电起火

E. 使用电加热装置时，易爆物品不慎掉入导致爆炸起火

3. 区域火灾风险评估，一般分为二层或三层，每个层次的单元根据需要进一步划分为若干因素，再从火灾发生可能性和火灾危害等方面来分析各因素的火灾风险度，各因素的火灾风险度是进行系统危险分析的基础，在此基础上确定评估对象的火灾风险等级。下列区域火灾风险评估指标，属于二级指标的有（　　）。

A. 消防管理　　B. 消防力量　　C. 火灾预警能力　　D. 区域基础信息

E. 消防宣传教育

答案与解析

一、单项选择题

1. 【答案】C

【解析】区域火灾风险评估可按照以下六个步骤来进行：(1) 信息采集；(2) 风险识别；(3) 评估指标体系建立；(4) 风险分析与计算；(5) 确定评估结论；(6) 风险控制。故本题选C。

2. 【答案】B

【解析】区域火灾风险评估可选择以下几个层次的指标体系结构：(1) 一级指标一般包括火灾危险源、区域基础信息、消防力量和社会面防控能力等。(2) 二级指标一般包括客观因素、人为因素、城市公共消防基础设施、灭火救援能力、火灾预警能力、消防管理、消防宣传教育等。故本题选B。

3. 【答案】B

【解析】区域火灾风险评估可选择以下几个层次的指标体系结构：(1) 一级指标一般包括火灾危险源、区域基础信息、消防力量和社会面防控能力等。(2) 二级指标一般包括客观因素、人为因素、城市公共消防基础设施、灭火救援能力、火灾预警能力、消防管理、消防宣传教育等。故本题选B。

4. 【答案】C

【解析】消防力量评估单元分为区域公共消防基础设施和灭火救援能力两类，(1) 区域公共消防基础设施：①消防道路；②消防水源。(2) 灭火救援能力：①消防装备配置水平：a. 万人拥有消防车；b. 消防队员空气呼吸器配备率；c. 抢险救援主战器材配备率。②万人拥有消防站；③消防通信指挥调度能力。故本题选C。

5. 【答案】C

【解析】$85\times0.2+80\times0.4+75\times0.4=79$，因为 $65<79\leqslant85$，为中风险。故本题选C。

6. 【答案】D

【解析】低风险几乎不可能发生火灾，火灾风险低，火灾风险处于可接受的水平，风险控制重在维护管理。故本题选D。

7. 【答案】D

【解析】亿元GDP火灾损失率属于反映火灾防控水平与经济发展水平关系的指标。故本题选D。

8. 【答案】C

【解析】Ⅰ级低风险等级的量化范围为(85，100]；Ⅱ级中风险等级的量化范围为(65，85]；Ⅲ级高风险等级的量化范围为(25，65]；Ⅳ级极高风险等级的量化范围为(0，25]。故本题选C。

二、多项选择题

1.【答案】ACE

【解析】在建立区域火灾风险评估指标体系时，应遵循原则有系统性原则、实用性原则和可操作性原则。选项B、D属于建筑火灾风险评估指标体系遵循原则。故本题选ACE。

2.【答案】ABC

【解析】选项D、E属于电气引起火灾，是客观因素。故本题选ABC。

3.【答案】ACE

【解析】区域火灾风险评估可选择以下几个层次的指标体系结构：(1) 一级指标一般包括火灾危险源、区域基础信息、消防力量和社会面防控能力等。(2) 二级指标一般包括客观因素、人为因素、城市公共消防基础设施、灭火救援能力、火灾预警能力、消防管理、消防宣传教育等。故本题选ACE。

第二节　建筑火灾风险评估方法与技术

一、单项选择题（每题的备选项中，只有1个最符合题意）

1. 建筑火灾风险评估的目的是消除或减少建筑中存在的不安全因素，应保证建筑在意外发生火灾时的说法中，错误的是（　　）。

A. 保证人员及时、安全撤离　　B. 降低火灾损失

C. 尽快扑救火灾　　D. 提高建筑的经济舒适程度

2. 建筑火灾风险识别是开展火灾风险评估工作所必需的基础环节，为了预防和减少火灾，通常都会按照法律法规采取一些消防安全措施，下列不属于消防安全措施有效性分析的是（　　）。

A. 防止火灾发生　　B. 防止火灾扩散

C. 火灾现场清理　　D. 紧急疏散逃生

3. 经过评估之后，通常情况下极高风险和高风险超出了可接受的风险水平，需要采取一定风险控制措施，将建筑的火灾风险控制在可接受的风险水平以下，下列关于建筑风险控制措施的说法中，错误的是（　　）。

A. 风险减少　　B. 风险消除　　C. 风险自留　　D. 风险转移

4. 经过评估之后，针对建筑的总体评估结果，需要采取一定风险控制措施，将建筑的火灾风险控制于所接受的风险水平以下。常用的风险控制措施包括风险消除、风险减少、风险转移等，不在可燃物附近燃放烟花、电焊作业时清除附近的可燃物属于（　　）。

A. 风险转移　　B. 风险减少　　C. 风险消除　　D. 风险自留

二、多项选择题（每题的备选项中有 2 个或 2 个以上符合题意。错选、漏选不得分；少选，所选的每个选项得 0.5 分）

1. 火灾风险评估的过程就是探索各影响因素之间动态变化的过程，这些影响因素既有有利因素，也有不利因素，在建立建筑火灾风险评估指标体系时，一般应遵循原则的有（　　）。

A. 科学性　　B. 系统性　　C. 经济性　　D. 综合性

E. 适用性

2. 火灾是由于火在时间和空间上失去控制，蔓延而形成的一种灾害性燃烧现象，它通常会造成人或物的损失，《火灾分类》（GB/T 4968—2008）明确了火灾分类的命名及其定义，下列属于火灾五要素的有（　　）。

A. 时间　　B. 空间　　C. 自由基　　D. 可燃物

E. 助燃剂

答案与解析

一、单项选择题

1.【答案】D

【解析】建筑火灾风险评估的目的，是指通过各种手段和方法，消除或减少建筑中存在的不安全因素，防止建筑发生火灾或在意外发生火灾时能够保证人员及时、安全撤离，尽快扑救火灾，降低火灾损失，提高建筑的安全程度。按照建筑消防安全管理工作方式的不同，评估目的又可以分为一般目的和特定目的。故本题选 D。

2.【答案】C

【解析】消防安全措施有效性分析一般可以从以下几个方面入手：防止火灾发生、防止火灾扩散、初起火灾扑救、专业队伍扑救、紧急疏散逃生和消防安全管理。故本题选 C。

3.【答案】C

【解析】常用的建筑风险控制措施包括风险消除、风险减少和风险转移。故本题选 C。

4.【答案】C

【解析】常用的风险控制措施包括风险消除、风险减少、风险转移。风险消除是指消除能够引起火灾的要素，也是控制风险的最有效的方法。风险转移主要通过建筑保险来实现。不在可燃物附近燃放烟花、电焊作业时清除附近的可燃物属于风险消除。故本题选 C。

二、多项选择题

1.【答案】ABDE

【解析】在建立建筑火灾风险评估指标体系时，一般遵循如下原则：（1）科学性；（2）系统性；（3）综合性；（4）适用性。故本题选 ABDE。

2.【答案】ABDE

【解析】影响火灾发生的因素：可燃物、助燃剂、火源、时间和空间是火灾的五个要素。故本题选 ABDE。

第三节　建筑消防性能化设计评估方法与技术

一、单项选择题（每题的备选项中，只有 1 个最符合题意）

1. 消防性能化设计方法在国内各类新型建筑中应用越来越多，发展消防性能化设计，对于促进我国消防科技的发展，提高我国建筑消防防安全水平，提升我国建筑与消防行业应对国际竞争的能力，具有十分重要的意义，下列新建建筑均计划采用性能化设计评估方法，正确的是（　　）。

A. 建筑高度小于 21m 的住宅楼

B. 建筑高度小于 24m 的中学教学楼

C. 建筑室内净空高度 9m 的新型制砖车间

D. 建筑室内净空高度 7m 的大型镀锌钢管仓库

2. 建筑采用性能化设计方案，需要从事性能化设计评估的消防安全评估机构和个人应当取得相应的资质、资格，下列不属于性能化设计基本程序的是（　　）。

A. 确定建筑的消防安全总体目标

B. 确定需要采用性能化设计方法进行设计的问题

C. 确定建筑的使用功能、用途和建筑设计的适用标准

D. 确定采用的性能化设计方法和建筑人为风险等级

3. 疏散场景设计需要考虑影响人员安全疏散的诸多因素，对大多数通道来说，人群的流动依赖于疏散通道的有效宽度而不是实际宽度，在人群和侧墙之间存在一个“边界层”，下列关于剧院座椅边界层厚度的说法中，正确的是（　　）。

A. 座椅边界层的厚度为 9cm　　B. 座椅边界层的厚度为 15cm

C. 座椅边界层的厚度为 10cm　　D. 座椅边界层的厚度为 0

4. 疏散行动时间的计算中，考虑到危险来临时间和疏散行动时间分析中存在的不确定性，需要增加一个安全余量。对于商业建筑安全裕度取值不应小于（　　）的疏散行动时间。

A. 1/4　　B. 3/4　　C. 1/2　　D. 3/5

5. 保证人员安全疏散是建筑防火设计中的一个重要的安全目标。一建筑物危险来临时间为 3min，安全裕度时间取建筑的使用者撤离到安全地带所花的时间的 0.5 倍，该建筑

人员撤离的疏散时间小于（　　）min。

A. 1　　B. 2　　C. 3　　D. 4

6. 下列表示疏散的式子中，不安全的是（　　）。

A. $t_{ASET}>0$　　B. $t_{RSET}>0$　　C. $t_{ASET}>t_{RSET}$　　D. $t_{ASET}<t_{RSET}$

7. 关于疏散时间（t_{REST}）、疏散开始时间（t_{start}）、疏散行动时间（t_{action}）、探测时间（t_d）、报警时间（t_a）、疏散预动时间（t_{pre}）、识别时间（t_{rec}）、反应时间（t_{res}）的关系，下列公式错误的是（　　）。

A. $t_{start}=t_d+t_a+t_{pre}$　　B. $t_{REST}=t_{start}+t_{action}$

C. $t_{pre}=t_{rec}+t_{res}$　　D. $t_{REST}=t_d+t_a+t_{res}+t_{action}$

8. 在消防性能化设计中，如果能够获得所分析可燃物的实际燃烧试验数据，设计火灾增长曲线最好选择的方法是（　　）。

A. 试验数据　　B. 实际数据　　C. 预测数据　　D. 计划数据

9. 人员密度与对应的人员行进速度（　　），即单位时间内通过单位宽度的人流数量，称为流动系数。

A. 之和　　B. 之差　　C. 之积　　D. 相除

10. 火灾对人员的危害主要来源于火灾产生的烟气，烟气的危害性不包括（　　）。

A. 能见度　　B. 温度　　C. 毒性　　D. 颜色

二、多项选择题（每题的备选项中有2个或2个以上符合题意。错选、漏选不得分；少选，所选的每个选项得0.5分）

1. 分析和设计报告是性能化设计能否被批准的关键因素，该报告需要概括分析和设计过程中的全部步骤，并且报告分析和设计结果所提出的格式和方式都要符合审核机构和客户的要求，下列关于性能化设计报告，应包括的内容的有（　　）。

A. 设计方案的描述　　B. 参考的资料、数据

C. 设计方法　　D. 设计目标，不包括制定此目标的理由

E. 火灾场景的选择和设计火灾

2. 多数火灾从点燃到发展再到充分燃烧阶段，火灾中的热释放速率大体上按照时间平方的关系增长，只是增长的速度有快有慢，通常采用“t^2”火灾增长模型对实际火灾进行模拟，从火灾发生至热释放速率达到1MW，所需时间为150s的可燃材料有（　　）。

A. 塑料泡沫　　B. 叠放的木架

C. 木质办公桌　　D. 装满东西的邮袋

E. 棉与聚酯纤维弹簧床垫

3. 常见的性能判定标准可分为生命安全标准和非生命安全标准，下列属于生命安全标准的是（　　）。

A. 热效应　　B. 毒性　　C. 火灾蔓延　　D. 防火分隔物受损

E. 能见度

4. 烟气模拟分析需要首先在软件中输入计算参数，一般火灾模拟需要输入的参数包括（　　）。

A. 人员疏散空间模型　　B. 模型场景物理模型

C. 边界条件　　D. 定义火源

E. 边界层宽度

答案与解析

一、单项选择题

1. 【答案】C

【解析】下列情况不应采用性能化设计评估方法：(1) 国家法律法规和现行国家工程建设消防技术标准有强制性条文规定的。(2) 现行国家工程建设消防技术标准已有明确规定，且无特殊使用功能的建筑。(3) 居住建筑。(4) 医疗建筑、教学建筑、幼儿园、托儿所、老年人建筑、歌舞娱乐游艺场所。(5) 室内净高小于 8.0m 的丙、丁、戊类厂房和丙、丁、戊类仓库。(6) 甲、乙类厂房，甲、乙类仓库，可燃液体、气体储存设施及其他易燃易爆工程或场所。故本题选 C。

2. 【答案】D

【解析】建筑消防性能化设计的基本程序如下：(1) 确定建筑的使用功能、用途和建筑设计的适用标准。(2) 确定需要采用性能化设计方法进行设计的问题。(3) 确定建筑的消防安全总体目标。(4) 进行消防性能化试设计和评估验证。(5) 修改、完善设计，并进一步评估验证，确定是否满足所确定的消防安全目标。(6) 编制设计说明与分析报告，提交审查与批准。故本题选 D。

3. 【答案】D

【解析】根据表 4－3－1，故本题选 D。

表 4－3－1　通道的边界层厚度

类　型	减少的宽度指标/cm	类　型	减少的宽度指标/cm
楼梯间的墙	15	其他的障碍物	10
扶手栏杆	9	宽通道处的墙	<46
剧院座椅	0	门	15
走廊的墙	20		

4. 【答案】C

【解析】对于商业建筑来说，由于人员类型复杂，对周围的环境和疏散路线并不都十分熟悉，所以在选择安全裕度时，取值建议不应小于 1/2 的疏散行动时间。故本题选 C。

5.【答案】B

【解析】设该建筑人员撤离的疏散时间为 x，则 $x+0.5x\leqslant3$，故 $x\leqslant2$（min）。故本题选 B。

6.【答案】D

【解析】因为保证人员安全疏散的判定准则为：$t_{RSET}+T_s<t_{ASET}$，故本题选 D。

7.【答案】D

【解析】$t_{start}=t_d+t_a+t_{pre}$，A 对；$t_{REST}=t_{start}+t_{action}$，B 对；$t_{pre}=t_{rec}+t_{res}$，C 对；$t_{REST}=t_d+t_a+t_{rec}+t_{res}+t_{action}$，D 错。故本题选 D。

8.【答案】A

【解析】本题考查的是火灾场景设计。在性能化设计中，如果能够获得所分析可燃物的实际燃烧试验数据，那么采用试验数据进行火灾增长曲线的设计是最好的选择。故本题选 A。

9.【答案】C

【解析】人员密度与对应的人员行进速度的乘积，即单位时间内通过单位宽度的人流数量，称为流动系数。

10.【答案】D

【解析】火灾对人员的危害主要来源于火灾产生的烟气，主要表现在烟气的热作用和毒性方面，另外对于疏散而言，烟气的能见度也是一个重要的影响因素。所以，在分析火灾对疏散的影响时，一般从烟气的能见度、温度、毒性等方面进行讨论。故本题选 D。

二、多项选择题

1.【答案】ABCE

【解析】该报告包括：(1) 工程的基本信息。(2) 分析或设计目标，包括制定此目标的理由。(3) 设计方法。(4) 性能评估指标。(5) 火灾场景的选择和设计火灾。(6) 设计方案的描述。(7) 消防安全管理。(8) 参考的资料、数据。故本题选 ABCE。

2.【答案】ABD

【解析】从火灾发生至热释放速率达到 1MW，木质办公桌、棉与聚酯纤维弹簧床垫所需时间为 300s，C、E 错。本题选 ABD。

3.【答案】ABE

【解析】选项 C、D 属于非生命安全标准。故本题选 ABE。

4.【答案】BCD

【解析】烟气模拟输入参数有：模型场景物理模型、边界条件、定义火源、定义消防系统；疏散模拟输入参数有：人员疏散空间模型、人员特性、流出系数、边界层宽度。故本题选 BCD。

第四节　人员密集场所消防安全评估方法与技术

一、单项选择题（每题的备选项中，只有1个最符合题意）

1. 人员密集场所涉及的场所功能繁多、建筑类型多样、建设时间不一，评估标准具有不一致性。下列关于人员密集场所消防安全评估工作程序和步骤的说法中，正确的是（　　）。

A. 评估工作程序和步骤包括前期准备、评估判定、现场检查和报告编制

B. 评估工作程序和步骤包括现场检查、评估准备、模拟分析和建议措施

C. 评估工作程序和步骤包括前期准备、现场检查、评估判定和报告编制

D. 评估工作程序和步骤包括前期准备、现场检查、报告编制和建议措施

2. 人员密集场所消防安全评估现场检查，应根据具体场所和相关技术标准规范的要求，编制评估指标体系和公共检查表，关于问卷调查对象不应少于（　　）人。

A. 3　　B. 4　　C. 5　　D. 6

3. 人员密集场所消防安全评估，需要前期准备工作等程序及步骤，下列关于前期准备工作内容的说法中，错误的是（　　）。

A. 问卷调查

B. 明确消防安全评估对象和评估范围

C. 收集消防安全评估需要的相关资料

D. 确定评估对象适用的消防法律法规、技术标准规范

4. 人员密集场所消防安全评估现场检查采取抽查形式时，下列关于抽查基本原则的说法中，正确的是（　　）。

A. 对防火分区进行抽查时，抽样位置应至少包括建筑的首层、顶层与地下层

B. 对防火间距、消防车道的设置及疏散楼梯的形式和数量应全部检查

C. 对安全疏散设施及消防设施进行抽查时，各设施、设备的抽样数量不少于2处

D. 当抽查到的设施设备有不合格检查项时，对该设施设备再抽样检查4处

二、多项选择题（每题的备选项中有2个或2个以上符合题意。错选、漏选不得分；少选，所选的每个选项得0.5分）

1. 人员密集场所消防安全评估，关于现场检查时可选用的检查方法有（　　）。

A. 问卷调查　　B. 外观检查　　C. 功能测试　　D. 经济核算

E. 资料核对

2. 人员密集场所消防安全评估现场检查，应根据具体场所和相关技术标准规范的要求，编制评估指标体系和公共检查表。下列关于大型商场消防安全评估时，问卷调查对象应包括（　　）。

A. 消防安全管理人　　B. 自喷系统操作人员

C. 已购物的顾客　　　　　　　　　D. 一般员工

E. 消防控制室值班人员

3. 下列关于人员密集场所消防安全评估判定标准的说法中，正确的有（　　）。

A. 检查项分为三类，分别是严重缺陷项（A 项）、重缺陷项（B 项）与轻缺陷项（C 项）

B. 未按规定设置自动消防系统的，可直接判定评估结论等级为差

C. 一年内发生一次以上（含）一般火灾的，可直接判定评估结论等级为差

D. B、C 项又分别分为 B_1、B_2 和 C_1、C_2 项

E. C 项折算至 B 项，两个 C_1 项相当于一个 B_1 项，两个 C_2 项相当于一个 B_2 项

答案与解析

一、单项选择题

1.【答案】C

【解析】人员密集场所消防安全评估工作程序和步骤主要包括前期准备、现场检查、评估判定和报告编制。故本题选 C。

2.【答案】C

【解析】问卷调查对象不应少于 5 人，包括但不限于消防安全管理人员、自动消防系统的操作人员、志愿消防队员及一般员工。故本题选 C。

3.【答案】A

【解析】前期准备工作包括：明确消防安全评估对象和评估范围；收集消防安全评估需要的相关资料，确定评估对象适用的消防法律法规、技术标准规范；编制评估计划等。故本题选 A。

4.【答案】B

【解析】人员密集场所消防安全评估现场检查抽查的基本原则如下：(1) 对防火间距、消防车道的设置及疏散楼梯的形式和数量应全部检查，B 对；(2) 对防火分区进行抽查时，抽样位置应至少包括建筑的首层、顶层、标准层与地下层，A 错；(3) 对安全疏散设施及消防设施进行抽查时，各设施、设备的抽样数量不少于 2 处，当总数不大于 2 处时，全部检查，C 错；当抽查到的设施设备有不合格检查项时，对该设施设备再抽样检查 4 处，不足 4 处时，全部检查，D 错。故本题选 B。

二、多项选择题

1.【答案】ABCE

【解析】现场检查时可选用的检查方法包括资料核对、问卷调查、外观检查、功能测试等，实际检查时可采用单一方法或几种方法的组合。故本题选 ABCE。

2.【答案】ABDE

【解析】问卷调查对象不应少于5人，包括但不限于消防安全管理人员、自动消防系统的操作人员、志愿消防队员及一般员工。故本题选ABDE。

3.【答案】BDE

【解析】检查项分为三类，分别是直接判定项（A项）、关键项（B项）与一般项（C项），A错。一年内发生一次较大以上（含）火灾或两次以上（含）一般火灾的，可直接判定评估结论等级为差，C错。故本题选BDE。

第五章　消防安全管理

第一节　消防安全管理概述

一、单项选择题（每题的备选项中，只有1个最符合题意）

1. 消防管理的原则有谁管谁负责的原则、依靠群众的原则、依法管理的原则、科学管理的原则、综合治理的原则这五个方面的原则，单位的领导和主管或职能部门依照国家立法机关和行政机关制定颁发的法律、法规和规章，对消防安全事务，做到有法必依属于（　　）原则。

A. 谁主管谁负责　B. 依靠群众　C. 依法管理　D. 科学管理

2.（　　）主要是指针对被管理者的消防安全违法违规行为，利用各种舆论媒介进行曝光和揭露，制止违法行为以伸张正义，并通过反面教育达到警醒世人的消防安全管理目标的方法。

A. 宣传教育方法　B. 行为激励方法　C. 咨询顾问方法　D. 舆论监督方法

3. 消防安全管理活动同其他活动相比较，有它专有的特性，从某一系统的诞生、运转、维护、消亡的生存发展进程上看，消防安全管理活动具有（　　）特征。

A. 全过程性　B. 全员性　C. 全方位性　D. 强制性

4. 消防安全管理的方法是指消防安全管理主体对消防安全管理对象施加作用的基本方法或者是消防安全管理主体行使消防安全管理职能的基本手段，分为基本方法和技术方法两大类，下列各选项不属于基本方法的是（　　）。

A. 舆论监督方法　B. 咨询顾问方法　C. 行政方法　D. 因果分析法

5.（　　）主要是指利用各种信息传播手段，向被管理者传播消防法规、方针、政策、任务和消防安全知识以及技能，使被管理者树立安全意识和观念，激发正确的行为，去实现消防安全管理目标的方法。

A. 经济奖励方法　B. 行为激励方法　C. 宣传教育方法　D. 咨询顾问方法

二、多项选择题（每题的备选项中有2个或2个以上符合题意。错选、漏选不得分；少选，所选的每个选项得0.5分）

1. 消防安全管理的方法是指消防安全管理主体对消防安全管理对象施加作用的基本方法或者是消防安全管理主体行使消防安全管理职能的基本手段，分为基本方法和技术方法两大类，下列选项中，属于技术方法的有（　　）。

A. 行政方法　　　　B. 行为激励方法

C. 安全检查表分析方法　　　　D. 因果分析方法

E. 事故树分析方法

2.《中华人民共和国消防法》确定的我国消防工作原则"政府统一领导，部门依法监督、单位全面负责、公民积极参与"，下列选项中，属于消防安全管理活动主体的有（　　）。

A. 政府　　B. 社区　　C. 部门　　D. 单位

E. 个人

答案与解析

一、单项选择题

1.【答案】C

【解析】位的领导和主管或职能部门依照国家立法机关和行政机关制定颁发的法律、法规和规章，对消防安全事务，做到有法必依属于依法管理原则。故本题选 C。

2.【答案】D

【解析】舆论监督方法主要是指针对被管理者的消防安全违法违规行为，利用各种舆论媒介进行曝光和揭露，制止违法行为以伸张正义，并通过反面教育达到警醒世人的消防安全管理目标的方法。故本题选 D。

3.【答案】A

【解析】从某一系统的诞生、运转、维护、消亡的生存发展进程上看，消防安全管理活动具有全过程性特征。故本题选 A。

4.【答案】D

【解析】因果分析法属于技术方法。故本题选 D。

5.【答案】C

【解析】宣传教育方法主要是指利用各种信息传播手段，向被管理者传播消防法规、方针、政策、任务和消防安全知识以及技能，使被管理者树立安全意识和观念，激发正确的行为，去实现消防安全管理目标的方法。故本题选 C。

二、多项选择题

1.【答案】CDE

【解析】AB 都是基本方法。故本题选 CDE。

2.【答案】ACDE

【解析】政府、部门、单位、个人这四者是消防工作的主体。故本题选 ACDE。

第二节　社会单位消防安全管理

一、单项选择题（每题的备选项中，只有1个最符合题意）

1. 下列不属于消防重点单位的是（　　）。

A. 建筑面积在1500m² 且经营难燃商品的市场

B. 客房数为50间的旅馆

C. 老人住宿床位为50张的养老院

D. 候车厅、候船厅的建筑面积600m² 的客运车站和客运码头

2. 落实消防安全责任制，制定本单位的消防安全制度、消防安全操作规程，制定灭火和应急预案，对建筑消防设施（　　）应至少进行（　　）全面检查，确保完好有效，检测记录应当确保准确，存档备查。

A. 每日，一次　　B. 每周，两次　　C. 每月，两次　　D. 每年，一次

3. 消防安全重点单位除了消防安全责任人对单位的消防安全工作全面负责之外还应当明确消防安全管理人，同时要履行下列消防安全职责，其中错误的是（　　）。

A. 确定消防安全管理人，组织实施本单位的消防安全管理工作

B. 建立消防档案，确定消防重点部位，设置防火标志，实行严格管理

C. 实行每周防火巡查并建立巡查记录

D. 对职工进行岗前消防安全培训，定期组织消防安全培训和消防演练；每半年进行一次演练，并不断完善预案

4. 下列关于单位消防安全职责中对组织火灾扑救和配合火灾调查的职责说法中，错误的是（　　）。

A. 发生火灾时，单位应当立即实施灭火和应急预案，务必做到及时报警，及时疏散人员

B. 任何单位都应当无条件地为报火警提供便利，不得阻拦报警

C. 火灾扑灭后，发生火灾的单位和相关人员应当按照消防救援机构的要求保护现场

D. 火灾发生后应立即清理火灾现场

5. 消防重点部位的管理，应从管理的民主性、系统性、和科学性着手，做好几个方面的管理，以保障单位的消防安全。下列关于消防重点部位的管理措施中，错误的是(　　)。

A. 制度管理　　B. 标识化管理　　C. 火灾隐患管理　　D. 档案管理

6. 下列关于消防安全重点单位申报的说法中，正确的是（　　）。

A. 个体工商户如符合企业登记标准且经营规模符合消防安全重点单位界定标准，应当向当地消防机构备案

B. 重点工程的施工现场符合消防安全重点单位界定标准的，由建设单位负责申报备案

C. 同一栋建筑物中各自独立的产权单位或者使用单位，符合重点单位界定标准的，应由主要法人代表统一进行申报备案

D. 符合消防安全重点单位界定标准，在同一地点有隶属关系，不论是否具备独立法人资格，都应当由上级公司申报备案

7. 下列关于消防安全重点单位“三项”报告备案制度的说法中，错误的是（　　）。

A. 消防安全重点单位依法确定的消防安全责任人、自确定或变更之日起 5 个工作日内，向当地消防机构报告备案

B. 设有建筑消防设施的消防安全重点单位，应当对建筑消防设施进行日常维护保养，并每年至少进行一次功能检测

C. 提供消防设施维护保养和检测的技术服务机构，自签订维护保养合同之日起 7 个工作日内向当地消防机构报告备案

D. 针对消防安全重点单位的消防安全管理情况，每月组织一次自我评估

8. 根据现行国家标准《重大火灾隐患判定方法》（GB 35181），下列描述中，应直接判定为重大火灾隐患的是（　　）。

A. 人员密集场所、高层建筑和地下建筑未按国家工程建设消防技术标准的规定设置防烟、排烟设施

B. 旅馆、公共娱乐场所、商店、地下人员密集场所未按规定设置火灾自动报警系统

C. 消防用电设备的供电负荷级别不符合国家工程建设消防技术标准的规定

D. 社会单位未按消防法律法规要求设置专职消防队

9. 根据现行国家标准《重大火灾隐患判定方法》（GB 35181），下列描述中，应直接判定为重大火灾隐患的是（　　）。

A. 未按国家工程建设消防技术标准的规定设置消防水源、储存泡沫液等灭火剂

B. 托儿所、幼儿园的儿童用房以及老年人活动场所，所在楼层位置不符合国家工程建设消防技术标准的规定

C. 未按国家工程建设消防技术标准的规定设置室外消防给水系统或者已设置但不符合标准的规定或者不能正常使用

D. 未按国家工程建设消防技术标准的规定设置室内消火栓系统或者已设置但不符合标准的规定或者不能正常使用

二、多项选择题（每题的备选项中有 2 个或 2 个以上符合题意。错选、漏选不得分；少选，所选的每个选项得 0.5 分）

1. 下列关于消防管理人应当履行的消防安全责任的说法中，正确的有（　　）。

A. 贯彻执行消防法规，保障单位消防安全符合规定，掌握本单位的消防安全情况

B. 为本单位的消防安全提供必要经费和组织保障

C. 组织防火检查，督促落实火灾隐患整改，及时处理涉及消防安全的重大问题

D. 拟订年度消防工作计划，组织实施日常消防安全管理工作

E. 拟定消防安全工作的资金投入和组织保障方案

2. 下列关于消防安全重点单位申报的说法中，错误的有（　　）。

A. 个体工商户如符合企业登记标准且经营规模符合消防安全重点单位界定标准的，要向当地消防机构备案

B. 重点工程的施工现场符合消防安全重点单位界定标准的，由建设单位负责申报备案

C. 为避免重复申报，同一栋建筑物中各自独立的产权单位或者使用单位，符合重点单位界定标准的，应当联合申报备案

D. 符合消防安全重点单位的界定标准，不在同一县级行政区域且有隶属关系的单位，法人单位要向所在地消防机构申报备案

E. 符合消防安全重点单位的界定标准，同一县级行政区域内且有隶属关系的单位，下属单位具备法人资格的，无需向所在地消防机构申报备案

3. 下列情形中，应确定为火灾隐患的有（　　）。

A. 影响人员安全疏散或者灭火救援行动，不能立即改正的

B. 消防设施未保持完好有效，影响防火灭火功能的

C. 擅自改变使用功能，降低建筑的火灾危险性的

D. 在人员密集场所违反消防安全规定，使用、储存易燃易爆危险品，不能立即改正的

E. 不符合城市消防安全布局要求，影响公共安全的

4. 根据现行国家标准《重大火灾隐患判定方法》（GB 35181），下列描述中，应直接判定为重大火灾隐患的有（　　）。

A. 生产、储存和装卸易燃易爆危险品的工厂、仓库和专用车站、码头、储罐区，未设置在城市的边缘或者相对独立的安全地带

B. 生产、储存、经营易燃易爆危险品的场所与人员密集场所、居住场所设置在同一建筑物内，或者与人员密集场所、居住场所的防火间距小于国家工程建设消防技术标准规定值的75%

C. 城市建成区内的加油站、天然气或者液化石油气加气站、加油加气合建站的储量达到或者超过一级站

D. 甲、乙类生产场所和仓库设置在建筑的地下室或者半地下室

E. 地下车站的站厅乘客疏散区、站台及疏散通道内设置商业经营活动场所

答案与解析

一、单项选择题

1.【答案】A

【解析】建筑面积在1000m²（含本数，下同）以上且经营可燃商品的商场（商店、

市场）。故本题选 A。

2.【答案】D

【解析】对建筑消防设施每年应至少进行一次全面检查，确保完好有效，检测记录应当确保准确，存档备查。故本题选 D。

3.【答案】C

【解析】实行每日防火巡查并建立巡查记录，C 错。故本题选 C。

4.【答案】D

【解析】未经消防救援机构同意，不得擅自清理火灾现场。故本题选 D。

5.【答案】C

【解析】消防重点部位的管理包括：制度管理、标识化管理、教育管理、档案管理、日常管理和应急管理六个方面。故本题选 C。

6.【答案】A

【解析】重点工程的施工现场符合消防安全重点单位界定标准的，由施工单位负责申报备案，B 错；同一栋建筑物中各自独立的产权单位或者使用单位，符合重点单位界定标准的，由各个单位分别独立申报备案，C 错；符合消防安全重点单位界定标准，在同一地点有隶属关系，下属单位如具备法人资格，应当独立申报备案，D 错。故本题选 A。

7.【答案】C

【解析】提供消防设施维护保养和检测的技术服务机构签订维护保养合同之日起 5 个工作日内向当地消防机构报告备案。故本题选 C。

8.【答案】B

【解析】根据《重大火灾隐患判定方法》（GB 35181—2017）6.6 条，直接判定要素包括：旅馆、公共娱乐场所、商店、地下人员密集场所未按国家工程建设消防技术标准的规定设置自动喷水灭火系统或火灾自动报警系统。根据 7.5 条、7.6 条和 7.8 条，选项 A、C、D 均为重大火灾隐患综合判定要素。故本题选 B。

9.【答案】B

【解析】根据《重大火灾隐患判定方法》（GB 35181—2017）6.9 条，托儿所、幼儿园的儿童用房以及老年人活动场所，所在楼层位置不符合国家工程建设消防技术标准的规定，故 B 选项可直接判定。根据 7.4.1 条、7.4.2 条和 7.4.3 条，选项 A、C、D 均属于重大火灾隐患综合判定要素，故错误。故本题选 B。

二、多项选择题

1.【答案】DE

【解析】选项 A、B、C 为消防责任人应履行的职责。故本题选 DE。

2.【答案】BCE

【解析】单位申报时需要注意下列要求：个体工商户如符合企业登记标准且经营规

模符合消防安全重点单位界定标准的，要向当地消防机构备案，A 对。重点工程的施工现场符合消防安全重点单位界定标准的，由施工单位负责申报备案，B 错。同一栋建筑物中各自独立的产权单位或者使用单位，符合重点单位界定标准的，应当各自独立申报备案，C 错。符合消防安全重点单位的界定标准，不在同一县级行政区域且有隶属关系的单位，法人单位要向所在地消防机构申报备案，D 对。同一县级行政区域内且有隶属关系的单位，下属单位具备法人资格的，各单位都需向所在地消防机构申报备案，E 错。故本题选 BCE。

3.【答案】ABDE

【解析】具有下列情形之一的，确定为火灾隐患：影响人员安全疏散或者灭火救援行动，不能立即改正的，A 对。消防设施未保持完好有效，影响防火灭火功能的，B 对。擅自改变防火分区，容易导致火势蔓延、扩大的，C 错。在人员密集场所违反消防安全规定，使用、储存易燃易爆危险品，不能立即改正的，D 对。不符合城市消防安全布局要求，影响公共安全的，E 对。故本题选 ABDE。

4.【答案】ABCD

【解析】根据《重大火灾隐患判定方法》（GB 35181—2017）6.1 条，生产、储存和装卸易燃易爆危险品的工厂、仓库和专用车站、码头、储罐区，未设置在城市的边缘或者相对独立的安全地带，故 A 选项可以直接判定。根据 6.2 条，生产、储存、经营易燃易爆危险品的场所与人员密集场所、居住场所设置在同一建筑物内，或者与人员密集场所、居住场所的防火间距小于国家工程建设消防技术标准规定值的 75%，故 B 选项可直接判定。根据 6.3 条，城市建成区内的加油站、天然气或者液化石油气加气站、加油加气合建站的储量达到或者超过 GB 50156 对一级站的规定，故 C 选项可直接判定。根据 6.4 条，甲、乙类生产场所和仓库设置在建筑的地下室或者半地下室，故 D 选项可直接判定。根据 7.1.4 条，E 选项属于综合判定因素，不属于直接判定因素，故错误。故本题选 ABCD。

第三节 社会单位消防安全宣传与教育培训

一、单项选择题（每题的备选项中，只有 1 个最符合题意）

1. 单位应制定灭火和应急疏散预案，张贴逃生疏散路线图。消防安全重点单位至少（ ）、其他单位至少（ ）组织一次灭火、逃生疏散演练。

A. 每月，每年 B. 每半年，每年 C. 每年，每年 D. 每季度，每年

2. 下列关于消防教育培训内容和形式的说法中，错误的是（ ）。

A. 组织学生到当地消防站参观体验

B. 学校应每学年至少组织学生开展一次应急疏散演练

C. 结合不同课程实验课的特点和要求，对学生进行有针对性的消防教育培训

D. 学生应在重大节日和民俗活动期间，开展防火和灭火消防教育培训

3. 下列关于社会单位消防安全宣传教育培训的描述中，错误的是（　　）。

A. 新上岗的员工，进行上岗前消防安全培训

B. 在火灾多发季节、农业收获季节和重大节假日，组织开展有针对性的消防宣传教育

C. 在岗的员工，每半年至少一次消防安全培训，并通过多种形式开展经常性的消防安全宣传教育

D. 建筑面积为500m^2的歌舞厅，员工每半年至少进行一次灭火和应急疏散演练

4. 公众聚集场所对员工的消防安全培训应当至少每（　　）进行一次。

A. 一个月　　B. 三个月　　C. 六个月　　D. 十二个月

5. 下列关于职工消防安全教育培训内容的描述中，错误的是（　　）。

A. 消防设施和灭火器材的生产工艺　　B. 本单位的火灾危险性

C. 防火灭火措施　　D. 人员疏散逃生知识

6. 各单位应根据自身特点，建立健全消防安全教育培训制度，明确机构和人员，保障教育培训工作经费，按规定对职工进行上岗前消防教育培训，下列说法中，错误的是（　　）。

A. 对新上岗和进入新岗位的职工进行上岗前消防教育培训

B. 对在岗的职工每年至少两次进行一次消防培训

C. 消防安全重点单位每半年至少组织一次灭火和应急疏散演练

D. 定期开展全员消防教育培训

7. 下列关于学校消防安全宣传的主要内容和形式的描述中，错误的是（　　）。

A. 每学年组织师生开展消防知识竞赛

B. 利用“119”宣传日开展消防安全宣传活动

C. 每名参加消防安全志愿活动的同学在校期间总活动时长2h

D. 每周在学校电视和广播里播放消防安全内容

8. 下列人员中，应当接受消防安全专门培训并持证上岗的是（　　）。

A. 消防安全责任人　　B. 消防安全管理人

C. 专、兼职消防管理人员　　D. 消防控制室的值班、操作人员

二、多项选择题（每题的备选项中有2个或2个以上符合题意。错选、漏选不得分；少选，所选的每个选项得0.5分）

1. 开展消防安全宣传与教育培训是促进消防工作社会化的有力抓手，是适应新形势下单位消防安全管理的需要，下列属于我国消防宣传与教育培训原则的有（　　）。

A. 政府统一领导　　B. 部门依法监管　　C. 单位全面负责　　D. 公民积极参与

E. 社团踊跃响应

2. 各单位根据自身特点，建立健全消防安全教育培训制度，明确机构和人员，保障教育培训工作经费，重点对下列人员进行不同形式的消防安全教育培训，正确的有（　　）。

A. 新上岗员工的岗前培训　　B. 员工离职前的离岗培训

C. 新入岗员工的岗前培训　　D. 在岗职工定期培训

E. 管理人员的专业培训

3. 公共娱乐场所是群众开展各项文化娱乐活动的主要场所。其火灾危险性主要包括：可燃装修材料多、火灾荷载大、用电设备多、货源控制难、人员流动性大、疏散困难等。一旦发生火灾，极易造成群死群伤恶性火灾事故，消防宣传与教育培训极为重要。下列关于公共娱乐场所消防宣传工作的说法中，正确的有（　　）。

A. 确定专职消防宣传教育人员

B. 悬挂或张贴消防宣传标语

C. 员工上岗、转岗和离岗前要经过消防安全培训

D. 在显著部位和每个楼层提示场所的火灾危险性，在疏散通道、安全出口位置及逃生路线提示消防器材的位置和使用方法

E. 对在岗人员至少每年进行一次消防安全教育

答案与解析

一、单项选择题

1.【答案】B

【解析】消防安全重点单位至少每半年、其他单位至少年组织一次灭火、逃生疏散演练。故本题选 B。

2.【答案】D

【解析】学习消防安全教育培训的主要内容和形式：（1）在开学初、放寒（暑）假前、学生军训期间，对学生普遍开展专题消防教育培训；（2）结合不同课程实验课的特点和要求，对学生进行有针对性的消防教育培训；（3）组织学生到当地消防站参观体验；（4）每学年至少组织学生开展一次应急疏散演练；（5）对寄宿学生开展经常性的安全用火用电教育培训和应急疏散演练。故本题选 D。

3.【答案】B

【解析】B 选项是针对农村的消防安全宣传的主要形式和内容，其他选项均属于社会单位的主要形式和内容。故本题选 B。

4.【答案】C

【解析】根据《机关、团体、企业、事业单位消防安全管理规定》（公安部令第 61 号）第三十六条，公众聚集场所对员工的消防安全培训应当至少每半年进行一次。故本题选 C。

5.【答案】A

【解析】职工的消防安全教育培训内容主要包括：本单位的火灾危险性、防火灭火

措施、消防设施及灭火器材的操作使用方法、人员疏散逃生知识等。故本题选 A。

6.【答案】B

【解析】对在岗的职工每年至少一次进行一次消防培训。故本题选 B。

7.【答案】C

【解析】普通高中、中等职业学校、高等学校应鼓励学生参加消防安全志愿服务活动，将学生参与消防安全活动纳入校外社会实践、志愿活动考核体系，每名学生在校期间参加消防安全志愿活动应不少于 4h，C 错。故本题选 C。

8.【答案】D

【解析】根据《机关、团体、企业、事业单位消防安全管理规定》（公安部令第 61 号）第三十八条，下列人员应当接受消防安全专门培训：（1）单位的消防安全责任人、消防安全管理人；（2）专、兼职消防管理人员；（3）消防控制室的值班、操作人员；（4）其他依照规定应当接受消防安全专门培训的人员。前款规定中的第（3）项人员应当持证上岗。故本题选 D。

二、多项选择题

1.【答案】ABCD

【解析】消防安全宣传与教育培训的原则是按照“政府统一领导、部门依法监管、单位全面负责、公民积极参与”的原则，实行消防安全宣传与教育培训责任制，故只有 E 选项不符合，故本题选 ABCD。

2.【答案】ACDE

【解析】各单位根据自身特点，建立健全消防安全教育培训制度，明确机构和人员，保障教育培训工作经费，重点对下列人员进行不同形式的消防安全教育培训：（1）新上岗和进入新岗位的职工岗前培训。（2）在岗的职工定期培训。（3）消防安全管理相关人员专业培训，故本题选 ACDE。

3.【答案】ABD

【解析】员工上岗、转岗前，应经过岗前消防安全培训，在培训中表现合格方能上岗、转岗，C 错。对在岗人员至少半年进行一次消防安全教育，E 错。故本题选 ABD。

第四节　应急预案编制与演练

一、单项选择题（每题的备选项中，只有 1 个最符合题意）

1. 火情预想即对单位可能发生火灾做出的有依据、符合实际的设想，下列描述中，错误的是（　　）。

A. 重点部位，同一个重点部位只假设 1 个起火点

B. 起火物品及蔓延条件，燃烧面积（范围）和主要蔓延的方向

C. 可能造成的危害和影响（如可燃液体的燃烧、压力容积的爆炸、结构的倒塌、人员伤亡、被困情况等）以及火情发展变化趋势、可能造成的严重后果等

D. 区分白天和夜间、营业期间和非营业期间

2. 根据《机关、团体、企业、事业单位消防安全管理规定》（公安部令第61号），下列不属于应急预案编制内容的是（　　）。

A. 应急组织机构　　B. 报警和接警处置程序

C. 员工的消防培训计划　　D. 应急疏散的组织程序和措施

3. 消防应急预案演练可以按照组织形式、演练内容、演练目的与作用等不同分类方法进行划分。下列属于按照演练内容划分的是（　　）。

A. 检验性演练　　B. 示范性演练　　C. 研究性演练　　D. 综合性演练

4. 某消防安全重点单位根据有关规定制定了消防应急疏散预案，将疏散引导工作分为四大块。下列工作内容中，不属于疏散引导工作内容的是（　　）。

A. 根据火灾情况划定安全区　　B. 拨打“119”电话

C. 明确疏散引导责任人　　D. 根据需要及时变更疏散路线

5. 某商业中心制定了消防应急预案，内容包括初期火灾处置程序和措施。下列处置程序和措施的描述中，错误的是（　　）。

A. 发现火灾时，起火部位现场员工应当于3min内形成灭火第一战斗力量

B. 发现起火时，应立即打“119”电话报警

C. 发现起火时，安全出口或通道附近的员工应在第一时间负责引导人员进行疏散

D. 发现火灾时，消火栓附近的员工应立即利用消火栓灭火

6. 应急预案的编制内容应包括单位基本情况、应急组织机构、火情预想、报警和接警处置程序、初起火灾处置程序和措施、应急疏散的组织程序和措施、安全防护救护和通信联络的程序及措施、绘制灭火和应急疏散计划图、注意事项等。其中，重点部位假设起火点属于（　　）。

A. 基本情况　　B. 应急组织机构

C. 火情预想　　D. 报警和接警处置程序

7. 发现火灾时，起火部位现场员工应当于（　　）min内形成灭火第一战斗力量；若火势扩大，单位应当于（　　）min内形成灭火第二战斗力量，并采取相应措施。

A. 1，5　　B. 3，5　　C. 1，3　　D. 2，5

8. 应急疏散演练根据组织形式、演练内容、演练目的与作用等不同分类方法划分，应急预案演练分为不同种类，参演人员利用地图、沙盘、流程图、计算机模拟、视频会议等辅助手段，针对事先假定的演练情景，讨论和推演应急决策及现场处置的过程，从而促进相关人员掌握应急预案中所规定的职责和程序，提高指挥决策和协同配合能力，这种演练属于（　　）。

A. 桌面演练　　B. 实战演练　　C. 模拟演练　　D. 全员演练

9. 下列演练方式中，不属于按演练目的与作用划分的是（　　）。

A. 检验性演练　　B. 单向演练　　C. 示范性演练　　D. 研究性演练

10. 应急预案演练准备工作主要有制定演练计划，设计演练方案，演练动员与培训，应急预案演练保障。下列选项中，不属于演练计划主要内容的是（　　）。

A. 确定演练目的　　B. 分析演练需求　　C. 确定演练范围　　D. 演练方案评审

11. 下列有关应急预案演练结束与终止的说法中，错误的是（　　）。

A. 演练完毕，由总策划发出结束信号，演练总指挥宣布演练结束

B. 保障部负责组织人员对演练现场进行清理和恢复

C. 出现真实突发事件，需要参演人员参与应急处置时，要终止演练，使参演人员迅速回归其工作岗位，履行应急处置职责

D. 出现特殊或意外情况，必须立即终止演练

12. 有消防控制室的场所，值班员接到火情消息后，首先要做的是（　　）。

A. 立即报告消防队和值班负责人

B. 通知灭火行动组人员前往着火地点

C. 立即通知有关人员前往核实火情

D. 立即启动预案，组织指挥初期火灾的扑救和人员疏散工作

13. 应急预案中需要明确火灾发生后，扑救初起火灾、引导人员疏散的基本程序、要求。当火势扩大时，单位相关部门及人员的下列做法中，错误的是（　　）。

A. 通信联络人员向火场指挥员报告火灾情况

B. 灭火行动组根据火灾情况利用本单位的消防器材、设施扑救火灾

C. 疏散引导组按分工组织引导现场人员疏散

D. 安全防护救护组阻止无关人员进入火场，维持火场秩序

14. 火场指挥部根据火灾的发展情况，决定发出疏散通报，通报的楼层有：①着火层以上各层；②着火层；③有可能蔓延的着火层以下的楼层，下列通报次序正确的是（　　）。

A. ①②③　　B. ②①③　　C. ③①②　　D. ②③①

15. 演练方案由文案组编写，通过评审后由演练领导小组批准，必要时还需报有关主管单位同意并备案。下列选项中，不属于演练方案主要内容的是（　　）。

A. 设计演练情景与实施步骤

B. 编制演练经费预算，明确演练经费筹措渠道

C. 确定演练目标

D. 演练方案评审

16. 应急组织单位要高度重视演练组织与实施全过程的安全保障工作，下列关于保障工作中注意事项的描述中，错误的是（　　）。

A. 大型或高风险演练活动要按规定制定专门应急预案，采取预防措施

B. 关键部位和环节可能出现的突发事件进行针对性演练

C. 演练出现意外情况时，演练总指挥可自行决定提前终止演练

D. 对可能影响公众生活、易于引起公众误解和恐慌的应急演练，应提前向社会发布公告

17. 下列关于应急预案演练总结的说法中，错误的是（　　）。

A. 现场总结的主要内容包括本阶段的演练目标、参演队伍及人员的表现、演练中暴露的问题、解决问题的办法等

B. 演练总结包括现场总结和事后总结

C. 演练参与单位不允许对演练情况进行总结

D. 演练结束后应由文案组根据演练记录、演练评估报告、应急预案、现场总结等材料，对演练进行系统和全面的总结

18. 下列不属于应急预案演练评估与总结内容的有（　　）。

A. 设计演练评估标准与方法　　B. 成果运用

C. 文件归档与备案　　D. 考核与奖惩

二、多项选择题（每题的备选项中有 2 个或 2 个以上符合题意。错选、漏选不得分；少选，所选的每个选项得 0.5 分）

1. 消防安全重点单位制定的灭火和应急疏散预案应当包括（　　）。

A. 组织机构　　B. 报警和接警处置程序

C. 应急疏散的组织程序和措施　　D. 抢救财产的程序和措施

E. 通信联络、安全防护救护的程序和措施

2. 消防安全重点单位制定的灭火和应急疏散预案的组织机构应包括（　　）。

A. 灭火行动组　　B. 通信联络组

C. 疏散引导组　　D. 安全防护救护组

E. 防火检查组

3. 应急疏散演练结束后，单位还应当对演练工作进行评估、总结，根据演练工作的经验和教训，制定、完善改进措施，提高演练和实战能力。下列选项中，属于应急预案演练评估与总结的有（　　）。

A. 演练评估　　B. 演练总结　　C. 演练结束　　D. 成果运用

E. 考核与奖惩

4. 制定应急预案的程序是指其制定的方法和步骤。下列选项中，属于应急预案制定的程序的有（　　）。

A. 报警和接警处置程序　　B. 明确范围，明确重点部位

C. 调查研究，收集资料　　D. 科学计算，确定人员力量和器材装备

E. 绘制灭火和应急疏散计划图

5. 应急预案的编制内容包括单位的基本情况、应急组织机构、火情预想、报警和接警处置程序、初期火灾的程序和措施、应急疏散的组织程序和措施、通信联络、安全防护救护的程序和措施、灭火应急疏散计划图、注意事项等。下列关于安全防护救护和通信联

络程序及措施说法中，错误的有（　）。

A. 建筑内所有部位做好安全防护　　B. 建筑外围无需防护

C. 建筑首层出入口安全防护　　D. 在安全区及时对受伤人员进行救治

E. 禁止让人在路口指挥消防车

答案与解析

一、单项选择题

1.【答案】A

【解析】火情预想的内容包括：(1) 重点部位和主要起火点。同一重点部位，可假设多个起火点；(2) 起火物品及蔓延条件，燃烧面积（范围）和主要蔓延的方向；(3) 可能造成的危害和影响（如可燃液体的燃烧，压力容器的爆炸，结构的倒塌，人员伤亡、被困情况等），以及火情发展变化趋势，可能造成的严重后果等；(4) 区分白天和夜间、营业期间和非营业期间。故本题选 A。

2.【答案】C

【解析】应急预案的编制内容包括：(1) 单位基本情况；(2) 应急组织机构；(3) 火情预想；(4) 报警、接警处置程序；(5) 初期火灾处置程序和措施；(6) 应急疏散的组织程序和措施；(7) 安全防护救护和通信联络的程序及措施；(8) 绘制灭火和应急疏散计划图；(9) 注意事项。故本题选 C。

3.【答案】D

【解析】按演练内容划分为单项演练和综合演练。故本题选 D。

4.【答案】B

【解析】疏散引导：一是划定安全区。二是明确责任人。三是及时变更修正。四是突出重点。拨打“119”报警电话属于初期火灾处置程序和措施，B 错。故本题选 B。

5.【答案】A

【解析】发现火灾时，起火部位现场员工应当于 1min 内形成灭火第一战斗力量，在第一时间内采取如下措施：灭火器材、设施附近的员工利用现场灭火器、消火栓等器材、设施灭火；电话或火灾报警按钮附近的员工打“119”电话报警、报告消防控制室或单位值班人员；安全出口或通道附近的员工负责引导人员疏散。故本题选 A。

6.【答案】C

【解析】火情预想包含的内容有：(1) 重点部位和主要起火点。同一重点部位，可假设多个起火点。(2) 引起火物品及蔓延条件，燃烧面积（范围）和主要蔓延的方向。(3) 可能造成的危害和影响，如可燃液体的燃烧，压力容器的爆炸、结构的倒塌，人员伤亡、被困情况等，以及火情发展变化趋势等。(4) 分白天和夜间、营业期间和非营业期间。故本题选 C。

7.【答案】C

【解析】发现火灾时，起火部位现场员工应当于 1min 内形成灭火第一战斗力量，若火势扩大，单位应当于 3min 内形成灭火第二战斗力量，并采取相应措施。故本题选 C。

8.【答案】A

【解析】桌面演练是指参演人员利用地图、沙盘、流程图、计算机模拟、视频会议等辅助手段，针对事先假定的演练情景，讨论和推演应急决策及现场处置的过程，从而促进相关人员掌握应急预案中所规定的职责和程序，提高指挥决策和协同配合能力。桌面演练通常在室内完成，反观实战演练是在特定场所内进行。故本题选 A。

9.【答案】B

【解析】按演练目的与作用划分，应急预案演练可分为检验性演练、示范性演练和研究性演练。故本题选 B。

10.【答案】D

【解析】演练计划由文案组编制，经策划部审查后报演练领导小组批准，主要内容包括：(1) 确定演练目的；(2) 分析演练需求；(3) 确定演练范围；(4) 安排演练准备与实施的日程计划。故本题选 D。

11.【答案】D

【解析】演练实施过程中出现下列情况，经演练领导小组决定，由演练总指挥按照事先规定的程序和指令终止演练：(1) 出现真实突发事件，需要参演人员参与应急处置时，要终止演练，使参演人员迅速回归其工作岗位，履行应急处置职责。(2) 出现特殊或意外情况，短时间内不能妥善处理或解决时，可提前终止演练。故本题选 D。

12.【答案】C

【解析】单位领导接警后，启动应急预案，按预案确定内部报警的方式和疏散的范围，组织指挥初期火灾的扑救和人员疏散工作，安排力量做好警戒工作。有消防控制室的场所，值班员接到火情消息后，立即通知有关人员前往核实火情，火情核实确认后，立即报告消防队和值班负责人，通知灭火行动组人员前往着火地点。故本题选 C。

13.【答案】D

【解析】通信联络人员按照应急预案要求通知预案涉及的员工赶赴火场，向火场指挥员报告火灾情况，将火场指挥员的指令下达有关员工；灭火行动组根据火灾情况利用本单位的消防器材、设施扑救火灾；疏散引导组按分工组织引导现场人员疏散；安全救护组负责协助抢救、护送受伤人员；现场警戒组阻止无关人员进入火场，维持火场秩序。故本题选D。

14.【答案】B

【解析】火场指挥部根据火灾的发展情况，决定发出疏散通报。通报的次序是：着火层→着火层以上各层→有可能蔓延的着火层以下的楼层。故本题选B。

15.【答案】B

【解析】演练方案由文案组编写，通过评审后由演练领导小组批准，必要时还需报有关主管单位同意并备案，主要内容包括：确定演练目标；设计演练情景与实施步骤；设计演练评估标准与方法；编写演练方案文件；演练方案评审。故本题选B。

16.【答案】C

【解析】演练出现意外情况时，演练总指挥与其他领导小组成员会商后可提前终止演练，C选项未经其他领导小组成员一起会商不允许自行决定提前终止演练，故错误。故本题选C。

17.【答案】C

【解析】演练参与单位也可对本单位的演练情况进行总结，C错。故本题选C。

18.【答案】A

【解析】应急预案演练评估与总结内容包括演练评估、演练总结、成果运用、文件归档与备案、考核与奖惩，A选项中设计演练评估标准与方法是属于应急预案演练准备的内容，不是在评估与总结的范畴内，故本题选A。

二、多项选择题

1.【答案】ABCE

【解析】根据《机关、团体、企业、事业单位消防安全管理规定》（公安部令第61号）第三十九条，消防安全重点单位制定的灭火和应急疏散预案应当包括下列内容：(1) 组织机构，包括：灭火行动组、通信联络组、疏散引导组、安全防护救护组；(2) 报警和接警处置程序；(3) 应急疏散的组织程序和措施；(4) 扑救初起火灾的程序和措施；(5) 通信联络、安全防护救护的程序和措施。故本题选ABCE。

2.【答案】ABCD

【解析】根据《机关、团体、企业、事业单位消防安全管理规定》第三十九条，组织机构，包括：灭火行动组、通信联络组、疏散引导组、安全防护救护组。故本题选ABCD。

3.【答案】ABDE

【解析】应急预案演练评估与总结的内容包括演练评估、演练总结、成果运用、文件归档与备案、考核与奖惩，C错。故本题选ABDE。

4.【答案】BCD

【解析】应急预案制定的程序包括有：明确范围，明确重点部位；调查研究，收集资料；科学计算，确定人员力量和器材装备；确定灭火救援应急行动意图；严格审核，不断充实完善，故 B、C、D 对。报警和接警处置程序以及绘制灭火和应急疏散计划图是属于应急预案的编制内容。故本题选 BCD。

5. **【答案】** BE

【解析】 安全防护救护和通信联络的程序及措施：（1）建筑外围安全防护。（2）建筑首层出入口安全防护。（3）起火部位的安全防护。（4）在安全区及时对受伤人员进行救治。（5）利用电话、对讲机等建立有线、无线通信网络，确保火场信息传递畅通。（6）火场指挥部、各行动组、各消防安全重点部位必须确定专人负责信息传递，保证火场指令得到及时传递、落实。（7）安排专人在主要路口处接应消防车。B、E 错。故本题选 BE。

第五节 施工现场消防安全管理

一、单项选择题（每题的备选项中，只有 1 个最符合题意）

1. 当建设工程施工现场只设置 1 个出入口时，应采取的相应措施为（　　）。

A. 在施工现场内设置尽头式消防车道

B. 在施工现场内设置满足消防车通行的环形道路

C. 在施工现场内设置消防救援场地

D. 在施工现场内设置消防水源

2. 下列关于建设工程施工现场防火间距的说法中，错误的是（　　）。

A. 易燃易爆危险品库房与在建工程的防火间距不应小于 15m

B. 可燃材料堆场及其加工场与在建工程的防火间距不应小于 10m

C. 固定动火作业场与在建工程的防火间距不应小于 10m

D. 其他临时用房、临时设施与在建工程的防火间距不应小于 5m

3. 建设工程施工现场临时用房建筑构件的燃烧性能等级应为（　　）级，当采用金属夹芯板材时，其芯材的燃烧性能等级应为（　　）级。

A. B_1，B_1　　B. B_1，A　　C. A，B_1　　D. A，A

4. 某建设工程施工现场的在建工程的建筑高度为 30m，单体体积为 $40000m^3$，则该在建工程的消防用水总量至少为（　　）L/s。

A. 10　　B. 15　　C. 20　　D. 30

5. 下列关于施工现场用电规定的说法中，错误的是（　　）。

A. 距配电屏 2m 范围内不应堆放可燃物

B. 距配电屏 5m 范围内不应设置可能产生较多易燃、易爆气体、粉尘的作业区

C. 普通灯具与易燃物的距离不宜小于 300mm

D. 聚光灯、碘钨灯等高热灯具与易燃物的距离不宜小于 400mm

6. 下列关于施工现场用气规定的说法中，错误的是（　　）。

A. 储装气体的罐瓶及其附件应合格、完好和有效；严禁使用减压器及其他附件缺损的氧气瓶，严禁使用乙炔专用减压器、回火防止器及其他附件缺损的乙炔瓶

B. 气瓶应远离火源，与火源的距离不应小于10m

C. 氧气瓶与乙炔瓶的工作间距不应小于5m

D. 乙炔瓶内剩余气体的压力不应小于0.1MPa

7. 施工现场的消防安全管理应由（　　）单位负责。

A. 建设　　B. 施工　　C. 监理　　D. 设计

8. 根据现行国家标准《建设工程施工现场消防安全技术规范》（GB 50720），下列建设工程施工现场，无需设临时消防救援场地的施工现场是（　　）。

A. 建筑高度为49m的在建工程

B. 建筑工程单体占地面积为1000m^{2}的在建工程

C. 13栋成组布置的临时用房

D. 建筑工程单体占地面积为8000m^{2}的在建工程

9. 根据现行国家标准《建设工程施工现场消防安全技术规范》（GB 50720），建设工程施工现场的消防安全管理中包括用火、用电、用气管理要求，下列说法中，正确的是（　　）。

A. 四级及四级以上风力时，应停止焊接、切割等室外动火作业

B. 动火操作人员应按照相关规定，具有相应资格，并持证上岗作业

C. 普通灯具与易燃物距离不宜小于200mm

D. 气瓶应分类储存，库房内通风良好；空瓶和实瓶同库存放时，应分开放置，两者间距不应小于1.0m

10. 下列不属于施工现场消防安全管理基本要求的是（　　）。

A. 消防安全责任制　　B. 防火技术方案

C. 用火、用电、用气管理　　D. 消防安全技术交底

11. 为保证火灾情况下，能够满足火灾初期扑救和人员疏散的要求，施工现场许多部位应设置临时应急照明。施工现场的下列部位中，无需设置临时应急照明的是（　　）。

A. 自备发电机房及变配电房

B. 水泵房

C. 无天然采光的作业场所及疏散通道

D. 高度98m的在建工程的室内疏散通道

12. 根据现行国家标准《建设工程施工现场消防安全技术规范》（GB 50720），建设工程施工现场的下列固体物质火灾场所，应配置单具最小灭火级别为3A灭火器的是（　　）。

A. 固定动火作业场　　B. 锅炉房

C. 变配电房　　D. 办公用房

13. 下列关于在建工程作业场所临时疏散通道设置要求的说法中，错误的有（　　）。

A. 临时疏散通道应具备与疏散要求相匹配的耐火性能，其耐火极限不应低于0.50h

B. 临时疏散通道应具备与疏散要求相匹配的承载能力

C. 临时疏散通道应保证疏散人员安全，侧面如为临空面，必须沿临空面设置高度不小于1m的防护栏杆

D. 临时疏散通道应保证人员有序疏散，应设置明显的疏散指示标识及应急照明设施

14. 下列关于在建工程设置特殊用房防火要求的说法中，错误的是（　　）。

A. 建筑构件的燃烧性能等级应为A级

B. 建筑层数应为1层，建筑面积不应大于200m^2

C. 易燃易爆危险品库房单个房间的建筑面积不应超过30m^2

D. 房间内任一点至最近疏散门的距离不应大于10m，房门的净宽度不应小于0.8m

15. 在建工程的临时消防救援场地的设置要求不包括（　　）。

A. 临时消防救援场地应在在建工程装饰装修阶段设置

B. 临时消防救援场地应设置在成组布置的临时用房场地的长边一侧及在建工程的长边一侧

C. 场地宽度应满足消防车正常操作要求且不应小于6m

D. 与在建工程外脚手架的净距不宜小于4m，且不宜超过6m

16. 某施工现场拟设消防车通道，下列有关消防车通道设置方案的说法中，错误的是（　　）。

A. 施工现场临时消防车道与在建工程的距离为28m

B. 临时消防车通道设置为尽头式，在尽端设置有10m×10m的回车场

C. 施工现场周边道路满足消防车通行及灭火救援要求，故未设置临时消防车通道

D. 临时消防车通道的净宽和净高均为4.5m

17. 可燃材料堆场及其加工场、固定动火作业场与在建工程的防火间距不应小于（　　）m；其他临时用房、临时设施与在建工程的防火间距不应小于（　　）m。

A. 10，6　　B. 6，10　　C. 7，4　　D. 4，7

18. 为了保证施工现场的消防安全，应在源头消除先天隐患，在施工前，就应对施工现场的临时用房、临时设施、临时消防车通道等总平面布局进行整体规划，下列关于施工现场重点区域布置方案的说法中，错误的是（　　）。

A. 固定动火作业场布置在可燃材料堆场全年最小频率风向的上风侧

B. 固定动火作业场布置在临时用房全年最小频率风向的上风侧

C. 可燃堆场布置在架空电力线下方

D. 易燃易爆危险品库房远离闹市和明火作业区布置

19. 施工现场属于在建的、未完成的建筑现场。施工现场的火灾危险性不包括（　　）。

A. 易燃、可燃材料多　　B. 临建设施多，防火标准低

C. 动火作业多　　D. 临建设施高大，疏散救援困难

二、多项选择题（每题的备选项中有 2 个或 2 个以上符合题意。错选、漏选不得分；少选，所选的每个选项得 0.5 分）

1. 下列关于建设工程施工现场消防安全管理制度应包括的内容，正确的有（　）。

A. 消防安全教育与培训制度　　B. 可燃及易燃易爆危险品管理制度

C. 氧气瓶、乙炔瓶管理制度　　D. 消防安全检查制度

E. 应急预案演练制度

2. 下列关于在建工程现场临时用房防火设置的描述中，错误的有（　）。

A. 宿舍、办公采用金属夹芯板，夹芯材料燃烧性能等级为 B_1 级

B. 宿舍、办公临建用房均为地上 2 层，每层建筑面积为 $300m^2$

C. 宿舍，地上 2 层，每层建筑面积 $300m^2$，设置一部疏散楼梯

D. 宿舍，最大一间建筑面积为 $30m^2$，室内任一一点到最近疏散门的距离为 10m

E. 疏散楼梯的净宽不小于疏散走道的净宽

3. 既有建筑进行扩建、改建施工时，必须明确划分施工区和非施工区。非施工区继续营业、使用和居住时。下列说法中，正确的有（　）。

A. 施工区和非施工区之间应采用不开设门、窗、洞口的防火墙进行防火分隔

B. 非施工区内的消防设施应完好和有效，疏散通道应保持畅通，并应落实日常值班及消防安全管理制度

C. 施工区的消防安全应配有专人值守，发生火情应能立即处置

D. 施工单位应向居住和使用者进行消防宣传教育，告知建筑消防设施、疏散通道的位置及使用方法，同时应组织疏散演练

E. 外脚手架搭设长度不应小于该建筑物外立面周长的 1/2

4. 关于施工现场用火规定，下列说法中，正确的有（　）。

A. 焊接、切割、烘烤或加热等动火作业前，应对作业现场的可燃物进行清理；作业现场及其附近无法移走的可燃物应采用不燃材料对其覆盖或隔离

B. 在使用可燃建筑材料的施工作业之后进行动火作业时，应采取可靠的防火措施

C. 裸露的可燃材料上严禁直接进行动火作业

D. 具有火灾、爆炸危险的场所严禁明火

E. 六级以上风力时，应停止焊接、切割等室外动火作业

5. 下列关于在建施工现场用气管理的说法中，正确的有（　）。

A. 气瓶应保持水平状态，并采取防倾倒措施，乙炔瓶严禁横躺卧放

B. 气瓶应远离火源，距火源距离不应小于 10m，并应采取避免高温和防止暴晒的措施

C. 空瓶和实瓶同库存放时，应分开放置，两者间距不应小于 1.5m

D. 使用前，应检查气瓶及气瓶附件的完好性，检查连接气路的气密性，并采取避免气体泄漏的措施，可以使用已老化的橡皮气管

E. 氧气瓶内剩余气体的压力不应小于 0.1MPa

6. 下列关于临时消防救援场地设置的说法中，正确的有（　　）。

A. 临时消防救援场地在在建工程装饰装修阶段设置

B. 临时消防救援场地设置在成组布置的临时用房场地的长边一侧及在建工程的长边一侧

C. 场地宽度满足消防车正常操作要求且宽 6m，与在建工程外脚手架的净距 1m

D. 建筑高度 27m 的在建工程未设置临时消防救援场地

E. 建筑工程单体占地面积为 2000m^2 的在建工程未设置临时消防救援场地

答案与解析

一、单项选择题

1.【答案】B

【解析】根据《建设工程施工现场消防安全技术规范》（GB 50720—2011）3.1.3 条，施工现场出入口的设置应满足消防车通行的要求，并宜布置在不同方向，其数量不宜少于 2 个。当确有困难只能设置 1 个出入口时，应在施工现场内设置满足消防车通行的环形道路。故本题选 B。

2.【答案】D

【解析】根据《建设工程施工现场消防安全技术规范》（GB 50720—2011）3.2.1 条，易燃易爆危险品库房与在建工程的防火间距不应小于 15m，A 对。可燃材料堆场及其加工场、固定动火作业场与在建工程的防火间距不应小于 10m，B、C 对。其他临时用房、临时设施与在建工程的防火间距不应小于 6m，D 错。故本题选 D。

3.【答案】D

【解析】根据《建设工程施工现场消防安全技术规范》（GB 50720—2011）4.2.1 条，宿舍、办公用房防火设计应符合下列规定：建筑构件的燃烧性能等级应为 A 级。当采用金属夹芯板材时，其芯材的燃烧性能等级应为 A 级，D 对。故本题选 D。

4.【答案】D

【解析】根据《建设工程施工现场消防安全技术规范》（GB 50720—2011）5.3.2 条，临时消防用水量应为临时室外消防用水量与临时室内消防用水量之和。查表 5.3.6 可得室外消火栓用水量为 20L/s；查表 5.3.9 可得室内消火栓用水量为 10L/s，所以总消防用水流量应为 20 + 10 = 30（L/s），D 对。故本题选 D。

5.【答案】D

【解析】根据《建设工程施工现场消防安全技术规范》（GB 50720—2011）6.3.2 条，施工现场用电应符合下列规定：配电屏上每个电气回路应设置漏电保护器、过载保护器，距配电屏 2m 范围内不应堆放可燃物，A 对。5m 范围内不应设置可能产生较多易燃、易爆气体、粉尘的作业区，B 对。普通灯具与易燃物的距离不宜小于 300mm，C 对。聚光灯、碘钨灯等高热灯具与易燃物的距离不宜小于 500mm，D 错。故本题选 D。

6. 【答案】D

【解析】根据《建设工程施工现场消防安全技术规范》（GB 50720—2011）6.3.3 条，储装气体的罐瓶及其附件应合格、完好和有效；严禁使用减压器及其他附件缺损的氧气瓶，严禁使用乙炔专用减压器、回火防止器及其他附件缺损的乙炔瓶，A 对。气瓶应远离火源，与火源的距离不应小于 10m，B 对。氧气瓶与乙炔瓶的工作间距不应小于 5m，C 对。氧气瓶内剩余气体的压力不应小于 0.1MPa，D 错。故本题选 D。

7. 【答案】B

【解析】根据《建设工程施工现场消防安全技术规范》（GB 50720—2011）6.1.1 条，施工现场的消防安全管理应由施工单位负责，B 对。故本题选 B。

8. 【答案】B

【解析】根据《建设工程施工现场消防安全技术规范》（GB 50720—2011）3.3.3 条，下列建筑应设置环形临时消防车道，设置环形临时消防车道确有困难时，除应按本规范第 3.3.2 条的规定设置回车场外，尚应按本规范第 3.3.4 条的规定设置临时消防救援场地：(1) 建筑高度大于 24m 的在建工程。(2) 建筑工程单体占地面积大于 3000m^{2}的在建工程。(3) 超过 10 栋，且成组布置的临时用房。故本题选 B。

9. 【答案】B

【解析】动火操作人员应按照相关规定，具有相应资格，并持证上岗作业，B 对；五级（含五级）以上风力时，应停止焊接、切割等室外动火作业，故 A 错；普通灯具与易燃物距离不宜小于 300mm；聚光灯、碘钨灯等高热灯具与易燃物距离不宜小于 500mm，故 C 错；气瓶应分类储存，库房内通风良好；空瓶和实瓶同库存放时，应分开放置，两者间距不应小于 1.5m，故 D 错。故本题选 B。

10. 【答案】C

【解析】施工现场消防安全管理基本要求包括：消防安全责任制、消防安全管理制度、防火技术方案、灭火及应急疏散预案、消防安全教育和培训、消防安全技术交底、消防安全检查和消防安全管理档案。故本题选 C。

11. 【答案】D

【解析】为保证火灾情况下，能够满足火灾初期扑救和人员疏散的要求，施工现场的下列场所应配备临时应急照明：(1) 自备发电机房及变配电房；(2) 水泵房；(3) 无天然采光的作业场所及疏散通道；(4) 高度超过 100m 的在建工程的室内疏散通道；(5) 发生火灾时仍需坚持工作的其他场所。故本题选 D。

12. 【答案】A

【解析】根据《建设工程施工现场消防安全技术规范》（GB 50720—2011）5.2.2

条，易燃易爆危险品存放及使用场所和固定动火作业场单具灭火器最小灭火级别均为3A，A对；临时动火作业点、可燃材料存放、加工及使用场所、厨房操作间、锅炉房、自备发电机房和变配电房单具灭火器最小灭火级别均为2A；办公用房和宿舍单具灭火器最小灭火级别均为1A，故本题选A。

13.【答案】C

【解析】临时疏散通道的防火要求有：（1）临时疏散通道应具备与疏散要求相匹配的耐火性能，其耐火极限不应低于0.50h，A对；（2）临时疏散通道应具备与疏散要求相匹配的承载能力，B对；（3）临时疏散通道应保证疏散人员安全，侧面如为临空面，必须沿临空面设置高度不小于1.2m的防护栏杆，故C错；（4）临时疏散通道应保证人员有序疏散，应设置明显的疏散指示标识及应急照明设施，D对。故本题选C。

14.【答案】C

【解析】特殊用房的防火要求中：（1）建筑构件的燃烧性能等级应为A级，A对；（2）建筑层数应为1层，建筑面积不应大于200m²，B对；（3）可燃材料库房应采用不燃材料将其分隔成若干间库房，如施工过程中某种易燃易爆物品需用量大，可分别存放于多间库房内。单个房间的建筑面积不应超过30m²，易燃易爆危险品库房单个房间的建筑面积不应超过20m²，故C错；（4）房间内任一点至最近疏散门的距离不应大于10m，房门的净宽度不应小于0.8m，D对。故本题选C。

15.【答案】D

【解析】对于临时消防救援场地的设置要求包括：（1）临时消防救援场地应在在建工程装饰装修阶段设置，A对；（2）临时消防救援场地应设置在成组布置的临时用房场地的长边一侧及在建工程的长边一侧，B对；（3）场地宽度应满足消防车正常操作要求且不应小于6m，与在建工程外脚手架的净距不宜小于2m，且不宜超过6m，C对，D错。故本题选D。

16.【答案】B

【解析】施工现场内应设置临时消防车通道，同时，考虑灭火救援的安全以及供水的可靠，临时消防车道与在建工程、临时用房、可燃材料堆场及其加工场的距离，不宜小于5m，且不宜大于40m，A对；施工现场周边道路满足消防车通行及灭火救援要求时，施工现场内可不设置临时消防车通道，C对；临时消防车通道宜为环形，如设置环形车道确有困难，应在消防车通道尽端设置尺寸不小于12m×12m的回车场，故B错；临时消防车通道的净宽度和净空高度均不应小于4m，D对。故本题选B。

17.【答案】A

【解析】可燃材料堆场及其加工场、固定动火作业场与在建工程的防火间距不应小于10m；其他临时用房、临时设施与在建工程的防火间距不应小于6m。故本题选A。

18.【答案】C

【解析】固定动火作业场应布置在可燃材料堆场及其加工场、易燃易爆危险品库房等全年最小频率风向的上风侧；宜布置在临时办公用房、宿舍、可燃材料库房、在建工程等全年最小频率风向的上风侧，A、B 对；易燃易爆危险品库房应远离明火作业区、人员密集区和建筑物相对集中区，D 对；可燃材料堆场及其加工场、易燃易爆危险品库房不应布置在架空电力线下，C 错。故本题选 C。

19.【答案】D

【解析】施工现场的火灾危险性包括以下几个方面：（1）易燃、可燃材料多；（2）临建设施多，防火标准低；（3）动火作业多；（4）临时用电安全隐患大；（5）施工临时员工多，流动性强，素质参差不齐；（6）既有建筑进行扩建、改建火灾危险性大；（7）易燃、可燃的隔音、保温材料用量大；（8）现场施工消防安全管理不善。故本题选 D。

二、多项选择题

1.【答案】ABDE

【解析】根据《建设工程施工现场消防安全技术规范》（GB 50720—2011）6.1.4 条，施工单位应针对施工现场可能导致火灾发生的施工作业及其他活动，制订消防安全管理制度。消防安全管理制度应包括下列主要内容：消防安全教育与培训制度，可燃及易燃易爆危险品管理制度，用火、用电、用气管理制度，消防安全检查制度，应急预案演练制度。故本题选 ABDE。

2.【答案】AC

【解析】建筑构件的燃烧性能等级应为 A 级。当采用金属夹芯板材时，其芯材的燃烧性能等级应为 A 级，故 A 错；建筑层数不应超过 3 层，每层建筑面积不应大于 $300m^2$，B 对；层数为 3 层或每层建筑面积大于 $200m^2$ 时，应设置至少 2 部疏散楼梯，房间疏散门至疏散楼梯的最大距离不应大于 25m，故 C 选项设置一部疏散楼梯错误；宿舍房间的建筑面积不应大于 $30m^2$，其他房间的建筑面积不宜大于 $100m^2$，房间内任一点至最近疏散门的距离不应大于 15m，D 对；疏散楼梯的净宽度不应小于疏散走道的净宽度，E 对。故本题选 AC。

3.【答案】BCD

【解析】根据《建设工程施工现场消防安全技术规范》（GB 50720—2011）4.3.3 条，既有建筑进行扩建、改建施工时，必须明确划分施工区和非施工区。施工区不得营业、使用和居住；非施工区继续营业、使用和居住时，应符合下列规定：施工区和非施工区之间应采用不开设门、窗、洞口的耐火极限不低于 3.0h 的不燃烧体隔墙进行防火分隔，A 错。非施工区内的消防设施应完好和有效，疏散通道应保持畅通，并应落实日常值班及消防安全管理制度，B 对。施工区的消防安全应配有专人值守，发生火情应能立即处置，C 对。施工单位应向居住和使用者进行消防宣传教育，告知建筑消防设施、疏散通道的位置及使用方法，同时应组织疏散演练，D 对。外脚手架搭设不应影响安全疏散、消防车正常通行及灭火救援操作，外脚手架搭设长度不应超过该建筑物外立面周长的1/2，E 错。故本题选 BCD。

4.【答案】ABCD

【解析】根据《建设工程施工现场消防安全技术规范》（GB 50720—2011）6.3.1 条，施工现场用火应符合下列规定：焊接、切割、烘烤或加热等动火作业前，应对作业现场的可燃物进行清理；作业现场及其附近无法移走的可燃物应采用不燃材料对其覆盖或隔离，A 对。施工作业安排时，宜将动火作业安排在使用可燃建筑材料的施工作业前进行。确需在使用可燃建筑材料的施工作业之后进行动火作业时，应采取可靠的防火措施，B 对。裸露的可燃材料上严禁直接进行动火作业，C 对。具有火灾、爆炸危险的场所严禁明火，D 对。五级（含五级）以上风力时，应停止焊接、切割等室外动火作业，故 E 错。故本题选 ABCD。

5.【答案】BCE

【解析】气瓶应保持竖直状态，并采取防倾倒措施，乙炔瓶严禁横躺卧放，A 错；气瓶应远离火源，距火源距离不应小于 10m，并应采取避免高温和防止暴晒的措施，B 对；气瓶应分类储存，库房内通风良好；空瓶和实瓶同库存放时，应分开放置，两者间距不应小于 1.5m，C 对；使用前，应检查气瓶及气瓶附件的完好性，检查连接气路的气密性，并采取避免气体泄漏的措施，严禁使用已老化的橡皮气管，D 错；氧气瓶内剩余气体的压力不应小于 0.1MPa，E 对。故本题选 BCE。

6.【答案】ABE

【解析】临时消防救援场地应在在建工程装饰装修阶段设置，A 对；临时消防救援场地应设置在成组布置的临时用房场地的长边一侧及在建工程的长边一侧，B 对；场地宽度应满足消防车正常操作要求且不应小于 6m，与在建工程外脚手架的净距不宜小于 2m，且不宜超过 6m，C 错；建筑高度大于 24m 的在建工程应设置临时消防救援场地，D 错；建筑工程单体占地面积大于 $3000m^2$ 的在建工程应设置临时消防救援场地，E 对。故本题选 ABE。

第六节　大型群众性活动消防安全管理

一、单项选择题（每题的备选项中，只有 1 个最符合题意）

1. 大型群众性活动的消防安全应由（　　）负责。

A. 承办者及承办者的主要负责人　　B. 活动场地的产权单位

C. 公安机关　　D. 消防工程师

2. 下列关于大型群众性活动防火巡查和防火检查的说法中，错误的是（　　）。

A. 在活动举办前 2h 进行一次防火巡查

B. 在活动举办过程中每 2h 进行一次防火巡查

C. 活动结束时应当对活动现场进行检查

D. 大型群众性活动应当在活动前12h内进行防火检查

3. 下列关于大型群众性活动承办单位消防安全责任人必须履行的消防安全职责的说法中，错误的是（　　）。

A. 为大型群众性活动的消防安全提供必要的经费和组织保障

B. 确定逐级消防安全责任，批准实施消防安全制度和保障消防安全的操作规程

C. 组织防火巡查、防火检查，督促落实火灾隐患整改，及时处理涉及消防安全的重大问题

D. 协调活动场地所属单位做好相关消防安全工作

4. 根据《大型群众性活动安全管理条例》（国务院令第505号），大型群众性活动的法人或者其他组织面向社会公众举办的每场次预计参加人数达到（　　）人以上的活动，包括体育比赛、演唱会、音乐会、展览、展销、游园、灯会、庙会、花会、焰火晚会以及人才招聘会、现场开奖的影票销售等活动。

A. 1000　　B. 1500　　C. 2000　　D. 3000

5. 下列关于大型群众性活动消防安全责任的说法中，错误的是（　　）。

A. 大型群众性活动的承办者对其承办活动的安全负责，承办者的主要负责人为大型群众性活动的安全责任人

B. 举办大型群众性活动，承办人应当依法向公安机关申请安全许可

C. 举办大型群众性活动，承办人应当制定灭火和应急疏散预案并组织演练

D. 活动场地的产权单位无须承担任何消防安全责任

6. 下列选项中，不属于大型群众性活动的消防安全工作前期筹备的是（　　）。

A. 依法办理举办大型群众性活动的各类许可事项

B. 同场地的产权单位签订包括消防安全责任划分在内的相关协议

C. 不应使用未经消防验收的场所、场地举办大型群众性活动

D. 活动现场保卫

7. 下列各选项，不属于大型群众性活动的集中审批阶段工作的是（　　）。

A. 领导小组对各项消防安全工作方案以及各小组的组成人员进行全面复核

B. 对制定的灭火和应急疏散预案进行审定

C. 编制大型群众性活动消防工作方案

D. 在活动举办前，对活动所需的用电线路进行全电力负荷测试，确保用电安全

二、多项选择题（每题的备选项中有2个或2个以上符合题意。错选、漏选不得分；少选，所选的每个选项得0.5分）

1. 大型群众性活动的承办单位制定的灭火和应急疏散预案中，应包括的内容有（　　）。

A. 组织机构，包括：灭火行动组、通信联络组、疏散引导组、安全防护救护组

B. 报警和接警处置程序

C. 防火巡查、检查的部署及应急措施

D. 应急疏散的组织程序和措施

E. 扑救初起火灾的程序和措施

2. 大型群众性活动的消防安全工作主要分为（ ）。

A. 前期筹备阶段 B. 集中审批阶段 C. 分组考核阶段 D. 现场保卫阶段

E. 收尾阶段

3. 防火巡查组组长由一名副职领导担任，成员由具有专业消防知识和技能的巡查人员组成。下列防火巡查内容中，正确的有（ ）。

A. 巡查现场消防设施是否完好有效

B. 巡视现场安全出口、疏散通道是否通畅

C. 巡查消防重点部位的运行状况、工作人员在岗情况

D. 巡查消防安全工作方案、消防安全制度

E. 巡查活动过程用火、用电情况

答案与解析

一、单项选择题

1.【答案】A

【解析】消防安全作为大型群众性活动安全工作的重要部分，其消防安全责任也应由承办者及承办者的主要负责人负责。故本题选 A。

2.【答案】B

【解析】大型群众性活动应当组织具有专业消防知识和技能的巡查人员在活动举办前 2h 进行一次防火巡查，A 对。在活动举办全程开展防火巡查，故 B 错。活动结束时应当对活动现场进行检查，C 对。大型群众性活动应当在活动前 12h 内进行防火检查，D 对。故本题选 B。

3.【答案】D

【解析】承办单位消防安全责任人必须履行的职责有：(1) 贯彻执行消防法规，保障承办活动消防安全符合规定，掌握活动的消防安全情况；(2) 将消防工作与承办的大型群众性活动统筹安排，批准实施大型群众性活动消防安全工作方案；(3) 为大型群众性活动的消防安全提供必要的经费和组织保障；(4) 确定逐级消防安全责任，批准实施消防安全制度和保障消防安全的操作规程；(5) 组织防火巡查、防火检查，督促落实火灾隐患整改，及时处理涉及消防安全的重大问题；(6) 根据消防法规的规定建立义务消防队；(7) 组织制定符合大型群众性活动实际的灭火和应急疏散预案，并实施演练；(8) 依法向当地消防机构申报举办大型

群众性活动的消防安全检查手续，在取得合格手续的前提下方可举办。D选项属于消防安全管理人负责。故本题选D。

4.【答案】A

【解析】根据《大型群众性活动安全管理条例》（国务院令第505号）第二条，大型群众性活动的法人或者其他组织面向社会公众举办的每场次预计参加人数达到1000人以上的活动，包括体育比赛、演唱会、音乐会、展览、展销、游园、灯会、庙会、花会、焰火晚会以及人才招聘会、现场开奖的影票销售等活动。故本题选A。

5.【答案】D

【解析】根据《大型群众性活动安全管理条例》（国务院令第505号）第五条，大型群众性活动的承办者对其承办活动的安全负责，承办者的主要负责人为大型群众性活动的安全责任人，A对；根据《消防法》第二十条规定，举办大型群众性活动，承办人应当依法向公安机关申请安全许可，制定灭火和应急疏散预案并组织演练，B、C对；活动场地的产权单位应当向大型群众性活动的承办单位提供符合消防安全要求的建筑物、场地等，D错。故本题选D。

6.【答案】D

【解析】在前期筹备阶段，大型群众性活动承办单位应做到以下几点：(1) 依法办理举办大型群众性活动的各类许可事项。(2) 对活动场所、场地的消防安全情况进行收集整理，特别是要对活动场所和场地是否进行消防设计审核、消防验收等情况进行调研。(3) 同场地的产权单位签订包括消防安全责任划分在内的相关协议。(4) 组织相关人员对活动举办场所进行消防安全检查，对活动场所、场地消防安全状况不符合消防法律法规和技术规范要求的，应要求场所、场地产权单位进行相关的整改，要求其提供的场所、场地符合消防安全要求。不应使用未经消防验收的场所、场地举办大型群众性活动，故A、B、C对，D选项活动现场保卫属于现场保卫阶段工作。故本题选D。

7.【答案】C

【解析】在集中审批阶段，大型群众性活动承办单位应做好以下工作：(1) 领导小组对各项消防安全工作方案以及各小组的组成人员进行全面复核，确保工作方案符合现场保卫工作实际、各职能小组结构合理，形成最强的战斗集体；(2) 对制定的灭火和应急疏散预案进行审定，确保灭火和应急疏散预案合理有效；(3) 对灭火和应急疏散预案组织实施实战演练，及时调整预案，确保预案切合实际；(4) 对活动搭建的临时设施进行全面检查，强化过程管理，确保施工期间的消防安全；(5) 在活动举办前，对活动所需的用电线路进行全电力负荷测试，确保用电安全。选项C属于前期筹备工作的内容，故本题选C。

二、多项选择题

1.【答案】ABDE

【解析】大型群众性活动的承办单位制定的灭火和应急疏散预案应当包括下列内容：（1）组织机构，包括：灭火行动组、通信联络组、疏散引导组、安全防护救护组；（2）报警和接警处置程序；（3）应急疏散的组织程序和措施；（4）扑救初起火灾的程序和措施；（5）通信联络、安全防护救护的程序和措施。故本题选ABDE。

2.【答案】ABD

【解析】大型群众性活动的消防安全工作主要分前期筹备、集中审批和现场保卫三个阶段，其消防安全管理包括防火巡查、防火检查以及制定灭火和应急疏散预案等内容。故本题选 ABD。

3.【答案】ABCE

【解析】防火巡查工作职责是：巡查活动现场消防设施是否完好有效；巡视活动现场安全出口、疏散通道是否通畅；巡查活动消防重点部位的运行状况、工作人员在岗情况；巡查活动过程用火、用电情况；巡查活动过程中的其他不安全因素；纠正巡查过程中的消防违章行为；及时向活动的消防安全管理人报告巡查情况。D属于消防安全基本情况。故本题选 ABCE。